高等职业教育土木建筑大类专业系列规划教材——工程管理类

工程造价控制

夏清东 主　编

清华大学出版社
北　京

内容简介

本书采用了“基础知识提炼、应用示例解析、综合案例串联”的编写方式，系统介绍了工程造价行业、造价工程师制度、工程造价构成、工程造价计算依据，以及决策、设计、招投标、施工、竣工等不同阶段的工程造价控制方法和应用。书中给出了大量的案例与习题，力求通过实例讲清相关概念，为教师教学、学生自学提供方便。

本书可作为高职高专工程造价与工程经济管理类专业的教材，也可作为工程规划、咨询、设计、施工、管理等单位的工程造价与工程经济管理专业人员的参考书。

图书在版编目(CIP)数据

工程造价控制/夏清东主编. —北京：清华大学出版社，2019(2022.7重印)
(高等职业教育土木建筑大类专业系列规划教材·工程管理类)
ISBN 978-7-302-50835-9

Ⅰ. ①工… Ⅱ. ①夏… Ⅲ. ①工程造价控制－高等职业教育－教材 Ⅳ. ①TU723.31

中国版本图书馆CIP数据核字(2018)第178505号

责任编辑：杜 晓
封面设计：曹 来
责任校对：袁 芳
责任印制：丛怀宇

出版发行：清华大学出版社
网 址：http://www.tup.com.cn，http://www.wqbook.com
地 址：北京清华大学学研大厦A座 **邮 编：**100084
社 总 机：010-83470000 **邮 购：**010-62786544
投稿与读者服务：010-62776969，c-service@tup.tsinghua.edu.cn
质量反馈：010-62772015，zhiliang@tup.tsinghua.edu.cn
课件下载：http://www.tup.com.cn，010-62770175-4278
印 装 者：三河市铭诚印务有限公司
经 销：全国新华书店
开 本：185mm×260mm **印 张：**13.75 **字 数：**330千字
版 次：2019年1月第1版 **印 次：**2022年7月第5次印刷
定 价：49.00元

产品编号：079627-01

高等职业教育土木建筑大类专业系列规划教材
工程管理类教材编写指导委员会名单

序

BIM(Building Information Modeling,建筑信息模型)源于欧美国家,21世纪初进入中国。它通过参数模型整合项目的各种相关信息,在项目策划、运行和维护的全生命周期过程中进行共享和传递,为各方建设主体提供协同工作的基础,在提高生产效率、节约成本和缩短工期方面发挥重要作用,在设计、施工、运维方面很大程度上改变了传统的模式和方法。目前,我国已成为全球BIM技术发展最快的国家之一。

建筑业信息化是建筑业发展战略的重要组成部分,也是建筑业转变发展方式、提质增效、节能减排的必然要求。为了增强建筑业信息化发展能力,优化建筑信息化的发展环境,加快推动信息技术与建筑工程管理发展的深度融合,2016年9月,住房和城乡建设部发布了《2016—2020年建筑业信息化发展纲要》,提出:"建筑企业应积极探索'互联网+'形势下管理、生产的新模式,深入研究BIM、物联网等技术的创新应用,创新商业模式,增强核心竞争力,实现跨越式发展。"可见,BIM技术被上升到了国家发展战略层面,必将带来建筑行业广泛而深刻的变革。BIM技术对建筑全生命周期的运营管理是实现建筑业跨越式发展的必然趋势,同时,也是实现项目精细化管理、企业集约化经营的最有效途径。

然而,人才缺乏已经成为制约BIM技术进一步推广应用的瓶颈,培养大批掌握BIM技术的高素质技能人才成为工程管理类专业的使命和机遇,这对工程管理类专业教学改革特别是教学内容改革提出了迫切要求。

教材是体现教学内容和教学要求的载体,在人才培养中起着重要的基础性作用,优秀的教材更是提高教学质量、培养优秀人才的重要保证。为了满足工程管理类专业教学改革和人才培养的需求,清华大学出版社借助清华大学一流的学科优势,聚集全国优秀师资,启动"基于BIM技术应用的工程管理类专业信息化教材"的建设工作。该系列教材具有以下特点。

(1) 规范性。本系列教材以《普通高等学校高等职业教育专科(专业)目录(2015年)》和教育部、全国住房和城乡建设职业教育教学指导委员会颁布的专业教学标准为依据,同时参照各高职院校的教学实践。

(2) 科学性。教材建设遵循职业教育的教学规律。开发理实一体化教材,内容选取、结构安排体现了职业性和实践性特色。

(3) 灵活性。鉴于我国地域辽阔,自然条件和经济发展水平差异很大,本系列教材编写了不同课程体系的教材,以满足各院校的个性化需求。

(4) 先进性。教材建设体现新规范、新技术、新方法,以及最新的法律法规及行业相关规定,不仅突出了 BIM 技术的应用,而且反映了装配式建筑、PPP、营改增等内容。同时,配套开发了数字资源(包括但不限于课件、视频、图片、习题库等),80%的图书配套有富媒体素材,通过二维码的形式链接到出版社平台,供学生扫描学习。

教材建设是一项浩大而复杂的千秋大业,为培养建筑行业转型升级所需的合格人才贡献力量是我们的夙愿。BIM 技术在我国的应用尚处于起步阶段,在教材建设中有许多课题需要探索,本系列教材难免存在不足,恳请专家和读者批评、指正,希望更多的同仁与我们共同努力!

丛书主任:胡兴福

2018 年 1 月

前　言

本书是针对高职高专院校的教学特点，为工程造价和工程经济管理类专业的"工程造价控制""工程造价管理""工程造价计价与控制"等课程编写的专用教材。

本书在编写过程中，本着理论够用、技能实用的高职高专院校人才培养原则，注重内容精练、重点突出，在讲清基本原理的基础上，强调实际操作能力的培养。本书1～6章后附有习题，第1、2、3、5章设置了应用示例，第7章根据前6章的基础知识设计了案例分析，目的是使学生能从学习中得到启发。

本书的编写特点主要体现在以下两方面。

一是将我国建筑领域新近出台的政策法规融入了教材，如：建筑安装工程费用项目组成、营改增、工程建设项目施工招标投标办法、竣工决算文件的组成等，使广大使用者及时了解政府现行政策导向。

二是注重内容的针对性和知识点的提炼，用应用示例解释原理，用案例串联章节知识点，方便教师教学和学生自学。

使用本书作为"工程造价管理"课程、"工程造价控制"课程或"工程造价计价与控制"课程的教材时，建议课程总学时为52～72学时，前6章控制学时建议：

第1章　工程造价控制概论，12～16学时；

第2章　决策阶段造价控制，10～14学时；

第3章　设计阶段造价控制，8～12学时；

第4章　招投标阶段造价控制，6～8学时；

第5章　施工阶段造价控制，10～14学时；

第6章　竣工阶段造价控制，6～8学时。

本书是在夏清东、刘钦2004年主编的《工程造价管理》的基础上，根据编者多年来的教学与实践经验，并吸收我国近年工程造价领域的政府新政策、高职高专学生培养新要求和同行新成果修改补充而成的。本书在编写过程中参考了众多的教材与著作，在此向其作者表示衷心的感谢。本书不足之处在所难免，敬请读者批评、指正。

深圳职业技术学院建筑与环境工程学院
夏清东
2018年8月

目录

第1章 工程造价控制概论

主要内容

1. 工程造价的概念、特点、作用，项目建设程序及各阶段的计价。

2. 工程造价行业，工程造价咨询企业资质等级，政府对工程造价咨询企业的管理。

3. 造价工程师考试制度、注册制度、执业制度。

4. 我国现行建设项目总投资构成图，设备及工器具购置费、建筑安装工程费、工程建设其他费、预备费、建设期贷款利息的构成与计算。

5. 施工定额中人工、材料、机械消耗量的确定方法，预算定额中人工、材料、机械消耗量与单价的确定方法，工程造价指数的确定方法。

1.1 工程造价基础

1.1.1 工程造价

1. 工程造价的概念

工程造价是指建设一项工程预期或实际开支的全部固定资产投资费用。

投资者为了获得预期效益选定了一个投资项目，就要通过可行性研究对项目进行投资决策，然后进行勘察设计招标、施工招标、设备采购招标、竣工验收等一系列投资管理活动。在整个过程中所支付的全部费用就构成了工程造价。

所谓预期开支是指工程建设前的估算、概算、预算；而实际开支则是指工程建成后实际发生的费用总和，通常指决算。

2. 工程造价的特点

1）大额性

一项工程的造价通常是以万元为单位计算的，大型工程项目的造价则以亿元为单位进行计算，如地铁工程、高铁工程等。工程造价的大额性会对国家、地方和投资者的经济产生重大影响，从而决定了工程造价的特殊地位。

2）差异性

任何一项工程均有特定的用途、功能和规模，每项工程所处的地区、地段都不相同，从而导致工程的实物形态和建设内容存在差异，这就决定了工程造价的差异性。

3）动态性

一项工程从决策、建设到竣工都有一个较长的建设期，在建设期内会发生工程变更，会出现设备材料价格、人工费、贷款利率等的变化，这将会导致工程造价的变动，这种变动被称为工程造价的动态性。

3. 工程造价的作用

1）是项目决策的依据

工程造价决定项目建设费用，投资者认为是否值得支付这项费用，是否有足够的资金支付这笔费用，是项目决策中要考虑的主要问题。

2）是控制投资的依据

项目建设前的工程造价是估算、概算和预算，建设中的工程造价是结算，建设后的工程造价是决算。一般说来，概算不能突破估算，预算不能突破概算，结算应在预算范围内，从而保证决算出的项目建设费用在投资者的计划内。

3）是筹措建设资金的依据

工程造价决定了建设资金的需要量，为投资者筹措资金提供了比较准确的依据。当建设资金来源于金融机构贷款时，金融机构在对项目偿贷能力评估的基础上，也需要依据工程造价确定给予投资者的贷款数额。

4. 项目建设程序与计价

工程项目建设程序与计价关系如图 1-1 所示。

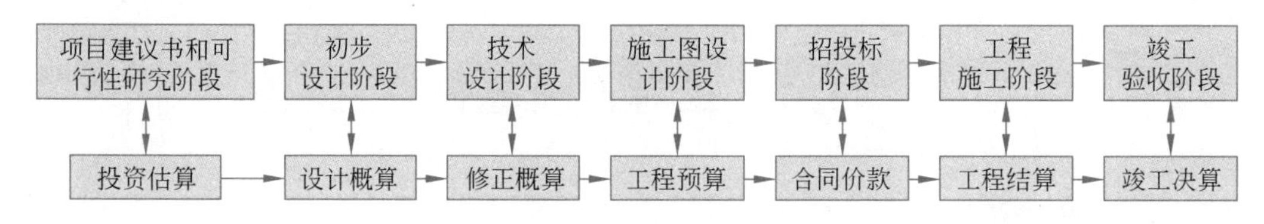

图 1-1　工程项目建设程序与计价关系

1）投资估算

投资估算是对拟建项目的投资进行的预测，是项目决策、筹资和控制造价的主要依据。

2）设计概算

设计概算是根据初步设计意图和有关概算定额、指标等，通过编制概算文件，测算和限定的工程造价。设计概算较投资估算准确性有所提高，但受估算造价控制。设计概算可分为建设项目总概算、单项工程概算和单位工程概算三个层次。

3）修正概算

修正概算是当采用三阶段设计时，在技术设计阶段，随着对初步设计的深化，建设规模、结构性质、设备类型等方面可能要进行必要的修改，因此初步设计概算也需要做必要的修正。一般情况下，修正概算造价不能超过概算造价。

4）工程预算

工程预算又称施工图预算，是指在施工图设计阶段，根据施工图纸、预算定额以及各种计价依据和有关规定计算的工程造价。它比设计概算或修正概算更为详尽和准确，但不能超过设计概算造价。

5）合同价款

合同价款是指工程招投标阶段，在签订总承包合同、建筑安装工程承包合同、设备材料采购合同时，由发包方和承包商共同协商一致作为双方结算基础的工程价格。合同价款属于工程项目的市场价格，但它并不等同于工程项目实际造价。

6）工程结算

工程结算是指在工程项目实施阶段，以合同价为基础，考虑设备与材料市场实际价格、工程变更等因素，按合同规定的调价范围和调价方法对合同价进行必要调整后确定的价格。结算价是该结算工程的实际价格。

7）竣工决算

竣工决算是指在竣工验收阶段，根据工程建设过程中发生的全部费用，最终计算出的工程实际造价。

1.1.2　工程造价行业

工程造价行业属于咨询行业。所谓咨询，是以智力劳动为特点，以特定问题为目标，以委托人为服务对象，按合同规定条件进行的有偿服务。

工程造价咨询是指工程造价咨询企业面向社会接受委托，承担工程项目建设的可行性研究与经济评价，进行工程项目的投资估算、设计概算、工程预算、工程结算、竣工决算、工程招标标底、投标报价的编制和审核，对工程造价进行监控以及提供有关工程造价信息资料等业务工作。

工程造价咨询企业须依法取得资质，并在资质等级许可范围内从事咨询活动，并应遵循独立、客观、公正、诚实信用原则，不得损害社会公共利益和他人的合法权益。

工程造价咨询企业资质等级分为乙级和甲级。

1. 乙级资质标准

(1) 企业出资人中，注册造价工程师人数不低于出资人总人数的60%，且其出资额不低于注册资本总额的60%。

(2) 技术负责人已取得造价工程师注册证书，并具有工程或工程经济类高级专业技术职称，且从事工程造价专业工作10年以上。

(3) 专职专业人员不少于12人，其中，具有工程或者工程经济类中级以上专业技术职称的人员不少于8人；取得造价工程师注册证书的人员不少于6人，其他人员具有从事工程造价专业工作的经历。

(4) 企业与专职专业人员签订劳动合同，且专职专业人员符合国家规定的职业年龄（出资人除外）。

(5) 专职专业人员人事档案关系由国家认可的人事代理机构代为管理。

(6) 企业注册资本不少于人民币50万元。

(7) 具有固定的办公场所，人均办公建筑面积不少于10m^2。

(8) 技术档案管理制度、质量控制制度、财务管理制度齐全。

(9) 企业为本单位专职专业人员办理的社会基本养老保险手续齐全。

(10) 暂定期内工程造价咨询营业收入累计不低于人民币50万元。

(11) 申请核定资质等级之日前无违规行为。

2. 甲级资质标准

(1) 已取得乙级工程造价咨询企业资质证书满3年。

(2) 企业出资人中，注册造价工程师人数不低于出资人总人数的60%，且其出资额不低于企业注册资本总额的60%。

(3) 技术负责人已取得造价工程师注册证书,并具有工程或工程经济类高级专业技术职称,且从事工程造价专业工作15年以上。

(4) 专职专业人员不少于20人,其中,具有工程或者工程经济类中级以上专业技术职称的人员不少于16人;取得造价工程师注册证书的人员不少于10人,其他人员具有从事工程造价专业工作的经历。

(5) 企业与专职专业人员签订劳动合同,且专职专业人员符合国家规定的职业年龄(出资人除外)。

(6) 专职专业人员人事档案关系由国家认可的人事代理机构代为管理。

(7) 企业注册资本不少于人民币100万元。

(8) 企业近3年工程造价咨询营业收入累计不低于人民币500万元。

(9) 具有固定的办公场所,人均办公建筑面积不少于$10m^2$。

(10) 技术档案管理制度、质量控制制度、财务管理制度齐全。

(11) 企业为本单位专职专业人员办理的社会基本养老保险手续齐全。

(12) 在申请核定资质等级之日前3年内无违规行为。

3. 政府对工程造价咨询企业的管理

1) 资质许可

(1) 申请甲级工程造价咨询企业资质的,应当向申请人工商注册所在地省、自治区、直辖市人民政府住房城乡建设主管部门或者国务院有关专业部门的主管部门提出。主管部门应当自受理申请材料之日起20日内审查完毕,并将初审意见和全部申请材料报国务院住房城乡建设主管部门。国务院住房城乡建设主管部门应当自受理之日起20日内做出决定。

(2) 申请乙级工程造价咨询企业资质的,由省、自治区、直辖市人民政府住房城乡建设主管部门审查决定。其中,申请有关专业乙级工程造价咨询企业资质的,由省、自治区、直辖市人民政府住房城乡建设主管部门商同级有关专业部门审查决定。

(3) 申请工程造价咨询企业资质,应当提交下列材料并同时在网上申报。

①《工程造价咨询企业资质等级申请书》。

② 专职专业人员(含技术负责人)的造价工程师注册证书、造价员资格证书、专业技术职称证书和身份证。

③ 专职专业人员(含技术负责人)的人事代理合同和企业为其交纳的本年度社会基本养老保险费用的凭证。

④ 企业章程、股东出资协议并附工商部门出具的股东出资情况证明。

⑤ 企业缴纳营业收入的营业税发票或税务部门出具的缴纳工程造价咨询营业收入的营业税完税证明;企业营业收入含其他业务收入的,还需出具工程造价咨询营业收入的财务审计报告。

⑥ 工程造价咨询企业资质证书。

⑦ 企业营业执照。

⑧ 固定办公场所的租赁合同或产权证明。

⑨ 有关企业技术档案管理、质量控制、财务管理等制度的文件。

⑩ 法律、法规规定的其他材料。

新申请工程造价咨询企业资质的，不需要提交前款第⑤、⑥项所列材料，资质等级按乙级核定，设暂定期一年。暂定期届满需继续从事工程造价咨询活动的，应在暂定期届满30日前，向资质许可机关申请换发资质证书。符合乙级资质条件的，由资质许可机关换发资质证书。

(4) 工程造价咨询企业资质证书由国务院住房城乡建设主管部门统一印制，分正本和副本。

(5) 工程造价咨询企业资质有效期为3年。资质有效期届满，需要继续从事工程造价咨询活动的，应当在资质有效期届满30日前向资质许可机关提出资质延续申请。资质有效期延续3年。

(6) 工程造价咨询企业的名称、住所、组织形式、法定代表人、技术负责人、注册资本等事项发生变更的，应当自变更确立之日起30日内，到资质许可机关办理资质证书变更手续。

(7) 工程造价咨询企业合并的，合并后存续或者新设立的工程造价咨询企业可以承继合并前各方中较高的资质等级，但应当符合相应的资质等级条件。企业分立的，只能由分立后的一方承继原工程造价咨询企业资质。

2) 工程造价咨询管理

(1) 工程造价咨询企业从事工程造价咨询活动不受行政区域限制。甲级企业可以从事各类建设项目的工程造价咨询业务；乙级企业可以从事造价5000万元人民币以下的各类建设项目的工程造价咨询业务。

(2) 工程造价咨询业务范围。

① 建设项目建议书及可行性研究投资估算、项目经济评价报告的编制和审核。

② 建设项目概预算的编制与审核，并配合设计方案比选、优化设计、限额设计等工作进行工程造价分析与控制。

③ 建设项目合同价款的确定(包括招标工程的工程量清单和标底、投标报价的编制和审核)；合同价款的签订与调整(包括工程变更、工程洽商和索赔费用的计算)及工程款支付，工程结算及竣工结(决)算报告的编制与审核等。

④ 工程造价经济纠纷的鉴定和仲裁的咨询。

⑤ 提供工程造价信息服务等。

(3) 企业在承接各类建设项目的工程造价咨询业务时，应当与委托人订立书面工程造价咨询合同。

(4) 企业从事工程造价咨询业务，应当按照有关规定的要求出具工程造价成果文件。成果文件应当由工程造价咨询企业加盖有企业名称、资质等级及证书编号的执业印章，并由执行咨询业务的注册造价工程师签字、加盖执业印章。

(5) 企业跨省、自治区、直辖市承接工程造价咨询业务的，应当自承接业务之日起30日内到建设工程所在地省、自治区、直辖市人民政府住房城乡建设主管部门备案。

(6) 企业不得有下列违规行为。

① 涂改、倒卖、出租、出借资质证书，或者以其他形式非法转让资质证书。

② 超越资质等级业务范围承接工程造价咨询业务。

③ 同时接受招标人和投标人或两个以上投标人对同一工程项目的工程造价咨询业务。

④ 以给予回扣、恶意压低收费等方式进行不正当竞争。

⑤ 转包承接的工程造价咨询业务。

⑥ 法律、法规禁止的其他行为。

(7) 企业未经委托人书面同意,不得对外提供工程造价咨询服务过程中获知的当事人的商业秘密和业务资料。

(8) 县级以上地方政府住房城乡建设主管部门、有关专业部门对工程造价咨询业务活动实施监督检查。

(9) 监督检查机关有权采取下列措施。

① 要求被检查单位提供企业资质证书、造价工程师注册证书,有关工程造价咨询业务的文档,有关技术档案管理制度、质量控制制度、财务管理制度文件。

② 进入被检查单位进行检查,查阅工程造价咨询成果文件以及工程造价咨询合同等相关资料。

监督检查机关应当将监督检查的处理结果向社会公布。

(10) 监督检查机关进行监督检查时,应当有两名以上监督检查人员参加,并出示执法证件,不得妨碍被检查单位的正常经营活动,不得索取或者收受财物、谋取其他利益。

(11) 工程造价咨询企业取得资质后,不再符合相应资质条件的,资质许可机关根据利害关系人的请求或者依据职权,可以责令其限期改正;逾期不改的,撤回其资质。

(12) 工程造价咨询企业应当向资质许可机关提供真实、准确、完整的工程造价咨询企业信用档案信息。信用档案应当包括工程造价咨询企业的基本情况、业绩、良好行为、不良行为等内容。

3) 法律责任

(1) 申请人隐瞒有关情况或者提供虚假材料申请工程造价咨询企业资质的,不予受理或者不予资质许可,并给予警告,申请人在1年内不得再次申请工程造价咨询企业资质。

(2) 以欺骗、贿赂等不正当手段取得工程造价咨询企业资质的,由县级以上地方人民政府住房城乡建设主管部门或者有关专业部门给予警告,并处以1万元以上3万元以下的罚款,申请人3年内不得再次申请工程造价咨询企业资质。

(3) 未取得工程造价咨询企业资质从事工程造价咨询活动或者超越资质等级承接工程造价咨询业务的,出具的工程造价成果文件无效,由县级以上地方人民政府住房城乡建设主管部门或者有关专业部门给予警告,责令限期改正,并处以1万元以上3万元以下的罚款。

(4) 企业不及时办理资质证书变更手续的,由资质许可机关责令限期办理;逾期不办理的,可处以1万元以下的罚款。

(5) 有下列行为之一的,由县级以上地方人民政府住房城乡建设主管部门或者有关专业部门给予警告,责令限期改正;逾期未改正的,可处以5000元以上2万元以下的罚款。

① 新设立分支机构不备案的。

② 跨省、自治区、直辖市承接业务不备案的。

(6) 企业有违规行为之一的,由县级以上地方人民政府住房城乡建设主管部门或者有关专业部门给予警告,责令限期改正,并处以1万元以上3万元以下的罚款。

1.1.3 造价工程师职业资格制度

国家为了提高固定资产投资效益，维护国家、社会和公共利益，在建设领域设置了造价工程师准入类职业资格，以充分发挥造价工程师在工程建设经济活动中合理确定和有效控制工程造价的作用。

这里所说的造价工程师，是指通过职业资格考试取得中华人民共和国造价工程师职业资格证书，并经注册后从事建设工程造价工作的专业技术人员。

造价工程师分为一级造价工程师和二级造价工程师。一级造价工程师英文译为 Class 1 Cost Engineer，二级造价工程师英文译为 Class 2 Cost Engineer。

国家规定：凡从事工程建设活动的建设、设计、施工，工程造价咨询、工程造价管理等单位和部门必须在计价、评估、审查(核)、控制及管理等岗位配备有造价工程师执业资格的专业技术人员。

1. 造价工程师考试制度

一级造价工程师职业资格考试全国统一大纲、统一命题、统一组织。二级造价工程师职业资格考试全国统一大纲，各省、自治区、直辖市自主命题并组织实施。

一级和二级造价工程师职业资格考试均设置基础科目和专业科目。

住房和城乡建设部组织拟定一级造价工程师和二级造价工程师职业资格考试基础科目的考试大纲，组织一级造价工程师基础科目命审题工作。

住房和城乡建设部、交通运输部、水利部按照职责分别负责拟定一级造价工程师和二级造价工程师职业资格考试专业科目的考试大纲，组织一级造价工程师专业科目命审题工作。

人力资源社会保障部负责审定一级造价工程师和二级造价工程师职业资格考试科目和考试大纲，负责一级造价工程师职业资格考试考务工作，并会同住房和城乡建设部、交通运输部、水利部对造价工程师职业资格考试工作进行指导、监督、检查。

各省、自治区、直辖市住房和城乡建设、交通运输、水利行政主管部门会同人力资源社会保障行政主管部门，按照全国统一的考试大纲和相关规定组织实施二级造价工程师职业资格考试。

人力资源社会保障部会同住房和城乡建设部、交通运输部、水利部确定一级造价工程师职业资格考试合格标准。各省、自治区、直辖市人力资源社会保障行政主管部门会同住房和城乡建设、交通运输、水利行政主管部门确定二级造价工程师职业资格考试合格标准。

凡遵守中华人民共和国宪法、法律、法规，具有良好的业务素质和道德品行，具备下列条件之一者，可以申请参加一级造价工程师职业资格考试：

(1) 具有工程造价专业大学专科(或高等职业教育)学历，从事工程造价业务工作满 5 年；具有土木建筑、水利、装备制造、交通运输、电子信息、财经商贸大类大学专科(或高等职业教育)学历，从事工程造价业务工作满 6 年。

(2) 具有通过工程教育专业评估(认证)的工程管理、工程造价专业大学本科学历或学位，从事工程造价业务工作满 4 年；具有工学、管理学、经济学门类大学本科学历或学位，从事工程造价业务工作满 5 年。

(3) 具有工学、管理学、经济学门类硕士学位或者第二学士学位，从事工程造价业务工作满 3 年。

(4) 具有工学、管理学、经济学门类博士学位，从事工程造价业务工作满 1 年。

(5) 具有其他专业相应学历或者学位的人员，从事工程造价业务工作年限相应增加 1 年。

凡遵守中华人民共和国宪法、法律、法规，具有良好的业务素质和道德品行，具备下列条件之一者，可以申请参加二级造价工程师职业资格考试：

(1) 具有工程造价专业大学专科(或高等职业教育)学历，从事工程造价业务工作满 2 年；具有土木建筑、水利、装备制造、交通运输、电子信息、财经商贸大类大学专科(或高等职业教育)学历，从事工程造价业务工作满 3 年。

(2) 具有工程管理、工程造价专业大学本科及以上学历或学位，从事工程造价业务工作满 1 年；具有工学、管理学、经济学门类大学本科及以上学历或学位，从事工程造价业务工作满 2 年。

(3) 具有其他专业相应学历或学位的人员，从事工程造价业务工作年限相应增加 1 年。

一级造价工程师职业资格考试合格者，由各省、自治区、直辖市人力资源社会保障行政主管部门颁发中华人民共和国一级造价工程师职业资格证书。该证书由人力资源社会保障部统一印制，住房和城乡建设部、交通运输部、水利部按专业类别分别与人力资源社会保障部用印，在全国范围内有效。

二级造价工程师职业资格考试合格者，由各省、自治区、直辖市人力资源社会保障行政主管部门颁发中华人民共和国二级造价工程师职业资格证书。该证书由各省、自治区、直辖市住房和城乡建设、交通运输、水利行政主管部门按专业类别分别与人力资源社会保障行政主管部门用印，原则上在所在行政区域内有效。各地可根据实际情况制定跨区域认可办法。

一级造价工程师职业资格考试设《建设工程造价管理》《建设工程计价》《建设工程技术与计量》《建设工程造价案例分析》4 个科目。其中，《建设工程造价管理》和《建设工程计价》为基础科目，《建设工程技术与计量》和《建设工程造价案例分析》为专业科目。

二级造价工程师职业资格考试设《建设工程造价管理基础知识》《建设工程计量与计价实务》2 个科目。其中，《建设工程造价管理基础知识》为基础科目，《建设工程计量与计价实务》为专业科目。

造价工程师职业资格考试专业科目分为土木建筑工程、交通运输工程、水利工程和安装工程 4 个专业类别，考生在报名时可根据实际工作需要选择其一。其中，土木建筑工程、安装工程专业由住房和城乡建设部负责；交通运输工程专业由交通运输部负责；水利工程专业由水利部负责。

一级造价工程师职业资格考试分 4 个半天进行。《建设工程造价管理》《建设工程技术与计量》《建设工程计价》科目的考试时间均为 2.5 小时；《建设工程造价案例分析》科目的考试时间为 4 小时。

二级造价工程师职业资格考试分 2 个半天。《建设工程造价管理基础知识》科目的考试时间为 2.5 小时，《建设工程计量与计价实务》为 3 小时。

一级造价工程师职业资格考试成绩实行 4 年为一个周期的滚动管理办法，在连续的 4 个考试年度内通过全部考试科目，方可取得一级造价工程师职业资格证书。

二级造价工程师职业资格考试成绩实行 2 年为一个周期的滚动管理办法，参加全部 2 个科目考试的人员必须在连续的 2 个考试年度内通过全部科目，方可取得二级造价工程师职业资格证书。

已取得造价工程师一种专业职业资格证书的人员，报名参加其他专业科目考试的，可免考基础科目。考试合格后，核发人力资源社会保障部门统一印制的相应专业考试合格证明。该证明作为注册时增加执业专业类别的依据。

具有以下条件之一的，参加一级造价工程师考试可免考基础科目：

(1) 已取得公路工程造价人员资格证书(甲级)。

(2) 已取得水运工程造价工程师资格证书。

(3) 已取得水利工程造价工程师资格证书。

申请免考部分科目的人员在报名时应提供相应材料。

具有以下条件之一的，参加二级造价工程师考试可免考基础科目：

(1) 已取得全国建设工程造价员资格证书。

(2) 已取得公路工程造价人员资格证书(乙级)。

(3) 具有经专业教育评估(认证)的工程管理、工程造价专业学士学位的大学本科毕业生。

申请免考部分科目的人员在报名时应提供相应材料。

符合造价工程师职业资格考试报名条件的报考人员，按规定携带相关证件和材料到指定地点进行报名资格审查。报名时，各地人力资源社会保障部门会同相关行业主管部门对报名人员的资格条件进行审核。审核合格后，核发准考证。参加考试人员凭准考证和有效证件在指定的日期、时间和地点参加考试。

中央和国务院各部门及所属单位、中央管理企业的人员按属地原则报名参加考试。

考点原则上设在直辖市、自治区首府和省会城市的大、中专院校或者高考定点学校。

一级造价工程师职业资格考试每年一次。二级造价工程师职业资格考试每年不少于一次，具体考试日期由各地确定。

2. 造价工程师注册制度

国家对造价工程师职业资格实行执业注册管理制度。取得造价工程师职业资格证书且从事工程造价相关工作的人员，经注册方可以造价工程师名义执业。

住房和城乡建设部、交通运输部、水利部按照职责分工，制定相应注册造价工程师管理办法并监督执行。

住房和城乡建设部、交通运输部、水利部分别负责一级造价工程师注册及相关工作。各省、自治区、直辖市住房和城乡建设、交通运输、水利行政主管部门按专业类别分别负责二级造价工程师注册及相关工作。

经批准注册的申请人，由住房和城乡建设部、交通运输部、水利部核发《中华人民共和国一级造价工程师注册证》(或电子证书)；或由各省、自治区、直辖市住房和城乡建设、交通运输、水利行政主管部门核发《中华人民共和国二级造价工程师注册证》(或电子证书)。

造价工程师执业时应持注册证书和执业印章。注册证书、执业印章样式以及注册证书编号规则由住房和城乡建设部会同交通运输部、水利部统一制定。执业印章由注册造价工程师按照统一规定自行制作。

住房和城乡建设部、交通运输部、水利部按照职责分工建立造价工程师注册管理信息平台，保持通用数据标准统一。住房和城乡建设部负责归集全国造价工程师注册信息，促进造价工程师注册、执业和信用信息互通共享。

住房和城乡建设部、交通运输部、水利部负责建立完善造价工程师的注册和退出机制，对以不正当手段取得注册证书等违法违规行为，依照注册管理的有关规定撤销其注册证书。

3. 造价工程师执业制度

造价工程师在工作中必须遵纪守法，恪守职业道德和从业规范，诚信执业，主动接受有关主管部门的监督检查，加强行业自律。

住房和城乡建设部、交通运输部、水利部共同建立健全造价工程师执业诚信体系，制定相关规章制度或从业标准规范，并指导监督信用评价工作。

造价工程师不得同时受聘于两个或两个以上单位执业，不得允许他人以本人名义执业，严禁"证书挂靠"。出租、出借注册证书的，依据相关法律法规进行处罚；构成犯罪的，依法追究刑事责任。

一级造价工程师的执业范围包括建设项目全过程的工程造价管理与咨询等，具体工作内容如下。

(1) 项目建议书、可行性研究投资估算与审核，项目评价造价分析。

(2) 建设工程设计概算、施工预算编制和审核。

(3) 建设工程招标投标文件工程量和造价的编制与审核。

(4) 建设工程合同价款、结算价款、竣工决算价款的编制与管理。

(5) 建设工程审计、仲裁、诉讼、保险中的造价鉴定，工程造价纠纷调解。

(6) 建设工程计价依据、造价指标的编制与管理。

(7) 与工程造价管理有关的其他事项。

二级造价工程师主要协助一级造价工程师开展相关工作，可独立开展以下具体工作。

(1) 建设工程工料分析、计划、组织与成本管理，施工图预算、设计概算编制。

(2) 建设工程量清单、最高投标限价、投标报价编制。

(3) 建设工程合同价款、结算价款和竣工决算价款的编制。

造价工程师应在本人工程造价咨询成果文件上签章，并承担相应责任。工程造价咨询成果文件应由一级造价工程师审核并加盖执业印章。

对出具虚假工程造价咨询成果文件或者有重大工作过失的造价工程师，不再予以注册，造成损失的依法追究其责任。

取得造价工程师注册证书的人员，应当按照国家专业技术人员继续教育的有关规定接受继续教育，更新专业知识，提高业务水平。

1.2 工程造价构成

从我国现行建设项目总投资的构成(图 1-2)中可见，建设项目总投资包括固定资产投资和流动资产投资两大部分，其中的固定资产投资等于工程造价，流动资产投资一般在工商业生产经营性项目中发生。

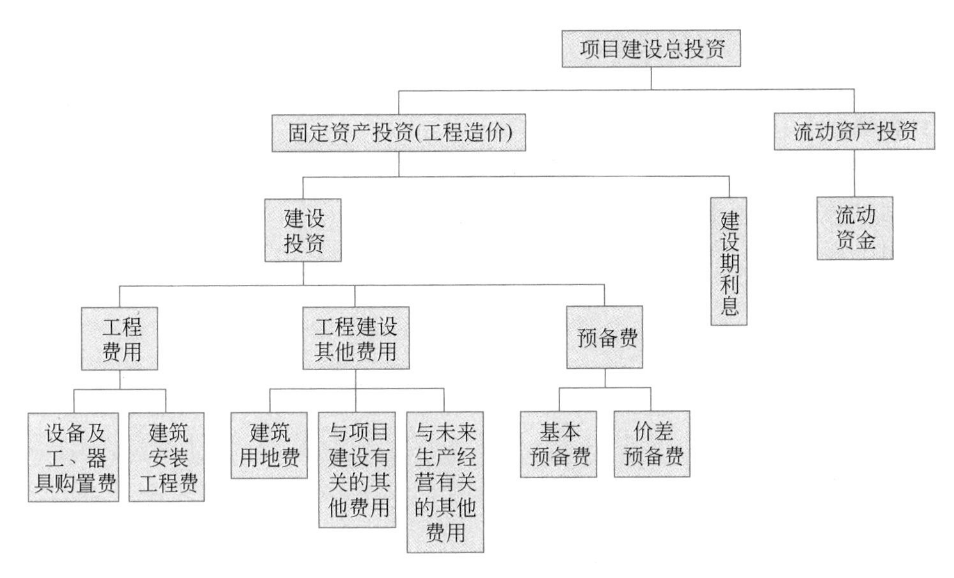

图 1-2 我国现行建设项目总投资的构成

固定资产投资分为建设投资与建设期利息两部分,建设投资中的工程费用、工程建设其他费用和预备费中的基本预备费被称为固定资产静态投资;预备费中的价差预备费和建设期利息被称为固定资产动态投资。

1.2.1 设备及工、器具购置费

1. 设备购置费

设备购置费是指为建设项目购置或自制的达到固定资产标准的各种国产或进口设备、工具、器具的购置费用。

$$设备购置费 = 设备原价 + 设备运杂费 \tag{1-1}$$

1) 国产设备原价

国产设备原价一般是指设备制造厂的交货价,或订货合同价。它可根据生产厂或供应商的询价、报价、合同价确定,或采用一定的方法计算确定。国产设备原价分为:标准设备原价和非标准设备原价两种。

(1) 国产标准设备原价。

国产标准设备是指按照主管部门颁布的标准图纸和技术要求,由我国设备生产厂批量生产的,符合国家质量检测标准的设备。如汽车、计算机、批量生产的车床等。国产标准设备原价有两种:即带有备件(如汽车销售中带的备用轮胎)的原价和不带有备件的原价。在计算标准设备原价时,一般采用带有备件的原价。

(2) 国产非标准设备原价。

国产非标准设备是指国家尚无定型标准,各设备生产厂不可能在工艺过程中采用批量生产,只能按一次订货,并根据具体的设计图纸制造的设备(如火力发电厂中的锅炉、发电机组等)。非标准设备原价有多种不同的计算方法,具体有:成本计算估价法、系列设备插入估价法、分部组合估价法、定额估价法。确定国产非标准设备原价常用的是成本计算估价法,其计算时考虑以下各项组成。

① 材料费。

② 加工费,包括生产工人工资和工资附加费、燃料动力费、设备折旧费、车间经费等。

③ 辅助材料费,如焊条、焊丝、氧气、油漆、电石等费用。

④ 专用工具费。

⑤ 废品损失费。

⑥ 外购配套件费。

⑦ 包装费。

⑧ 利润。

⑨ 税金,主要指增值税。

⑩ 非标准设备设计费。

按国家规定的设计费收费标准计算。

$$\begin{aligned}\text{国产非标准设备原价} = &\text{材料费} + \text{加工费} + \text{辅助材料费} + \text{专用工具费}\\ &+ \text{废品损失费} + \text{外购配套件费} + \text{包装费} + \text{利润}\\ &+ \text{税金} + \text{非标准设备设计费}\end{aligned} \tag{1-2}$$

2) 进口设备原价

进口设备原价是指进口设备的抵岸价,即抵达买方边境港口或边境车站,且交完关税等税费后形成的价格。进口设备抵岸价的构成与进口设备的交货类别有关。

(1) 进口设备的交货类别。

① 内陆交货类:即卖方在出口国内陆的某个地点交货。在交货地点,卖方及时提交合同规定的货物和有关凭证,并负担交货前的一切费用和风险,买方按时接受货物,交付货款,负担接货后的一切费用和风险,并自行办理出口手续和装运出口。货物的所有权也在交货后由卖方转移给买方。

② 目的地交货类:即卖方在进口国的港口或内地交货,有目的港船上交货价、目的港船边交货价和目的港码头交货价(关税已付)及完税后交货价(进口国的指定地点)等几种交货价。它们的特点是,买卖双方承担的责任、费用和风险是以目的地约定交货点为分界线,只有当卖方在交货点将货物置于买方控制下才算交货,才能向买方收取货款。这种交货类别对卖方来说承担的风险较大,在国际贸易中卖方一般不愿采用。

③ 装运港交货类:即卖方在出口国装运港交货,主要有装运港船上交货价(FOB),习惯称离岸价格,它的特点是:卖方按照约定的时间在装运港交货,只要卖方把合同规定的货物装船后提供货运单据便完成交货任务,可凭单据收回货款。

装运港船上交货价(FOB)是我国进口设备采用最多的一种货价。采用船上交货价时卖方的责任是:在规定的期限内,负责在合同规定的装运港口将货物装上买方指定的船只,并及时通知买方;负担货物装船前的一切费用和风险,负责办理出口手续,提供出口国政府或有关方面签发的证件;负责提供有关装运单据。买方的责任是:负责租船或订舱,支付运费,并将船期、船名通知卖方,负担货物装船后的一切费用和风险;负责办理保险及支付保险费,办理在目的港的进口和收货手续，接受卖方提供的有关装运单据，并按合同规定支付货款。

(2) 进口设备原价的计算。

$$进口设备原价=FOB价+国际运费+运输保险费+银行财务费+外贸手续费+关税+增值税+消费税+车辆购置税 \tag{1-3}$$

① FOB价(装运港船上交货价)：FOB价分为原币货价和人民币货价，原币货价一律折算为美元表示，人民币货价按原币货价乘以外汇市场美元兑换人民币中间价确定。FOB价按有关生产厂商询价、报价、订货合同价计算。

② 国际运费：即从出口国装运港(站)到达进口国港(站)的运费。我国进口设备大部分采用海洋运输，小部分采用铁路、公路运输，个别采用航空运输。

③ 运输保险费：对外贸易货物运输保险是由保险公司与被保险的出口人或进口人订立保险契约，在被保险人交付议定的保险费后，保险公司根据保险契约的规定对货物在运输过程中发生的承保责任范围内的损失给予经济上的补偿，是一种财产保险。

$$运输保险费=\frac{FOB价+国际运费}{1-保险费率}\times保险费率 \tag{1-4}$$

④ 银行财务费：一般是指中国银行手续费。

$$银行财务费=FOB价\times银行财务费率 \tag{1-5}$$

⑤ 外贸手续费：是指按外贸易管理部门规定的外贸手续费率计取的费用，外贸手续费率一般取1.5%。

$$外贸手续费=(FOB价+国际运费+运输保险费)\times外贸手续费率 \tag{1-6}$$

⑥ 关税：由海关对进出国境或关境的货物和物品征收的税。

$$关税=(FOB价+国际运费+运输保险费)\times进口关税税率 \tag{1-7}$$

进口关税税率分为优惠和普通两种。优惠税率适用于与我国签订有关税互惠条约或协定的国家的进口设备；普通税率适用于与我国未订有关税互惠条约或协定的国家的进口设备。进口关税税率按我国海关总署发布的进口关税税率计算。

进口设备时，习惯上称FOB价为离岸价格，称CIF价为到岸价格或关税完税价格。

$$CIF价=FOB价+国际运费+运输保险费 \tag{1-8}$$

⑦ 增值税：是对从事进口贸易的单位和个人，在进口商品报关进口后征收的税种。我国增值税条例规定，进口应税产品均按组成计税价格和增值税税率直接计算应纳税额。

$$进口产品增值税税额=组成计税价格\times增值税税率 \tag{1-9}$$

$$组成计税价格=FOB价+国际运费+运输保险费+关税+消费税 \tag{1-10}$$

⑧ 消费税：仅对部分进口设备(如轿车、摩托车等)征收。

$$应纳消费税税额=\frac{到岸价+关税}{1-消费税税率}\times消费税税率 \tag{1-11}$$

⑨ 车辆购置税：进口车辆需缴进口车辆购置税。

$$进口车辆购置税 =(FOB价+国际运费+运输保险费+关税+消费税+增值税)\times进口车辆购置税税率 \quad (1\text{-}12)$$

3）设备运杂费

（1）设备运杂费的构成。

① 运费和装卸费：国产设备的运费和装卸费是指由设备制造厂交货地点（或购买地点，如商店）起至工地仓库（或施工组织设计指定的需要安装设备的堆放地点）止所发生的运费和装卸费。

进口设备的运费和装卸费则是指由我国到岸港口或边境车站起至工地仓库（或施工组织设计指定的需安装设备的堆放地点）止所发生的运费和装卸费。

② 包装费：是指在设备原价中没有包含的、为运输而进行包装支出的各种费用。

③ 供销部门手续费。

④ 采购与仓库保管费：是指采购、验收、保管和收发设备所发生的各种费用，包括设备采购人员、保管人员和管理人员的工资、工资附加费、办公费、差旅交通费，设备供应部门办公和仓库所占固定资产使用费、工具用具使用费、劳动保护费、检验试验费等。

（2）设备运杂费的计算。

① 按实际发生的费用计算

$$设备运杂费 =运费+装卸费+包装费+供销部门手续费+采购与仓库保管费 \quad (1\text{-}13)$$

② 按运杂费率计算

$$设备运杂费 = 设备原价\times设备运杂费率 \quad (1\text{-}14)$$

2. 工、器具及生产家具购置费

工、器具及生产家具购置费是指新建或扩建项目初步设计规定的，保证初期正常生产必须购置的没有达到固定资产标准的设备、仪器、工卡模具、器具、生产家具和备品备件等的购置费用。

$$工、器具及生产家具购置费 = 设备购置费\times定额费率 \quad (1\text{-}15)$$

1.2.2 建筑安装工程费

建筑安装工程费是为完成工程项目的建造、生产性设备及配套工程安装所需要的费用。分为建筑工程费和安装工程费两部分。

建筑工程费主要有以下内容。

（1）各类房屋建筑工程和列入房屋建筑工程预算的供水、供暖、供电、卫生、通风、煤气等设备费用及其装饰、油饰工程的费用，列入建筑工程预算的各种管道、电力、电信和电缆导线敷设工程的费用。

（2）设备基础、支柱、工作台、烟囱、水塔、水池、灰塔等建筑工程以及各种炉窑的砌筑工程和金属结构工程的费用。

(3) 为施工而进行的场地平整工程和水位地质勘查,原有建筑物和障碍物的拆除以及施工临时用水、电、气、路和完工后的场地清理、环境绿化、美化等工作的费用。

(4) 矿井开凿、井巷延伸、露天矿剥离,石油、天然气钻井以及修建铁路、公路、桥梁、水库、堤坝、灌渠及防洪等工程的费用。

安装工程费主要有以下内容。

(1) 生产、动力、起重、运输、传动和医疗、实验等各种需要安装的机械设备的装配费用,与设备相连的工作台、梯子、栏杆等装饰工程以及附设于安装设备的管线敷设工程和被安装设备的绝缘、防腐、保温、油漆等工作的材料费用和安装费用。

(2) 为测定安装工程质量,对单个设备进行单机试运转和对系统设备进行系统联动无负荷试运转工作的调试费。

根据住房城乡建设部、财政部颁布的"关于印发《建筑安装工程费用项目组成》的通知"(建标[2013]44 号),我国现行建筑安装工程费用项目分别按:费用构成要素划分和造价形成划分。

1. 按构成要素划分建筑安装工程费

建筑安装工程费按照构成要素划分为:人工费、材料(包含工程设备)费、施工机具使用费、企业管理费、利润、规费和税金。具体组成如图 1-3 所示。

其中人工费、材料费、施工机具使用费、企业管理费和利润包含在分部分项工程费、措施项目费、其他项目费中。

1) 人工费

人工费是指按工资总额构成规定,支付给从事建筑安装工程施工的生产工人和附属生产单位工人的各项费用。内容包括以下几点。

(1) 计时或计件工资:是指按计时工资标准和工作时间或对已做工作按计件单价支付给个人的劳动报酬。

(2) 奖金:是指对超额劳动和增收节支支付给个人的劳动报酬。如节约奖、劳动竞赛奖等。

(3) 津贴补贴:是指为了补偿职工特殊或额外的劳动消耗和因其他特殊原因支付给个人的津贴,以及为了保证职工工资水平不受物价影响支付给个人的物价补贴。如流动施工津贴、特殊地区施工津贴、高温(寒)作业临时津贴、高空津贴等。

(4) 加班加点工资:是指按规定支付的在法定节假日工作的加班工资和在法定日工作时间外延时工作的加点工资。

(5) 特殊情况工资:是指根据国家法律、法规和政策规定,因病、工伤、产假、计划生育假、婚丧假、事假、探亲假、定期休假、停工学习、执行国家或社会义务等原因按计时工资标准或计时工资标准的一定比例支付的工资。

2) 材料费

材料费是指施工过程中耗费的原材料、辅助材料、构配件、零件、半成品或成品、工程设备的费用。内容包括以下几点。

(1) 材料原价:是指材料、工程设备的出厂价格或商家供应价格。

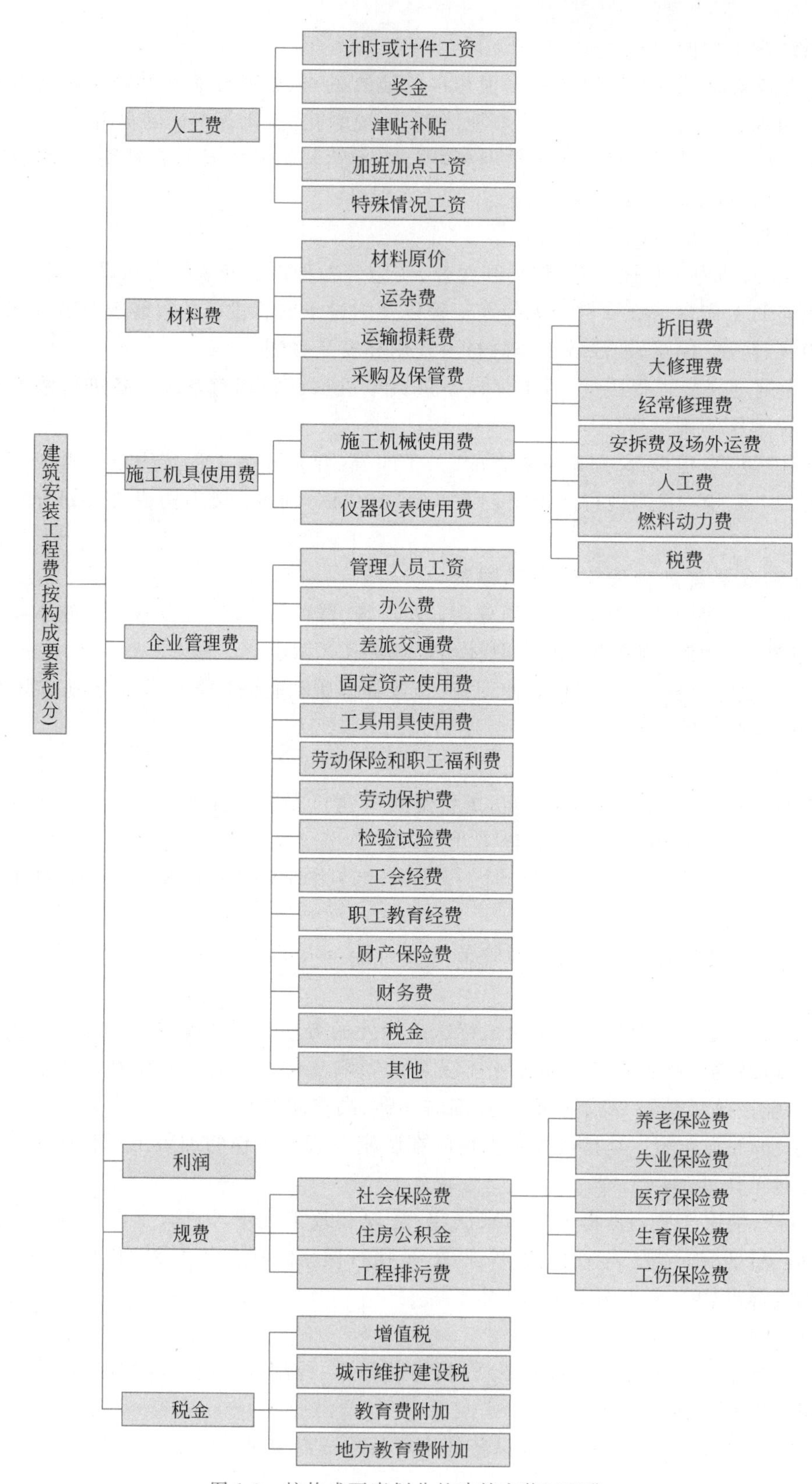

图 1-3　按构成要素划分的建筑安装工程费

(2) 运杂费：是指材料、工程设备自来源地运至工地仓库或指定堆放地点所发生的全部费用。

(3) 运输损耗费：是指材料在运输装卸过程中不可避免的损耗费用。

(4) 采购及保管费：是指为组织采购、供应和保管材料、工程设备的过程中所需要的各项费用。包括采购费、仓储费、工地保管费、仓储损耗。

工程设备是指构成或计划构成永久工程一部分的机电设备、金属结构设备、仪器装置及其他类似的设备和装置。

3) 施工机具使用费

施工机具使用费是指施工作业所发生的施工机械、仪器仪表使用费或其租赁费。

(1) 施工机械使用费：以施工机械台班耗用量乘以施工机械台班单价表示，施工机械台班单价应由下列七项费用组成。

① 折旧费：是指施工机械在规定的使用年限内，陆续收回其原值的费用。

② 大修理费：是指施工机械按规定的大修理间隔台班进行必要的大修理，以恢复其正常功能所需的费用。

③ 经常修理费：是指施工机械除大修理以外的各级保养和临时故障排除所需的费用。包括为保障机械正常运转所需替换设备与随机配备工具附具的摊销和维护费用，机械运转中日常保养所需润滑与擦拭的材料费用及机械停滞期间的维护和保养费用等。

④ 安拆费及场外运费：安拆费是指施工机械(大型机械除外)在现场进行安装与拆卸所需的人工、材料、机械和试运转费用以及机械辅助设施的折旧、搭设、拆除等费用；场外运费是指施工机械整体或分体自停放地点运至施工现场或由一施工地点运至另一施工地点的运输、装卸、辅助材料及架线等费用。

⑤ 人工费：是指机上司机(司炉)和其他操作人员的人工费。

⑥ 燃料动力费：是指施工机械在运转作业中所消耗的各种燃料及水、电等费用。

⑦ 税费：是指施工机械按照国家规定应缴纳的车船使用税、保险费及年检费等。

(2) 仪器仪表使用费：是指工程施工所需使用的仪器仪表的摊销及维修费用。

4) 企业管理费

企业管理费是指建筑安装企业组织施工生产和经营管理所需的费用。内容包括以下几点。

(1) 管理人员工资：是指按规定支付给管理人员的计时工资、奖金、津贴补贴、加班加点工资及特殊情况下支付的工资等。

(2) 办公费：是指企业管理办公用的文具、纸张、账表、印刷、邮电、书报、办公软件、现场监控、会议、水电、烧水和集体取暖降温(包括现场临时宿舍取暖降温)等费用。

(3) 差旅交通费：是指职工因公出差、调动工作的差旅费、住勤补助费，市内交通费和误餐补助费，职工探亲路费，劳动力招募费，职工退休、退职一次性路费，工伤人员就医路费，工地转移费以及管理部门使用的交通工具的油料、燃料等费用。

(4) 固定资产使用费：是指管理和试验部门及附属生产单位使用的属于固定资产的房屋、设备、仪器等的折旧、大修、维修或租赁费。

(5) 工具用具使用费：是指企业施工生产和管理使用的不属于固定资产的工具、器具、家具、交通工具和检验、试验、测绘、消防用具等的购置、维修和摊销费。

(6) 劳动保险和职工福利费：是指由企业支付的职工退职金、按规定支付给离休干部的经费,集体福利费、夏季防暑降温、冬季取暖补贴、上下班交通补贴等。

(7) 劳动保护费:是指企业按规定发放的劳动保护用品的支出。如工作服、手套、防暑降温饮料以及在有碍身体健康的环境中施工的保健费用等。

(8) 检验试验费:是指施工企业按照有关标准规定,对建筑以及材料、构件和建筑安装物进行一般鉴定、检查所发生的费用,包括自设试验室进行试验所耗用的材料等费用。不包括新结构、新材料的试验费,对构件做破坏性试验及其他特殊要求检验试验的费用和建设单位委托检测机构进行检测的费用,对此类检测发生的费用,由建设单位在工程建设其他费用中列支。但对施工企业提供的具有合格证明的材料进行检测不合格的,该检测费用由施工企业支付。

(9) 工会经费:是指企业按《中华人民共和国工会法》规定的全部职工工资总额比例计提的工会经费。

(10) 职工教育经费:是指按职工工资总额的规定比例计提,企业为职工进行专业技术和职业技能培训,专业技术人员继续教育、职工职业技能鉴定、职业资格认定以及根据需要对职工进行各类文化教育所发生的费用。

(11) 财产保险费:是指施工管理用财产、车辆等的保险费用。

(12) 财务费:是指企业为施工生产筹集资金或提供预付款担保、履约担保、职工工资支付担保等所发生的各种费用。

(13) 税金:是指企业按规定缴纳的房产税、车船使用税、土地使用税、印花税等。

(14) 其他:包括技术转让费、技术开发费、投标费、业务招待费、绿化费、广告费、公证费、法律顾问费、审计费、咨询费、保险费等。

5) 利润

利润是指施工企业完成所承包工程获得的盈利。

6) 规费

规费是指按国家法律、法规规定,由省级政府和省级有关权力部门规定必须缴纳或计取的费用。包括以下几点。

(1) 社会保险费。

① 养老保险费:是指企业按照规定标准为职工缴纳的基本养老保险费。

② 失业保险费:是指企业按照规定标准为职工缴纳的失业保险费。

③ 医疗保险费:是指企业按照规定标准为职工缴纳的基本医疗保险费。

④ 生育保险费:是指企业按照规定标准为职工缴纳的生育保险费。

⑤ 工伤保险费:是指企业按照规定标准为职工缴纳的工伤保险费。

(2) 住房公积金:是指企业按规定标准为职工缴纳的住房公积金。

(3) 工程排污费:是指按规定缴纳的施工现场工程排污费。

其他应列而未列入的规费,按实际发生计取。

7) 税金

税金是指国家税法规定的应计入建筑安装工程造价内的增值税、城市维护建设税、教育费附加以及地方教育费附加。

2. 按造价形成划分建筑安装工程费

建筑安装工程费按照工程造价形成由分部分项工程费、措施项目费、其他项目费、规费、税金组成,具体如图 1-4 所示。

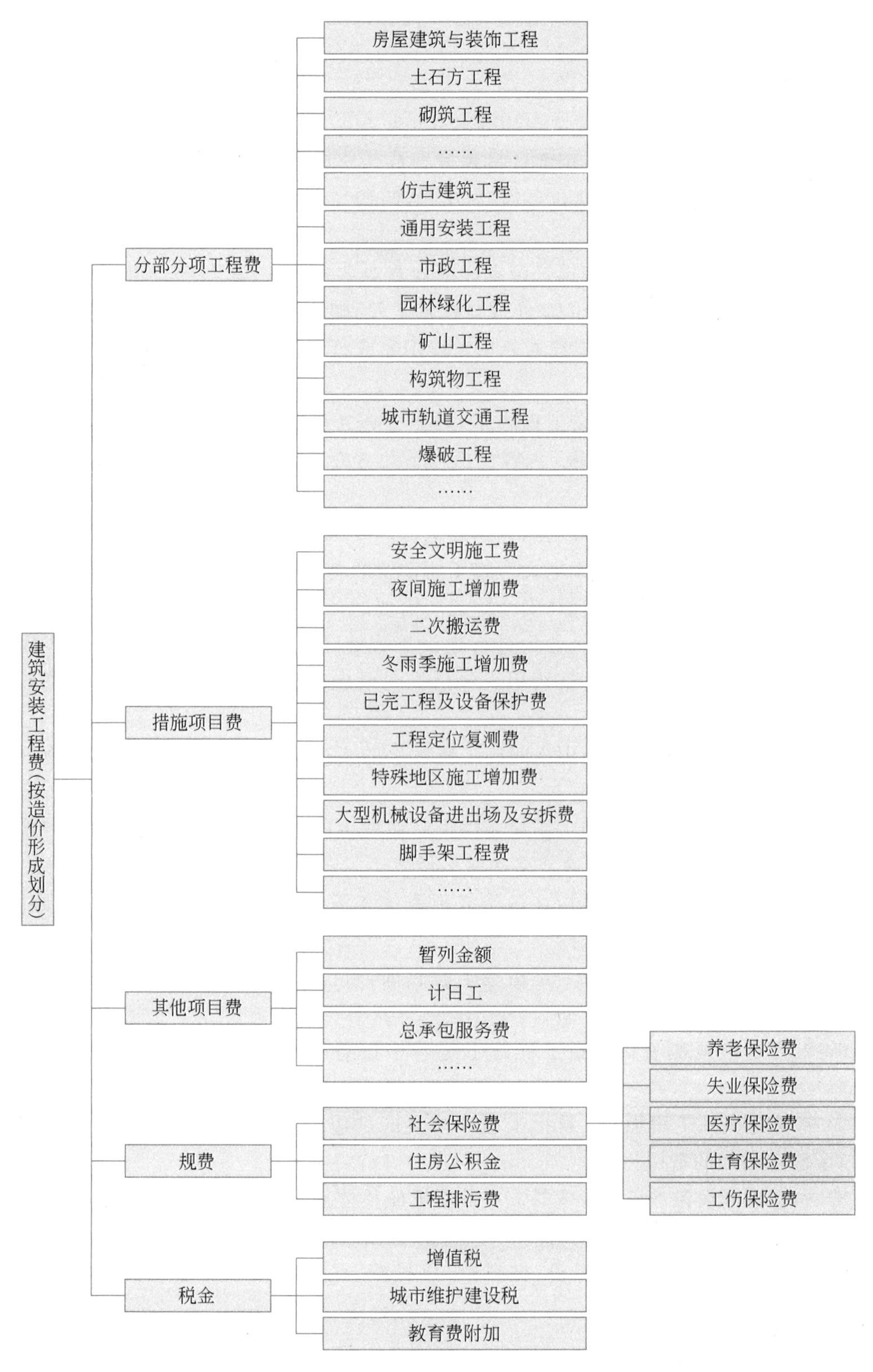

图 1-4　按造价形成划分的建筑安装工程费

分部分项工程费、措施项目费、其他项目费包含人工费、材料费、施工机具使用费、企业管理费和利润。

1）分部分项工程费

分部分项工程费是指各专业工程的分部分项工程应予列支的各项费用。

（1）专业工程：是指按现行国家计量规范划分的房屋建筑与装饰工程、仿古建筑工程、通用安装工程、市政工程、园林绿化工程、矿山工程、构筑物工程、城市轨道交通工程、爆破工程等各类工程。

（2）分部分项工程：是指按现行国家计量规范对各专业工程划分的项目。如房屋建筑与装饰工程划分的土石方工程、地基处理与桩基工程、砌筑工程、钢筋及钢筋混凝土工程等。

各类专业工程的分部分项工程划分见现行国家或行业计量规范。

2）措施项目费

措施项目费是指为完成建设工程施工，发生于该工程施工前和施工过程中的技术、生活、安全、环境保护等方面的费用。内容包括以下几方面。

（1）安全文明施工费。

① 环境保护费：是指施工现场为达到环保部门要求所需要的各项费用。

② 文明施工费：是指施工现场文明施工所需要的各项费用。

③ 安全施工费：是指施工现场安全施工所需要的各项费用。

④ 临时设施费：是指施工企业为进行建设工程施工所必须搭设的生活和生产用的临时建筑物、构筑物和其他临时设施费用。包括临时设施的搭设、维修、拆除、清理费或摊销费等。

（2）夜间施工增加费：是指因夜间施工所发生的夜班补助费、夜间施工降效、夜间施工照明设备摊销及照明用电等费用。

（3）二次搬运费：是指因施工场地条件限制而发生的材料、构配件、半成品等一次运输不能到达堆放地点，必须进行二次或多次搬运所发生的费用。

（4）冬雨季施工增加费：是指在冬季或雨季施工需增加的临时设施、防滑、排除雨雪，人工及施工机械效率降低等费用。

（5）已完工程及设备保护费：是指竣工验收前，对已完工程及设备采取的必要保护措施所发生的费用。

（6）工程定位复测费：是指工程施工过程中进行全部施工测量放线和复测工作的费用。

（7）特殊地区施工增加费：是指工程在沙漠或其边缘地区、高海拔、高寒、原始森林等特殊地区施工增加的费用。

（8）大型机械设备进出场及安拆费：是指机械整体或分体自停放场地运至施工现场或由一个施工地点运至另一个施工地点，所发生的机械进出场运输及转移费用及机械在施工现场进行安装、拆卸所需的人工费、材料费、机械费、试运转费和安装所需的辅助设施的费用。

（9）脚手架工程费：是指施工需要的各种脚手架搭、拆、运输费用以及脚手架购置费的摊销（或租赁）费用。

措施项目及其包含的内容详见各类专业工程的现行国家或行业计量规范。

3）其他项目费

（1）暂列金额：是指建设单位在工程量清单中暂定并包括在工程合同价款中的一笔款项。用于施工合同签订时尚未确定或者不可预见的所需材料、工程设备、服务的采购，施工中可能发生的工程变更、合同约定调整因素出现时的工程价款调整以及发生的索赔、现场签证确认等的费用。

（2）计日工：是指在施工过程中，施工企业完成建设单位提出的施工图纸以外的零星项目或工作所需的费用。

（3）总承包服务费：是指总承包人为配合、协调建设单位进行的专业工程发包，对建设单位自行采购的材料、工程设备等进行保管以及施工现场管理、竣工资料汇总整理等服务所需的费用。

4）规费

（略）。

5）税金

（略）。

1.2.3 工程建设其他费

工程建设其他费是指工程项目建设期内发生的与土地使用权取得、整个工程项目建设以及未来生产经营有关的资金(不包括工程费用中已含的费用)。

1. 建设用地费

建设用地费是指建设单位为获得建设用地而支付的费用。其表现形式有两种：一是土地征用及迁移补偿费；二是土地使用权出让金。

1）土地征用及迁移补偿费

土地征用及迁移补偿费是指建设单位依法申请使用国有土地，并依照《中华人民共和国土地管理法》所支付的费用。征收耕地的补偿费用包括土地补偿费、安置补助费以及地上附着物和青苗的补偿费。

（1）征收耕地的土地补偿费为该耕地被征收前3年平均年产值的6～10倍。

（2）征收耕地的安置补助费按照需要安置的农业人口数计算。需要安置的农业人口数，按照被征收的耕地数量除以征地前被征收单位平均每人占有耕地的数量计算。每一个需要安置的农业人口的安置补助费标准，为该耕地被征收前3年平均年产值的4～6倍。但是每公顷被征收耕地的安置补助费，最高不得超过被征收前3年平均年产值的15倍。

（3）征收其他土地的土地补偿费和安置补助费标准，由省、自治区、直辖市参照征收耕地的土地补偿费和安置补助费的标准规定。

（4）被征收土地上的附着物和青苗的补偿标准，由省、自治区、直辖市规定。

（5）征收城市郊区的菜地，用地单位应当按照国家有关规定缴纳新菜地开发建设基金。

（6）依照前面规定支付土地补偿费和安置补助费，尚不能使需要安置的农民保持原有生活水平的，经省、自治区、直辖市人民政府批准，可以增加安置补助费。但是土地补偿费和安置补助费的总和不得超过土地被征收前3年平均年产值的30倍。

2）土地使用权出让金

土地使用权出让金是指建设项目通过土地使用权出让方式，取得有限期的土地使用权，依照《中华人民共和国城镇国有土地使用权出让和转让暂行条例》规定，支付的土地使用权出让金。

（1）国家是城市土地的唯一所有者，并分层次、有偿、有限期地出让城市土地。第一层次是城市政府将国有土地使用权出让给用地者，该层次由城市政府垄断经营。出让对象可以是有法人资格的企事业单位，也可以是外商。第二层次及以下层次的转让则发生在使用者之间。

（2）城市土地的出让可采用协议、招标、公开拍卖等方式。

（3）土地使用权出让最高年限按下列用途确定。

① 居住用地70年。

② 工业用地50年。

③ 教育、科技、文化、卫生、体育用地50年。

④ 商业、旅游、娱乐用地40年。

⑤ 综合或者其他用地50年。

2. 与项目建设有关的其他费用

1）建设单位管理费

建设单位管理费是指建设单位在建设项目从立项、筹建、建设、联合试运转到竣工验收交付使用及后评估全过程管理所需费用。

（1）建设单位开办费：是指新建项目为保证筹建和建设工作正常进行所需办公设备、生活家具、用具、交通工具等购置费用。

（2）建设单位经费：包括工作人员的基本工资、工资性补贴、职工福利费、劳动保护费、劳动保险费、办公费、差旅交通费、工会经费、职工教育经费、固定资产使用费、工具用具使用费、技术图书资料费、生产人员招募费、工程招标费、合同契约公证费、工程质量监督检测费、工程咨询费、法律顾问费、审计费、业务招待费、排污费、竣工交付使用清理及竣工验收费、后评估等费用。不包括应计入设备、材料预算价格的建设单位采购及保管设备材料所需的费用。

2）勘察设计费

（1）编制项目建议书、可行性研究报告及投资估算、工程咨询、评价以及为编制上述文件所进行勘察、设计、研究试验等所需费用。

（2）委托勘察、设计单位进行初步设计、施工图设计及概预算编制等所需费用。

（3）在规定范围内由建设单位自行完成的勘察、设计工作所需费用。

3）研究试验费

研究试验费是指为建设项目提供和验证设计参数、数据、资料等所进行的必要的试验费用以及设计规定在施工中必须进行试验、验证所需费用，包括自行或委托其他部门研究试验所需人工费、材料费、试验设备及仪器使用费等。这项费用按照设计单位根据本工程项目的需要提出的研究试验内容和要求计算。

4）建设单位临时设施费

建设单位临时设施费是指建设期间建设单位所需临时设施的搭设、维修、摊销费用或租赁费用。临时设施包括临时宿舍、文化福利及公用事业房屋与构筑物、仓库、办公室、加工厂以及规定范围内的道路、水、电、管线等临时设施和小型临时设施。

5）工程监理费

工程监理费是指建设单位委托工程监理单位对工程实施监理工作所需费用。工程监理费按国家主管部门颁布的文件规定计算。

6）工程保险费

工程保险费是指建设项目在建设期间根据需要实施工程保险所需的费用。包括以各种建筑工程及其在施工过程中的物料、机器设备为保险标的的建筑工程一切险；以安装工程中的各种机器、机械设备为保险标的的安装工程一切险，以及机器损坏保险等。根据不同的工程类别，分别以其建筑、安装工程费乘以建筑、安装工程保险费率计算。

7）引进技术和进口设备其他费

引进技术和进口设备其他费包括出国人员费用、国外工程技术人员来华费用、技术引进费、分期或延期付款利息、担保费以及进口设备检验鉴定费。

8）工程承包费

工程承包费是指具有总承包条件的工程公司，对工程建设项目从开始建设至竣工投产全过程的总承包所需的管理费用。具体内容包括组织勘察设计、设备材料采购、非标准设备设计制造与销售、施工招标、发包、工程预决算，项目管理、施工质量监督、隐蔽工程检查、验收和试车直至竣工投产的各种管理费用。该费用按国家主管部门或省、自治区、直辖市协调规定的工程总承包费取费标准计算。

3. 与未来企业生产经营有关的其他费用

1）联合试运转费

联合试运转费是指新建企业或新增加生产工艺过程的扩建企业在竣工验收前，按照设计规定的工程质量标准，进行整个车间的负荷或无负荷联合试运转发生的费用支出大于试运转收入的亏损部分。费用内容包括：试运转所需的原料、燃料、油料和动力的费用，机械使用费用，低值易耗品及其他物品的购置费用和施工单位参加联合试运转人员的工资等。试运转收入包括试运转产品销售和其他收入。不包括应由设备安装工程费项下开支的单台设备调试费及试车费用。联合试运转费一般根据不同性质的项目按需要试运转车间的工艺设备购置费的百分比计算。

2）生产准备费

生产准备费是指新建企业或新增生产能力的企业，为保证竣工交付使用进行必要的生产准备所发生的费用。费用内容包括：

（1）生产人员培训费，包括自行培训、委托其他单位培训的人员的工资、工资性补贴、职工福利费、差旅交通费、学习资料费、学习费、劳动保护费等。

（2）生产单位提前进厂参加施工、设备安装、调试等以及熟悉工艺流程及设备性能等人员工资、工资性补贴、职工福利费、差旅交通费、劳动保护费等。

生产准备费一般根据需要培训和提前进厂人员的人数及培训时间按生产准备费指标进行估算。

3）办公和生活家具购置费

办公和生活家具购置费是指为保证新建、改建、扩建项目初期正常生产、使用和管理所需购置的办公和生活家具、用具的费用。改、扩建项目所需的办公和生活用具购置费应低于新建项目。其范围包括办公室、会议室、资料档案室、阅览室、文娱室、食堂、浴室、理发室、单身宿舍和设计规定必须建设的托儿所、卫生所、招待所、中小学校等家具用具购置费。

1.2.4 预备费

1. 基本预备费

基本预备费是指在初步设计及概算内难以预料的工程费用。基本预备费主要有：

(1) 在批准的初步设计范围内，技术设计、施工图设计及施工过程中所增加的工程费用；设计变更、局部地基处理等增加的费用。

(2) 一般自然灾害造成的损失和预防自然灾害所采取的措施费用。实行工程保险的项目，费用应适当降低。

(3) 竣工验收时为鉴定工程质量，对隐蔽工程进行必要的挖掘和修复费用。

$$\text{基本预备费} = (\text{设备及工、器具购置费} + \text{建筑安装工程费} + \text{工程建设其他费}) \times \text{基本预备费率} \tag{1-16}$$

基本预备费率按国家及部门的有关规定执行。

2. 价差预备费

价差预备费是指工程项目在建设期间内由于价格等变化引起工程造价变化的预测预留费用。费用内容包括：人工、设备、材料、施工机械的价差费，建筑安装工程费及工程建设其他费用调整，利率、汇率调整等增加的费用。

价差预备费以估算年份价格水平的投资额为基数，根据国家规定的综合价格指数，采用复利方法计算。计算公式为

$$\mathrm{PF} = \sum_{t=1}^{n} I_t[(1+f)^t - 1] \tag{1-17}$$

式中：PF——价差预备费；

n——建设期年份数；

I_t——建设期中第 t 年的投资计划额（I_t = 设备及工、器具购置费 + 建筑安装工程费 + 工程建设其他费 + 基本预备费）；

f——年均投资价格上涨率。

1.2.5 建设期贷款利息

建设期贷款利息是指项目建设期间向国内银行和其他非银行金融机构贷款、出口信贷、外国政府贷款、国际商业银行贷款，以及在境内外发行的债券等所产生的利息。

当总贷款是分年均衡发放时，建设期利息的计算可按当年借款在年中支用考虑，即当年贷款按半年计息，上年贷款按全年计息。计算公式为

$$q_j = \left(P_{j-1} + \frac{1}{2}A_j\right) \times i \tag{1-18}$$

式中：q_j——建设期第 j 年应计利息；

P_{j-1}——建设期第 $j-1$ 年年末贷款累计金额与利息累计金额之和；

A_j——建设期第 j 年的贷款金额；

i——年利率。

在国外贷款利息的计算中，还应包括国外贷款银行根据贷款协议向贷款方以年利率的方式收取的手续费、管理费、承诺费；以及国内代理机构经国家主管部门批准的以年利率的方式向贷款单位收取的转贷费、担保费、管理费等。

1.3 工程造价计算依据

工程造价计算依据是指在计算工程造价时所依据的各类基础资料的总称。计算工程造价的依据有很多，如：可行性研究资料、设计图纸、定额、费率、工程造价指数、工程建设地区的材料与人工费单价、与计算造价相关的法规和政策等。本节简单介绍施工定额、预算定额和工程造价指数。

1.3.1 施工定额

施工定额是施工企业内部用于组织生产、计算工人报酬、进行成本控制的定额，属于企业定额。施工定额采用平均先进水平编制。平均先进水平是指在正常的施工条件下，大多数施工队组和生产者经过努力能够达到或超过的水平。

施工定额由人工消耗量定额、材料消耗量定额和机械消耗量定额三部分构成。

1. 人工消耗量定额

人工消耗量定额是指在定额中考虑的用人工完成工作必需消耗的时间。人工消耗量定额包括：基本工作时间、辅助工作时间、准备与结束工作时间、不可避免中断时间、休息时间和定额时间。

1）基本工作时间

基本工作时间在必需消耗的工作时间中占的比重最大，通常用计时观察法确定。

2）辅助工作时间

辅助工作时间可用计时观察法或占定额时间的百分比确定。

3）准备与结束工作时间

准备与结束工作时间可用占定额时间的百分比确定，也可用工时规范或经验数据确定。

4）不可避免中断时间

因工艺特点所引起的不可避免中断才可列入人工消耗量定额。不可避免中断时间一般用占定额时间的百分比确定。

5）休息时间

休息时间的大小与劳动强度有关，一般用占定额时间的百分比确定。

6）定额时间

$$人工消耗量定额时间=基本工作时间+辅助工作时间+准备与结束时间+不可避免中断时间+休息时间 \tag{1-19}$$

人工消耗量定额可用时间定额或产量定额表示。

时间定额是指生产单位产品所需消耗的时间。用式(1-19)计算出的人工消耗量定额时间即为时间定额。

产量定额是指单位时间内生产产品的数量。时间定额和产量定额互为倒数，根据时间定额可计算出产量定额。

2. 材料消耗量定额

材料消耗量定额是指在合理和节约使用材料的条件下，生产单位合格产品所需消耗的一定品种、规格的原材料、半成品、配件和水电、动力资源的数量标准。材料消耗量定额包括：直接用于工程的材料、不可避免的施工废料、不可避免的材料损耗。

直接用于工程的材料编制材料净用量定额，不可避免的施工废料和材料损耗编制材料损耗定额。材料消耗量定额编制的方法有：试验法、技术测定法、统计法和理论计算法等。

每立方米1砖厚墙的标准砖净用量：

$$砖数=\frac{1}{(砖宽+灰缝)(砖厚+灰缝)}\times\frac{1}{砖长} \tag{1-20}$$

每立方米1砖半厚墙的标准砖净用量：

$$砖数=\frac{1}{(砖长+灰缝)(砖厚+灰缝)}+\frac{1}{(砖宽+灰缝)(砖厚+灰缝)} \tag{1-21}$$

标准砖长240mm、宽115mm、高53mm，灰缝宽10mm。

3. 机械消耗量定额

机械消耗量定额是指在定额中考虑的用机械完成工作必需消耗的时间。机械消耗量定额也可用时间定额或产量定额表示。

1.3.2 预算定额

预算定额是指在正常的施工技术和组织条件下规定完成一定计量单位的分项工程或结构构件所必需的人工、材料、机械以及资金合理消耗的数量标准，是计价性定额。

预算定额采用社会平均水平制定，是编制施工图预算、确定工程造价的依据，是建设单位向施工企业拨付工程款和进行竣工结算的依据，是编制招标标底、投标报价的依据。

预算定额包括人工、材料、机械消耗量定额和人工、材料、机械单价定额。

1. 人工、材料、机械消耗量定额

1）人工消耗量定额

人工消耗量定额是指正常施工条件下，生产单位合格产品所必需消耗的各种用工的工日数以及该用工量指标的平均技术等级。

预算定额确定人工工日数的方法有两种：一种是以施工定额中的人工消耗量定额为基础确定；另一种是以现场观察测定资料为基础计算。

预算定额的人工消耗量分为两部分：一是直接完成单位合格产品所必需消耗的技术用工的工日数量，称为基本用工；二是辅助直接用工的其他用工数量，称为其他用工。

(1) 基本用工是完成分项工程的主要用工量，例如砌墙工程中的砌砖、调制砂浆、运输砖和砂浆的用工量。基本用工量一般采用施工定额中的人工消耗量定额。

(2) 其他用工包括：超运距用工、辅助用工和人工幅度差。

① 超运距用工是指施工定额的人工消耗量定额中已包括的材料、半成品场内水平搬运距离与预算定额所考虑的现场材料、半成品堆放地点到操作地点的水平运输距离之差。

② 辅助用工是指施工定额的人工消耗量定额内不包括而在预算定额中又必须考虑的用工量，例如电焊点火用工。

③ 人工幅度差主要是指在施工定额的人工消耗量定额中未包括但在正常施工情况下不可避免又很难准确计量的用工和各种工时损失，例如：土建各工种间的工序搭接、施工机械在单位工程之间转移、隐蔽工程验收、施工中不可避免的其他零星用工等。

$$人工幅度差 = (基本用工 + 辅助用工 + 超运距用工) \times 人工幅度差系数 \tag{1-22}$$

人工幅度差系数一般为10%～15%。在预算定额中，人工幅度差的用工量列入其他用工量中。

$$\begin{aligned}预算定额的人工消耗量定额 &= 基本用工 + 辅助用工 + 超运距用工 \\ &\quad + 人工幅度差\end{aligned} \tag{1-23}$$

2) 材料消耗量定额

材料消耗量定额是指在正常施工条件下，生产单位合格产品所必须消耗的材料、成品、半成品的数量标准。材料消耗量包括材料的净用量和损耗量。

$$\begin{aligned}预算定额的材料消耗量定额 &= 材料净用量 + 材料损耗量 \\ &= 材料净用量 + 材料净用量 \times 损耗率\end{aligned} \tag{1-24}$$

3) 机械消耗量定额

机械消耗量定额是指在正常施工条件下，生产单位合格产品必需消耗的某种型号施工机械的台班数量标准。

预算定额的机械消耗量定额，是以施工定额的机械消耗量定额为基础，再考虑机械幅度差编制的。即

$$预算定额的机械消耗量定额 = 施工定额的机械消耗量定额 + 机械幅度差 \tag{1-25}$$

2. 人工、材料、机械单价定额

1) 人工单价定额

人工单价定额是指一个生产工人一个工作日在预算中应计入的全部人工费用。它主要反映一个工人在一个工作日中可以得到报酬的水平。

2) 材料单价定额

预算定额的材料单价定额综合考虑了材料原价、供销部门手续费、包装费、运杂费、采购

及保管费和包装材料回收价值。即

$$预算定额的材料单价定额 = 原价 + 供销部门手续费 + 包装费 + 运杂费 + 采购及保管费 - 包装材料回收价值 \tag{1-26}$$

3）机械单价定额

机械单价定额是指一台施工机械在正常运转条件下，工作一个台班必需消耗的人工、物料和应分摊的费用。预算定额的机械单价定额综合考虑了折旧费、大修理费、经常修理费、安拆费及场外运费、燃料动力费、人工费、养路费及车船使用税等。

在编制工程预算时，需要考虑工程所在地的实际情况及价格水平，预算定额中所列的人工、材料、机械单价指标仅供参考。

1.3.3 工程造价指数

工程造价指数是用来反映一定时期由于价格变化对工程造价影响程度的一种指标，有时点指数、月指数、年指数等表达形式，可作为调整工程造价价差的依据。

工程造价指数可以是单项指数，如人工费价格指数，也可以是综合指数，如建筑安装工程费造价指数。

工程造价指数可分为定基指数和环比指数。

1. 单项指数——人工费、材料费、施工机具使用费价格指数

人工费、材料费、施工机具使用费等价格指数可以直接用报告期单价与基期单价相比后得到。即

$$人工费（某种材料费、某种机具使用费）价格指数 = \frac{P_n}{P_0} \tag{1-27}$$

式中：P_0——基期人工日工资单价、某种材料单价或某种机具台班单价；

P_n——报告期人工日工资单价、某种材料单价或某种机具台班单价。

2. 综合指数——建筑安装工程费造价指数

建筑安装工程费包含了人工费、材料费、机具使用费、企业管理费、利润、规费、税金等，属于综合性费用。因工程建设期间，施工企业的利润率、规费、税金是固定的，所以在建筑安装工程费造价指数中不考虑，其表达公式为

$$\begin{aligned} &建筑安装工程费造价指数 \\ &= 人工费指数 \times 基期人工费占建安工程造价比例 \\ &\quad + \sum（某种材料费指数 \times 基期该材料费占建安工程造价比例） \\ &\quad + \sum（某种机具使用费指数 \times 基期该机具使用费占建安工程造价比例） \\ &\quad + 企业管理费综合指数 \times 基期企业管理费占建安工程造价比例 \end{aligned} \tag{1-28}$$

3. 定基指数与环比指数

定基指数是指基期固定，不同报告期数据均与基期数据相比得到的一组指数。

环比指数是指基期不固定，不同报告期数据均与其紧前一期报告期数据相比得到的一

组指数。

定基指数等于环比指数的乘积。

1.4 应用示例

【应用示例 1-1】 A 职业技术学院因教学及实训需要在国内采购及订制了以下设备。

(1) 从本市某商场购买打印机 20 台,2300 元/台。

(2) 从厂家订购投影仪 10 台,订货合同价共计 56 000 元。

(3) 购买实训用常规叉车 1 台,共支出 158 600 元(含备件费 3860 元)。

(4) 定做实训专用机具 6 部,制造厂报价为:材料费为 25 万元,辅助材料费为 8000 元,加工费为 3 万元,专用工具费为 3000 元,废品损失费率为材料费的 8%,外购配套件费为 4 万元,包装费为 3000 元,利润为 3 万元,税金为 4 万元,设计费为 2 万元。

求上述设备的原价。

【解】

知识点:国产设备的辨识与原价计算。

分　析:上述设备均为国产设备,其中打印机、投影仪和叉车可认为是标准设备,而定做的实训专用机具则为非标准设备。

(1) 标准设备原价

$$46\,000 + 56\,000 + 158\,600 = 260\,600(\text{元}) = 26.06(\text{万元})$$

① 打印机原价为商场购买价,即 20×2300=46 000(元)=4.6(万元)。

② 投影仪原价为订货合同价,即 56 000 元=5.6 万元。

③ 叉车原价为含备件费的支出,即 158 600 元=15.86 万元。

(2) 非标准设备原价

非标准设备原价为实训专用机具的制造厂报价,即

$$25 + 0.8 + 3 + 0.3 + 25 \times 8\% + 4 + 0.3 + 3 + 4 + 2 = 44.4(\text{万元})$$

(3) 总的设备原价

$$26.06 + 44.4 = 70.46(\text{万元})$$

【应用示例 1-2】 某企业从国外进口一批自控机床,其装运港船上交货价为 1000 万美元,海运费为 9%,海运保险费和银行手续费费率分别为 3‰和 4‰,外贸手续费率为 1.5%,增值税率为 17%,关税税率为 20%,美元对人民币汇率为 1∶6.3。计算进口设备的原价。

【解】

知识点:进口设备原价的计算。

分　析:进口机床的原价指其抵岸价,即抵达我国港口且在海关交完各种税费后,买方能够从海关提走机床时的价格。

FOB 价(装运港船上交货价) = 1000 万美元

海运费(国际运费) = 1000 × 9% = 90(万美元)

运输保险费 $= \frac{1000 + 90}{1 - 3‰} \times 3‰ = 3.2798$(万美元)

银行财务费 = 1000 × 4‰ = 4(万美元)

外贸手续费 = (1000 + 90 + 3.2798) × 1.5% = 16.3992(万美元)

关税 = (1000 + 90 + 3.2798) × 20% = 218.656(万美元)

增值税 = (1000 + 90 + 3.2798 + 218.656) × 17% = 223.0291(万美元)

进口设备原价 = (1000 + 90 + 3.2798 + 4 + 16.3992 + 218.656 + 223.0291) × 6.3
= 9798.7938(万元人民币)

【应用示例 1-3】 某新建机械制造厂需采购生产用设备和工、器具及家具。其中进口设备重 1000t,抵岸价为 2000 万美元,设备从到货口岸至安装现场 300km,运输费为 4.5 元人民币/(t·km),装卸费为 10 元人民币/t,国内运输保险费率为抵岸价的 0.5‰,进口设备的现场保管费率为抵岸价的 1‰,美元对人民币汇率为 1∶6.3。国产设备均为标准设备,其带有备件的订货合同价为 8000 万元人民币,国产设备的设备运杂费率为 2‰。按规定,新建机械制造厂的工、器具及生产家具购置费率为 4%。估算该新建机械制造厂的设备及工、器具购置费用。

【解】

知识点:设备运杂费、设备及工、器具购置费的计算。

分　析:进口设备的运杂费需按照实际发生的费用计算,国产设备的设备运杂费按费率计算,工、器具及生产家具购置费按费率计算。设备购置费等于设备原价加运杂费。

(1) 进口设备运杂费

进口设备运费 = 1000 × 300 × 1.5 = 450 000(元人民币) = 45(万元人民币)

进口设备装卸费 = 1000 × 10 = 10 000(元人民币) = 1(万元人民币)

进口设备国内运输保险费 = 2000 × 0.5‰ × 6.3 = 6.3(万元人民币)

进口设备现场保管费 = 2000 × 1‰ × 6.3 = 12.6(万元人民币)

进口设备运杂费 = 45 + 1 + 6.3 + 12.6 = 64.9(万元人民币)

(2) 国产设备运杂费

8000 × 2‰ = 16(万元人民币)

(3) 设备购置费

2000 × 6.3 + 8000 + 64.9 + 16 = 20 680.9(万元人民币)

(4) 工、器具及生产家具购置费

20 680.9 × 4% = 827.236(万元人民币)

(5) 新建机械制造厂总的设备及工、器具购置费

20 680.9 + 827.236 = 21 508.136(万元人民币)

【应用示例 1-4】 某房地产开发项目计划 3 年建成。建设期各年计划静态投资额为:第 1 年 15 000 万元,第 2 年 20 000 万元,第 3 年 10 000 万元。估计建设期间年均价格上涨率为 4%,分析该项目建设期间应考虑的价差预备费为多少。

【解】

知识点:项目建设期间价差预备费的计算。

分 析:计划静态投资额是在项目开工的前一年估计的,因此在项目建设期间必须考虑由于价格等变化引起的工程造价的变化,即价差预备费。

第 1 年价差预备费为

$$\mathrm{PF}_1 = I_1[(1+f)-1] = 15\,000 \times [(1+4\%)-1] = 600(\text{万元})$$

第 2 年价差预备费为

$$\mathrm{PF}_2 = I_2[(1+f)^2-1] = 20\,000 \times [(1+4\%)^2-1] = 1632(\text{万元})$$

第 3 年价差预备费为

$$\mathrm{PF}_3 = I_3[(1+f)^3-1] = 10\,000 \times [(1+4\%)^3-1] = 1248.64(\text{万元})$$

建设期间总价差预备费为

$$\mathrm{PF} = 600 + 1632 + 1248.64 = 3480.64(\text{万元})$$

【应用示例 1-5】 上例中的房地产开发项目,若其建设投资中的部分资金为从银行贷款获得,贷款计划为第 1 年贷 7000 万元,第 2 年贷 11 000 万元,第 3 年贷 5000 万元。企业与银行约定:贷款年利率为 8%,银行分年按月均衡发放贷款,建设期内利息只计息不支付,估算建设期贷款利息。

【解】

知识点:项目建设期间贷款利息的计算。

分 析:项目建设期间贷款利息的估算一般是按分年均衡发放考虑的,可按当年贷款在年中支用考虑,即当年贷款按半年计息,上年贷款按全年计息。

第 1 年的贷款利息为

$$q_1 = \frac{1}{2}A_1 \times i = \frac{1}{2} \times 7000 \times 8\% = 280(\text{万元})$$

第 2 年的贷款利息为

$$q_2 = \left(P_1 + \frac{1}{2}A_2\right) \times i = \left(7000 + 280 + \frac{1}{2} \times 11\,000\right) \times 8\% = 1022.4(\text{万元})$$

第 3 年的贷款利息为

$$\begin{aligned} q_3 &= \left(P_2 + \frac{1}{2}A_3\right) \times i = \left(7000 + 280 + 11\,000 + 1022.4 + \frac{1}{2} \times 5000\right) \times 6\% \\ &= 1744.192(\text{万元}) \end{aligned}$$

建设期间贷款总利息

$$Q = q_1 + q_2 + q_3 = 280 + 1022.4 + 1744.192 = 3046.592(\text{万元})$$

【应用示例 1-6】 砌筑 10m³ 一砖半墙需要基本工作时间 15.5h，辅助工作时间占定额时间的 3%，准备与结束时间占定额时间的 3%，不可避免中断时间占定额时间的 2%，休息时间占定额时间的 16%。试确定砌筑 10m³ 一砖半墙的时间定额与产量定额。

【解】

知识点：施工定额中人工消耗量定额的确定。

分　析：人工消耗量定额是指在定额中考虑的用人工完成工作必需消耗的时间。包括：基本工作时间、辅助工作时间、准备与结束工作时间、不可避免中断时间和休息时间。时间定额指生产单位产品所需消耗的时间；产量定额指单位时间内生产产品的数量；时间定额与产量定额互为倒数。

设定额时间为 Xh，则：

$$\begin{aligned} X &= \text{基本工作时间} + \text{辅助工作时间} + \text{准备与结束时间} + \text{不可避免中断时间} + \text{休息时间} \\ &= 15.5 + 3\%X + 3\%X + 2\%X + 16\%X \\ &= \frac{15.5}{1-3\%-3\%-2\%-16\%} \\ &= 20.3947(\text{h}) \\ &= \frac{20.3947}{8} = 2.55(\text{工日}) \end{aligned}$$

即砌筑 10m³ 一砖半墙的时间定额为 2.55 工日。因产量定额为时间定额的倒数，可得产量定额 $=\frac{1}{2.55}=0.3922(10\text{m}^3/\text{工日})=3.922(\text{m}^3/\text{工日})$。

【应用示例 1-7】 砌筑 1m³ 一砖墙需要用 M5 水泥砂浆，砂浆实体积与虚体积之间的折算系数为 1.07，砖与砂浆的损耗率为 1%，完成 1m³ 一砖墙砌体需用水 0.85m³。确定砌筑 1m³ 一砖墙的预算定额材料消耗量。

【解】

知识点：预算定额中材料消耗量定额的确定。

分　析：材料消耗量定额应包含材料净用量及不可避免的材料损耗量。

(1) 材料净用量

① 标准砖净用量为

$$\begin{aligned} \text{砖数} &= \frac{1}{(\text{砖宽}+\text{灰缝})(\text{砖厚}+\text{灰缝})} \times \frac{1}{\text{砖长}} \\ &= \frac{1}{(0.115+0.01)(0.053+0.01)} \times \frac{1}{0.24} \\ &\approx 529(\text{块}) \end{aligned}$$

② 砂浆净用量为

$$\begin{aligned} \text{砂浆体积} &= 1 - 529 \times 0.24 \times 0.115 \times 0.053 \\ &= 0.226(\text{m}^3) \end{aligned}$$

（2）材料损耗量

$$砖损耗量 = 529 \times 1\% = 5.29(块)$$
$$砂浆损耗量 = 0.226 \times 1\% = 0.002\,26(m^3)$$

（3）材料消耗量定额

$$标准砖 = 529 + 5.29 \approx 535(块)$$
$$M5\ 水泥砂浆 = (0.226 + 0.002\,26) \times 1.07 = 0.2442(m^3)$$
$$水 = 0.85m^3$$

【应用示例 1-8】 砂浆采用 400L 搅拌机现场搅拌，水泥在搅拌机附近堆放，砂堆距搅拌机 200m，需用推车运至搅拌机处。通过技术测定：推车在砂堆处装砂子的时间为 20s，从砂堆运至搅拌机的单程时间为 125s，卸砂时间为 10s，往搅拌机装填各种材料的时间为 60s，搅拌时间为 80s，从搅拌机卸下搅拌好的材料的时间为 30s，不可避免中断时间为 15s，机械利用系数为 0.85。试确定搅拌机的时间定额与产量定额。

【解】

知识点：施工定额中机械消耗量定额的确定。

分　析：砂浆搅拌全过程的时间消耗可分为两大部分。

（1）往返运砂、装砂及卸砂时间

$$20 + 125 \times 2 + 10 = 280(s)$$

（2）装填材料、搅拌、卸搅拌好的砂浆、不可避免中断时间

$$60 + 80 + 30 + 15 = 185(s)$$

在做第一部分工作时，第二部分工作可同时进行，即搅拌一罐砂浆所需时间实际上取决于两部分工作中耗时长的那部分工作。

由计算可知，往返运砂、装砂及卸砂耗时为 280s，装填材料、搅拌、卸搅拌好的砂浆、不可避免中断耗时为 185s，所以搅拌一罐砂浆实际消耗的时间是 280s。

搅拌机工作 1 个台班按 8h 计，即 8×60×60h，由此可得搅拌机的

$$产量定额 = \frac{8 \times 60 \times 60}{280} \times 0.4 \times 0.85 = 34.97(m^3/台班)$$

$$时间定额 = \frac{1}{产量定额} = \frac{1}{34.97} = 0.0286(台班/m^3)$$

【应用示例 1-9】 砌筑 1m³ 砖砌体需要基本工作时间为 8h，砖消耗量为 529 块，辅助工作时间占工作延续时间的 3%，准备与结束时间为 0.5h，不可避免中断时间占工作延续时间的 2%，休息时间占 10%，人工幅度差系数为 8%，超运距运砖每千块需要 1.5h。确定 10m³ 砖砌体预算定额的人工消耗量时间定额与产量定额。

【解】

知识点：预算定额中人工消耗量定额的确定。

分　析：预算定额的人工消耗量分为两部分：一是直接完成单位合格产品所必需消耗的技术用工数量，称为基本用工；二是辅助直接用工的其他用工数量，称为其他用工。基本用工

一般采用施工定额中的人工消耗量定额；其他用工包括超运距用工、辅助用工和人工幅度差。

(1) 基本用工

设砌筑 $1m^3$ 一砖墙的基本用工时间为 Xh，则

$$X = 8 + 3\% X + 0.5 + 2\% X + 10\% X$$

解得：

$$X = 10h = 1.25 \text{ 工日}$$

(2) 其他用工

$$\text{超运距用工} = 529 \div 1000 \times 1.5 = 0.79(h) = 0.1(\text{工日})$$
$$\text{人工幅度差} = (1.25 + 0.1) \times 8\% = 0.108(\text{工日})$$
$$\text{辅助用工} = 0$$

(3) $10m^3$ 一砖墙预算人工消耗时间定额

$$(1.25 + 0.1 + 0.108) \times 10 = 14.58(\text{工日}/10m^3)$$

$$\text{产量定额} = \frac{1}{14.58} = 0.069(10m^3/\text{工日})$$

【应用示例 1-10】 某建材市场 2017 年 1—9 月钢筋价格的波动情况如表 1-1 所示。

表 1-1 钢筋价格波动情况表

月 份	1	2	3	4	5	6	7	8	9
钢筋单价(元/t)	3650	3700	3850	3800	3920	3900	4000	4150	4100

分别以 1 月、6 月为基期，求 7、8、9 三个月的定基指数与环比指数。分析定基指数与环比指数间的关系。

【解】

知识点：工程造价单项指数的确定。

分 析：

(1) 定基指数

① 以 1 月为基期

$$7\text{ 月份的定基指数} = \frac{4000}{3650} = 1.0959$$

$$8\text{ 月份的定基指数} = \frac{4150}{3650} = 1.137$$

$$9\text{ 月份的定基指数} = \frac{4100}{3650} = 1.1233$$

② 以 6 月为基期

$$7\text{ 月份的定基指数} = \frac{4000}{3900} = 1.0256$$

$$8\text{ 月份的定基指数} = \frac{4150}{3900} = 1.0641$$

$$9\text{月份的定基指数}=\frac{4100}{3900}=1.0513$$

（2）环比指数

$$7\text{月份的环比指数}=\frac{4000}{3900}=1.0256$$

$$8\text{月份的环比指数}=\frac{4150}{4000}=1.0375$$

$$9\text{月份的环比指数}=\frac{4100}{4150}=0.988$$

（3）定基指数与环比指数间的关系

$$\text{以6月为基期9月份的定基指数}=\frac{4100}{3900}$$

$$7、8、9\text{三个月的环比指数乘积}=\frac{4000}{3900}\times\frac{4150}{4000}\times\frac{4100}{4150}=\frac{4100}{3900}$$

即以6月为基期9月份的定基指数等于7、8、9三个月的环比指数乘积。

习　题

一、单项选择题

1. 下列属于建设一项工程实际开支的固定资产投资费用的是(　　)。

　A. 投资估算　　B. 竣工决算　　C. 设计概算　　D. 施工图预算

2. 从投资者角度看，工程造价实际上是指(　　)。

　A. 建设项目从筹建到竣工的总投资　　B. 建设项目在建设期间的投资

　C. 建设单位支付给施工单位的工程款　　D. 建设单位购买建筑材料的投资

3. 工程之间千差万别，在用途、结构、造型、坐落位置等方面都有很大的不同，这体现了工程造价(　　)的特点。

　A. 动态性　　B. 差异性　　C. 大额性　　D. 兼容性

4. 预算造价是在(　　)阶段编制的。

　A. 初步设计　　B. 技术设计　　C. 施工图设计　　D. 招投标

5. 概算造价是指在初步设计阶段，根据设计意图，通过编制工程概算文件确定的工程造价，概算造价主要受(　　)的控制。

　A. 投资估算　　B. 合同价　　C. 修正概算造价　　D. 实际造价

6. 工程造价咨询是指咨询企业面向社会接受委托，承担工程项目建设的可行性研究与经济评价活动。下面不属于工程造价咨询范畴的是(　　)。

　A. 编制设计概算　　B. 修订工程定额　　C. 进行工程结算　　D. 收集造价信息

7. 关于乙级工程造价咨询企业的资质标准，下面正确的是(　　)。

　A. 专职专业人员不少于20人，取得造价工程师注册证书的人员不少于10人

B. 技术负责人具有工程或工程经济类高级专业技术职称

C. 企业注册资本不少于人民币 100 万元

D. 具有固定的办公场所，人均办公建筑面积不少于 $20m^2$

8. 甲级工程造价咨询企业的资质，应当由(　　)审批。

A. 申请单位注册所在地市级政府　　B. 申请单位注册所在地省级政府

C. 申请单位所在行业的部级部门　　D. 国务院住房城乡建设主管部门

9. 关于我国工程造价咨询企业管理的以下说法中，正确的是(　　)。

A. 工程造价咨询企业可任意承接工程造价咨询业务

B. 工程造价咨询企业的资质等级具有永久性

C. 新开办的工程造价咨询企业可直接申请甲级工程造价咨询单位资质等级

D. 工程造价咨询企业是提供工程造价服务、出具工程造价成果文件的中介组织

10. 凡遵守中华人民共和国宪法、法律、法规，具有良好的业务素质和道德品行，具有工程造价专业大学专科(或高等职业教育)学历，从事工程造价业务工作满(　　)年，可以申请参加一级造价工程师职业资格考试。

A. 3　　B. 4　　C. 5　　D. 6

11. 二级造价工程师职业资格考试成绩实行(　　)年为一个周期的滚动管理办法，参加全部科目考试的人员必须在一个滚动周期内通过全部科目，方可取得资格证书。

A. 2　　B. 3　　C. 3　　D. 5

12. 下面选项中不属于造价工程师权利的是(　　)。

A. 使用造价工程师名称　　B. 自行确定收费标准

C. 在所办的工程造价成果文件上签字　　D. 申请设立工程造价咨询单位

13. 根据政府对造价工程师执业范围的规定，造价工程师(　　)。

A. 只能在一个单位执业　　B. 可以同时在两个单位执业

C. 可以同时在三个单位执业　　D. 可以同时在三个以上的单位执业

14. 工程造价咨询企业资质的有效期限为(　　)年。

A. 2　　B. 3　　C. 4　　D. 5

15. 工程造价咨询企业从事业务时，应当按照规定出具工程造价成果文件。工程造价成果文件应当(　　)。

A. 加盖企业的执业印章

B. 加盖注册造价工程师的执业印章

C. 加盖企业和注册造价工程师的执业印章

D. 由执行咨询业务的注册造价工程师签字并加盖其执业印章和企业的执业印章

16. 李某报考一级造价工程师，按规定需要参加四门课的考试。李某在第 1 年考试通过了“建设工程技术与计量(土建)”课程，第 2 年又通过了“建设工程造价管理”课程，第 3、4 年因出国进修没有参加考试，若李某在第 5 年想继续参加考试的话，他应该参加考试的课程是(　　)。

A. “建设工程造价案例分析”

B. “建设工程计价”

C. “建设工程造价案例分析”与“建设工程计价”

D. “建设工程计价”“建设工程技术与计量(土建)”与“建设工程造价案例分析”

17. 修改经注册造价工程师签字、盖章的工程造价文件,(　　)。

A. 必须由该注册造价工程师进行

B. 必须由该注册造价工程师委托的人进行

C. 可以由其他注册造价工程师修改并签字、加盖执业专用章,但修改人需对修改部分承担责任

D. 可以由其他注册造价工程师修改并签字、加盖执业专用章,但修改人需对修改后的工程造价文件承担责任

18. 某建设项目的设备及工、器具购置费为2000万元,建筑安装工程费为1000万元,工程建设其他费为800万元,预备费为500万元,建设期贷款为1200万元,应计利息为100万元,流动资金估计为300万元,则建设项目的工程造价为(　　)万元。

A. 5900　　B. 5800　　C. 4400　　D. 3800

19. 关于设备原价,下面说法不正确的是(　　)。

A. 国产设备原价可以指设备制造厂的交货价

B. 国产设备原价可以指设备的订货合同价

C. 国产标准设备原价一般采用带有备件的原价

D. 国产标准设备原价一般采用不带有备件的原价

20. 国产标准设备是指(　　)。

A. 按照主管部门颁布的标准图纸和技术要求,由我国设备生产厂批量生产的,符合国家质量检测标准的设备

B. 按照企业自定的图纸和技术要求,由设备生产厂批量生产的,符合质量检测标准的设备

C. 按照业主提供的图纸和技术要求,由我国设备生产厂生产的,符合国家质量检测标准的设备

D. 按照主管部门颁布的标准图纸和业主提出的技术要求,由我国设备生产厂生产的,符合国家质量检测标准的设备

21. 进口设备的原价指的是(　　)的价格。

A. 进口设备抵达买方边境港口

B. 进口设备抵达买方边境车站

C. 进口设备抵达买方边境机场

D. 进口设备抵达买方边境港口且交完税费

22. (　　)是进口设备的离岸价格。

A. CIF　　B. C&F　　C. FOB　　D. FAS

23. 进口设备运杂费中运输费的运输区间是指(　　)。

A. 出口国供货地至进口国边境港口或车站

B. 出口国的边境港口或车站至进口国的边境港口或车站

C. 进口国的边境港口或车站至工地仓库

D. 出口国的边境港口或车站至工地仓库

24. 某项目进口一批工艺设备,其银行财务费为4.25万元,外贸手续费为18.9万元,

关税税率为20%，增值税税率为17%，抵岸价为1792.19万元。该批设备无消费税，则该批进口设备的到岸价为(　　)万元。

A. 1045　　B. 1260　　C. 1291.27　　D. 747.19

25. 某项目购买一台国产设备，其购置费为1325万元，运杂费率为10.6%，则该设备的原价为(　　)万元。

A. 1198　　B. 1160　　C. 1506　　D. 1484

26. 按照成本计算估价法，下列(　　)不属于国产非标准设备原价的组成范围。

A. 外购配套件费　　B. 增值税

C. 包装费　　D. 组装费

27. 设备购置费组成为(　　)。

A. 设备原价＋运杂费　　B. 设备原价＋运费＋装卸费

C. 设备原价＋运费＋采购与保管费　　D. 设备原价＋采购与保管费

28. 某项目进口一批生产设备，FOB价为650万元，CIF价为830万元，银行财务费率为0.5%，外贸手续费率为1.5%，关税税率为20%，增值税率为17%。该批设备无消费税，则该批进口设备的抵岸价为(　　)万元。

A. 1178.10　　B. 1181.02　　C. 998.32　　D. 1001.02

29. 根据设计要求，对某一框架结构进行破坏性试验，以提供和验证设计数据，该过程支出的费用属于(　　)。

A. 检验试验费　　B. 研究试验费　　C. 勘察设计费　　D. 建设单位管理费

30. 土地使用权出让金是指建设项目通过(　　)支付的费用。

A. 土地使用权出让方式，取得有限期的土地使用权

B. 划拨方式，取得有限期的土地使用权

C. 土地使用权出让方式，取得无限期的土地使用权

D. 划拨方式，取得无限期的土地使用权

31. 某项目建设期静态投资为1500万元，建设期为2年，第2年计划投资40%，年价格上涨率为3%，则第2年的价差预备费是(　　)万元。

A. 54　　B. 18　　C. 91.35　　D. 36.54

32. 建筑安装工程费中的税金是指(　　)。

A. 增值税、城市维护建设税和教育费附加

B. 营业税、城市维护建设税和固定资产投资方向调节税

C. 营业税、固定资产投资方向调节税和教育费附加

D. 营业税、增值税和教育费附加

33. 在批准的初步设计范围内，施工过程中难以预料的工程变更而增加的费用，在总概算中属于(　　)。

A. 基本预备费　　B. 建筑安装工程费

C. 工程造价调整预备费　　D. 其他直接费

34. 某个新建项目，建设期为4年，分年均衡进行贷款，第1年贷款400万元，第2年贷款500万元，第3年贷款400万元，贷款年利率为10%，按年计息。建设期内利息只计息不支付，则建设期贷款利息为(　　)万元。

A. 118.7　　B. 356.27　　C. 521.897　　D. 435.14

35. 某进口设备FOB价为人民币1200万元，国际运费为72万元，国际运输保险费用为4.47万元，关税为217万元，银行财务费为6万元，外贸手续费为19.15万元，增值税为253.89万元，消费税率为5%，则该设备的消费税为(　　)万元。

A. 78.60　　B. 74.67　　C. 79.93　　D. 93.29

36. 工程造价计算依据是指计算造价时所依据的各类基础资料。下面不属于工程造价计算依据的是(　　)。

A. 设计图纸　　B. 工程造价指数

C. 甲方对建设项目成本的估计　　D. 国家计算造价相关的法规

37. 预算定额中的人工幅度差是指(　　)。

A. 预算定额人工工日消耗量与施工定额中的劳动定额消耗量之差

B. 预算定额人工工日消耗量与概算定额消耗量之差

C. 预算定额人工工日消耗量测定带来的误差

D. 预算定额人工工日消耗量与其净消耗量之差

38. 设$1m^3$分项工程，其中基本用工为a工日，超运距用工为b工日，辅助用工为c工日，人工幅度差系数为d，则该工程预算定额人工消耗量为(　　)工日。

A. $a\times d+a+b+c$　　B. $(a+b)\times d+a+b+c$

C. $(a+b+c)\times d+a+b+c$　　D. $(a+c)\times d+a+b+c$

39. 已知水泥的消耗量定额是41 200t，若损耗率为3%，则水泥的净用量是(　　)t。

A. 39 964　　B. 42 436　　C. 40 000　　D. 42 474

40. 某工程签合同时钢材的价格为3000元/t，半年后结算时，钢材的价格为3500元/t，则结算时的钢材价格指数为(　　)。

A. 285.7%　　B. 85.7%　　C. 116.7%　　D. 16.7%

二、多项选择题

1. 关于工程建设各个阶段的计价，下列说法正确的有(　　)。

A. 投资估算最为粗略

B. 施工图预算比修正概算更为详尽和准确

C. 合同价是由发包方和承包商协商一致后的价格，合同签订后不得改变

D. 工程结算价是该结算工程的实际价格

E. 工程建设各阶段依次形成的造价关系是前者制约后者，后者补充前者

2. 工程造价咨询企业从事咨询活动时，应当遵循(　　)原则，不得损害社会公共利益和他人的合法权益。

A. 独立　　B. 客观　　C. 公正

D. 利益最大化　　E. 诚实信用

3. 工程造价咨询企业申请资质时应当提交的材料有(　　)。

A. 企业营业执照

B. 工程造价咨询企业资质等级申请书

C. 专职专业人员职称证书和毕业证书

D. 兼职专业人员身份证

E. 固定办公场所的租赁合同或产权证明

4. 工程造价具有多次性计价特征，其中各阶段与造价对应关系正确的是（　　）。

A. 招投标阶段→合同价　　B. 施工阶段→合同价

C. 竣工验收阶段→实际造价　　D. 竣工验收阶段→结算价

E. 可行性研究阶段→概算造价

5. 二级造价工程师职业资格考试全国统一大纲，由各省、自治区、直辖市自主命题并组织实施。二级造价工程师执业资格考试的科目有（　　）。

A. 建设工程计价　　B. 建设工程造价管理基础知识

C. 建设工程技术与计量　　D. 建设工程造价管理基础知识

E. 建设工程概预算

6. 国家对造价工程师职业资格实行执业注册管理制度。（　　）按照职责分工，制定相应注册造价工程师管理办法并监督执行。

A. 住房和城乡建设部　　B. 国务院办公厅

C. 交通运输部　　D. 人力资源部

E. 水利部

7. 二级造价工程师可独立开展的具体工作有（　　）。

A. 工程造价纠纷的调解　　B. 招标投标文件的审核

C. 设计概算的编制　　D. 投标报价的编制

E. 竣工决算价款的编制

8. 在下列各项中，属于造价工程师权利范围的有（　　）。

A. 允许他人以本人名义执业

B. 在工程造价成果文件上签字

C. 使用造价工程师名称

D. 依法申请开办工程造价咨询单位

E. 申请豁免继续教育的权利

9. 造价工程师应履行的义务包括（　　）。

A. 遵守法律法规，恪守职业道德

B. 接受继续教育，提高业务技术水平

C. 负责向工程施工人员传授有关工程造价管理方面的业务知识

D. 不得出借注册证书或专用章

E. 提供工程造价资料

10. 根据我国现行的建设项目投资构成，建设项目投资由（　　）两部分组成。

A. 固定资产投资　　B. 流动资产投资　　C. 无形资产投资

D. 递延资产投资　　E. 其他资产投资

11. 外贸手续费的计费基础是（　　）之和。

A. 装运港船上交货价　　B. 国际运费　　C. 银行财务价

D. 关税　　E. 运输保险费

12. 下列各项中的（　　）没有包含关税。

A. 到岸价　　B. 抵岸价　　C. FOB 价

D. CIF 价　　　　E. 关税完税价

13. 基本预备费等于(　　)之和乘以基本预备费率。

A. 设备及工器具购置费　　　　B. 建安工程费

C. 建设期贷款利息　　　　D. 工程建设其他费

E. 固定资产投资方向调节税

14. 以下属于人工费的有(　　)。

A. 计件工资　　　　B. 津贴补贴　　　　C. 职工福利费

D. 奖金　　　　E. 劳动保险费

15. 在下列费用中,属于与未来企业生产经营有关的工程建设其他费用的有(　　)。

A. 建设单位管理费　　　　B. 勘察设计费　　　　C. 供电贴费

D. 生产准备费　　　　E. 办公和生活家具购置费

16. 在我国建筑安装工程费的构成中,下列(　　)属于规费。

A. 施工管理用财产保险费　　　　B. 工会经费

C. 工程保修费　　　　D. 工程排污费

E. 住房公积金

17. 下列(　　)属于建筑安装工程措施费的范围。

A. 脚手架费

B. 临时设施费

C. 二次搬运费

D. 大型机械现场安装后的试运转费

E. 施工现场办公室的取暖费

18. 在下列时间中,包含在施工定额中或在定额中给予合理考虑的时间有(　　)。

A. 休息时间　　　　B. 多余工作时间　　　　C. 不可避免中断时间

D. 偶然工作时间　　　　E. 非施工本身造成的停工时间

19. 施工定额是由(　　)构成。

A. 人工消耗量定额　　　　B. 人工单价定额

C. 机械单价定额　　　　D. 机械消耗量定额

E. 材料消耗量定额

20. 预算定额中的材料单价定额考虑了(　　)。

A. 材料原价　　　　B. 包装材料回收价值

C. 劳动保护费　　　　D. 材料的供销部门手续费

E. 取暖费

21. 预算定额的人工消耗量定额包括(　　)。

A. 基本用工　　　　B. 机械幅度差　　　　C. 辅助用工

D. 超运距用工　　　　E. 人工幅度差

22. 下面的(　　)属于工程造价指数中的单项指数。

A. 人工费指数　　　　B. 基本预备费指数　　　　C. 建筑安装工程费指数

D. 标准红砖价格指数　　　　E. 325 水泥价格指数

23. 关于施工定额中的人工消耗量定额,下面说法正确的是(　　)。

A. 人工消耗量定额考虑了人工幅度差

B. 人工消耗量定额可用时间定额表示

C. 人工消耗量定额可用产量定额表示

D. 人工消耗量等于基本用工加其他用工

E. 人工消耗量定额的时间定额与产量定额间成互为倒数关系

24. 工程造价指数有(　　)之分。

A. 政府指数　　B. 建设单位指数　　C. 施工企业指数

D. 定基指数　　E. 环比指数

25. 下列(　　)可作为结算或调整项目建设过程中甲、乙双方工程费用的依据。

A. 施工定额　　B. 预算定额　　C. 建设单位招标标底

D. 工程造价指数　　E. 政府关于计算工程造价的规定

第2章 决策阶段造价控制

主要内容

1. 投资估算的内容、精度、作用。

2. 固定资产投资静态投资估算的单位建筑面积估算法、生产能力指数法、设备系数法、朗格系数法、指标估算法。

3. 流动资金估算的分项详细估算法。

4. 财务评价的程序、内容、指标及基本报表，全部投资现金流量表编制、损益表编制。

5. 财务盈利能力评价的指标与计算。

6. 财务偿债能力评价的指标与计算，还本付息表的编制。

决策在工程项目建设中包括两重含义，一是决定工程项目建还是不建；二是如果决定了建，将以什么标准来建。

对拟建项目进行决策，一般需要进行可行性分析，需要估算项目的投资，并对项目将来可能产生的经济效益和社会效益进行评价。对项目进行的经济效益评价通常被称为项目财务评价，对项目进行的社会效益评价通常被称为国民经济评价。

一般说来，政府投资建设的项目往往侧重于社会效益，如我国的三峡工程建设。而企业和个人投资建设的项目往往更看重项目本身所产生的经济效益，如一个房地产商开发楼盘的目的是想获得利润，在进行房地产开发项目的可行性研究时就会重点关注财务分析部分。

2.1 项目投资估算

项目投资估算是指在项目建设的投资决策中，采用适当的方法，对项目的投资数额进行的估计。

2.1.1 投资估算概述

1. 投资估算内容

建设项目的投资估算主要包括固定资产投资和流动资金投资两部分。

固定资产投资包括：设备及工、器具购置费、建筑安装工程费、工程建设其他费、基本预备费、价差预备费、建设期贷款利息。其中，建筑安装工程费、设备及工器具购置费形成实体固定资产；基本预备费、价差预备费、建设期贷款利息计入固定资产；工程建设其他费可分别形成固定资产、无形资产及其他资产。

流动资金投资是指生产经营性项目建成投产后,用于购买原材料、燃料、支付工资及其他经营费用等所需的周转资金。

2. 投资估算精度

我国的投资估算主要分为项目规划、项目建议书、初步可行性研究、详细可行性研究四个阶段的投资估算。

1) 项目规划阶段

项目规划阶段是指有关部门和单位,根据国民经济发展规划、地区发展规划和行业发展规划的要求,编制一个建设项目的建设规划。此阶段仅需粗略地估计建设项目所需的投资额。投资估算误差可大于±30%。

2) 项目建议书阶段

项目建议书阶段投资估算,是按建议书中确定的建设规模、产品方案、主要生产工艺、初选建设地点等估算项目所需的投资额。投资估算的误差应控制在±30%以内。

3) 初步可行性研究阶段

初步可行性研究阶段的投资估算是在掌握更详细、深入的资料条件下,估算建设项目所需的投资额。投资估算的误差应控制在±20%以内。

4) 详细可行性研究阶段

详细可行性研究阶段的投资估算,经审查批准之后,便是工程设计任务书中规定的投资限额,并据此列入年度建设计划。投资估算的误差应控制在±10%以内。

3. 投资估算用途

(1) 项目建议书阶段的投资估算,是项目主管部门审批项目建议书的主要依据之一,并对项目的建设规模产生直接影响。

(2) 项目可行性研究阶段的投资估算,是项目投资决策的重要依据。

(3) 当可行性研究报告被批准后,批准的投资估算值即为项目建设投资的最高限额,其后的设计概算不得突破投资估算额。

(4) 批准的投资估算值,将作为项目建设资金筹措和制订贷款计划的依据。

2.1.2 固定资产投资估算

固定资产投资可分为静态投资与动态投资两个部分。固定资产的静态投资包括:设备及工、器具购置费、建筑安装工程费、工程建设其他费、基本预备费。固定资产的动态投资包括:价差预备费、建设期贷款利息。

固定资产投资估算在不同的阶段因精度要求不一样,所采用的估算方法也不同。在项目规划与项目建议书阶段,投资估算的精度要求低,可采用简单、易行的方法进行。在可行性研究阶段,尤其是详细可行性研究阶段,投资估算的精度要求高,则需要采用详细、复杂的方法进行,以满足估算精度的要求。

1. 静态投资估算

固定资产静态部分的投资估算要按某一确定的时间来进行,一般以开工的前一年为基准年,以这一年的价格为依据估算,否则就会失去基准作用。

1）单位建筑面积估算法

单位建筑面积估算法主要用于估算项目规划与建议书阶段的一般民用建筑的静态投资，如住宅、教学楼等。该方法是根据已建成的、类似的建设项目的单位建筑面积静态投资来估算拟建项目的静态投资。

单位建筑面积估算法的优点是计算简单、快速，但估算误差较大。

2）生产能力指数法

生产能力指数法是根据已建成的、性质类似的建设项目的投资额和生产能力及拟建项目的生产能力估算拟建项目的投资额。该方法主要用于估算工业生产性建筑的静态投资，精度可达±20%，其计算公式为

$$C_2 = C_1 \left(\frac{Q_2}{Q_1}\right)^n f \tag{2-1}$$

式中：C_1——已建类似项目的投资额；

C_2——拟建项目的投资额；

Q_1——已建类似项目的生产能力；

Q_2——拟建项目的生产能力；

n——生产能力指数；

f——不同建设时期与地点的综合调整系数。

3）设备系数法

设备系数法是以拟建项目的设备费为基数，根据已建成的同类项目的建筑安装工程费和其他工程费占设备价值的百分比，求出拟建项目建筑安装工程费和其他工程费，进而求出建设项目总投资。其计算公式为

$$C = E(f + f_1 P_1 + f_2 P_2 + f_3 P_3 + \cdots) + I \tag{2-2}$$

式中：C——拟建项目的总投资；

E——根据拟建项目的设备清单按已建项目当时、当地的价格计算的设备费；

$P_1, P_2, P_3, \cdots$——已建项目中建筑、安装及其他工程费用等占设备费的百分比；

$f, f_1, f_2, f_3, \cdots$——因时间因素引起的定额、价格、费用标准等变化的综合调整系数；

I——拟建项目的其他费用。

采用设备系数法估算需要的基础数据量大，原始资料收集不易，一般用于估算投资量大、有可供参考对象且原始数据便于收集的拟建工业项目。

4）朗格系数法

朗格系数法是以设备费为基础，乘以适当系数来推算项目的静态投资。其计算公式为

$$C = E(1 + \sum K_i) K_c \tag{2-3}$$

式中：C——建设项目静态投资；

E——主要设备费；

K_i——管线、仪表、建筑物等项费用的估算系数；

K_c——管理费、合同费、应急费等项目费用的总估算系数。

静态投资与设备费用之比为朗格系数。即

$$K_L = (1 + \sum K_i) K_c \tag{2-4}$$

朗格系数包含的内容见表 2-1。

表 2-1 朗格系数包含的内容

项　目		固体流程	固流流程	流体流程
朗格系数 K_L		3.1	3.63	4.74
内容	(a) 包括基础、设备、绝热、油漆及设备安装	$E\times 1.43$		
	(b) 包括上述在内和配管工程费	(a)×1.1	(a)×1.25	(a)×1.6
	(c) 装置直接费	(b)×1.5		
	(d) 包括上述在内和间接费	(c)×1.31	(c)×1.35	(c)×1.38

表 2-1 中的各种流程指的是产品加工流程中使用的材料分类。固体流程指加工流程中材料为固体形态；流体流程指加工流程中材料为流体(气、液、粉体等)形态；固流流程指加工流程中材料为固体形态和流体形态的混合。

该方法估算精度不太高，但由于估算时不需要过多的原始数据，计算简单且能够快速得到最终结果，所以是世界银行进行工业项目投资估算常采用的方法。

5) 指标估算法

指标估算法是精度较高的静态投资估算方法，主要用于详细可行性研究阶段。这种方法是对组成建设项目静态投资的设备及工、器具购置费、建筑工程费、安装工程费、工程建设其他费、基本预备费分别进行估算，然后汇总成建设项目的静态投资。指标估算法一般采用表格的形式进行计算。

(1) 设备及工、器具购置费的估算可采用第 1 章第 1.2 节中的方法进行。对于价值高的设备应按台(套)估算购置费，价值较小的设备可按类估算，国内设备与进口设备应分别估算，形成设备及工、器具购置费估算表。

(2) 建筑工程费一般采用单位投资估算法。单位投资估算法是用单位工程投资量乘以工程总量计算，如房屋建筑用单位建筑面积投资(元/m^2)估算、水坝以单位长度投资(元/m)估算、铁路路基以单位长度投资(元/km)估算、土石方工程以每立方米投资(元/m^3)估算。

(3) 安装工程费可根据安装工程定额中的安装费率或安装费用指标进行估算，具体计算公式为

$$安装工程费 = 设备原价 \times 安装费率 \tag{2-5}$$

$$安装工程费 = 安装工程实物量 \times 安装费用指标 \tag{2-6}$$

(4) 工程建设其他费按各项费用科目的费率或取费标准估算。

(5) 基本预备费按第 1 章第 1.2 节中的公式(1-16)估算。

2. 动态投资估算

建设项目的动态投资包括价格变动可能增加的投资额、建设期利息等，如果是涉外项目，还应计算汇率的影响。在实际估算时，主要考虑价差预备费、建设期贷款利息、汇率变化三个方面。

价差预备费、建设期贷款利息已在第1章第1.2节讨论过，这里不再重复。

汇率变化对涉外建设项目动态投资的影响主要体现在升值与贬值上。外币对人民币升值，会导致从国外市场上购买材料设备所支付的外币金额不变，但换算成人民币的金额增加。估计汇率的变化对建设项目投资的影响，是通过预测汇率在项目建设期内的变动程度，以估算年份的投资额为基数计算求得。

2.1.3 流动资金投资估算

流动资金是指经营性项目（工业或商业类项目）投产后，为进行正常运营，用于购买原材料、燃料，支付工资及其他运营费用等所用的周转资金。

在经营性项目决策阶段，为了保证项目投产后能正常运营，往往需要有一笔最基本的周转资金，这笔最基本的周转资金被称为铺底流动资金。铺底流动资金一般为流动资金总额的30%，其在项目正式建设前就应该落实。

流动资金估算一般采用分项详细估算法，个别情况或小型项目可采用扩大指标法。

1. 分项详细估算法

分项详细估算法是对构成流动资金的各项流动资产与流动负债分别进行估算。其计算公式为

$$\text{流动资金} = \text{流动资产} - \text{流动负债} \tag{2-7}$$

$$\text{流动资产} = \text{现金} + \text{应收账款} + \text{存货} \tag{2-8}$$

$$\text{流动负债} = \text{应付账款} + \text{预收账款} \tag{2-9}$$

在可行性研究中，为简化计算，仅对现金、应收账款、存货、应付账款四项进行估算，不考虑预收账款。

采用分项详细估算法应注意的问题。

(1) 应根据项目实际情况分别确定现金、应收账款、存货、应付账款的最低周转天数，并考虑一定的保险系数。

(2) 不同生产负荷下的流动资金是按相应负荷时的各项费用金额和给定的公式计算出来的，不能按100%负荷下的流动资金乘以负荷百分数求得。

(3) 流动资金属于长期性资金，流动资金的筹措可通过长期负债和资本金（权益融资）的方式解决。流动资金借款所产生的利息于借款当年年末偿还并计入项目财务费用，借款本金保留。项目计算期末收回全部流动资金本金，并还清流动资金借款的全部本金。

2. 扩大指标估算法

扩大指标估算法是根据现有同类企业的实际资料，求出各种流动资金率指标，也可采用行业或部门给定的参考值或经验确定比率。将各类流动资金乘以相应的费用基数来估算流动资金。常用的基数有：销售收入、经营成本、总成本或固定资产投资等。该方法简便易行，但准确度不高，适用于项目建议书阶段的投资估算。

2.1.4 投资估算文件

根据《建设项目投资估算编审规程》(CECA/GC—2015)规定，单独成册的投资估算文

件应包括：封面、签署页、目录、编制说明、有关附表等。投资估算文件一般需要编制投资估算表、建设期利息估算表、流动资金估算表、单项工程投资估算汇总表、总投资估算汇总表和分年总投资计划表等。

1. 总投资估算汇总表

总投资估算汇总表如表 2-2 所示。该表是对建设项目的工程费用、工程建设其他费用、预备费、建设期利息和流动资金的整体汇总。总投资估算汇总表中工程费用的内容应分解到主要单项工程，工程建设其他费用可分项计算。

表 2-2　总投资估算表

序号	费用名称	估算价值(万元)					技术经济指标			
		建筑工程费	设备及工、器具购置费	安装工程费	其他费用	合计	单位	数量	单价	比例(%)
1	工程费用									
1.1	主要生产系统									
1.1.1	××车间									
1.1.2	××车间									
1.1.3	……									
1.2	辅助生产系统									
1.2.1	××车间									
1.2.2	××仓库									
1.2.3	……									
1.3	公用及福利设施									
1.3.1	变电所									
1.3.2	锅炉房									
1.3.3	……									
1.4	外部工程									
1.4.1	××工程									
1.4.2	……									
	小计									
2	工程建设其他费									
2.1	……									
	小计									
3	预备费									
3.1	基本预备费									
3.2	价差预备费									
	小计									
4	建设期利息									
5	流动资金									
	投资估算合计(万元)									
	比例(%)									

2. 分年投资计划表

估算出项目总投资后，应根据项目计划进度的安排，编制出分年投资计划表，如表 2-3 所示。该表中的分年建设投资可作为安排融资、估算建设期利息的基础。

表 2-3　分年投资计划表

序号	项　　目	人民币			外币		
		第 1 年	第 2 年	…	第 1 年	第 2 年	…
	分年计划(%)						
1	建设投资						
2	建设期利息						
3	流动资金						
4	项目投入总资金						

2.2　项目财务评价

决策阶段的财务评价是在拟建项目的详细可行性研究阶段，根据国家现行财税制度，通过估算(或计划)的投入数据与期望(或预测)的产出数据，编制财务报表，计算财务评价指标，考察项目盈利能力、清偿能力以及外汇平衡能力等财务状况，据以判别项目的财务可行性。

财务评价属于建设项目经济评价中的微观层次，它主要从投资主体的角度分析项目可以给投资主体带来的经济效益以及投资风险。作为市场经济微观主体的企业进行投资时，一般都进行项目财务评价。

建设项目经济评价中的另一个层次是国民经济评价，它是一种宏观层次的评价，一般只对某些在国民经济中有重要作用和影响的大中型重点建设项目以及特殊行业与交通运输、水利等基础性、公益性建设项目展开国民经济评价。

2.2.1　财务评价程序与内容

1. 财务评价程序

(1) 估算建设项目的现金流量。

(2) 编制基本财务报表。

(3) 计算财务评价指标，进行初步评价。

(4) 进行不确定性分析。

(5) 进行风险分析。

(6) 得出评价结论。

2. 财务评价内容

财务评价内容如表 2-4 所示。

表 2-4　财务评价内容、报表与评价指标

财务评价内容	财务评价基本报表	财务评价指标	
		静态指标	动态指标
盈利能力分析	全部投资现金流量表	全部投资回收期	财务内部收益率 财务净现值
	自有资金现金流量表		财务内部收益率 财务净现值
	损益表	投资利润率 投资利税率 资本金利润率	
偿债能力分析	资金来源与资金运用表	借款偿还分析	
	资产负债表	资产负债率 流动比率 速动比率	
外汇平衡分析	财务外汇平衡表		
不确定性分析	盈亏平衡分析	盈亏平衡产量 盈亏平衡生产能力利用率	
	敏感性分析	灵敏度 不确定因素的临界值	
风险分析	概率分析	NPV≥0 的累计概率 定性分析	

2.2.2　财务评价基本报表

1. 现金流量表

建设项目的现金流量表是用表格形式反映项目在计算期内各年的现金流入、流出发生的时点顺序，用以计算项目的各项静态和动态评价指标，进行项目财务盈利分析。

按投资计算基础的不同，现金流量表可分为全部投资现金流量表和自有资金现金流量表两种类型。

1）全部投资现金流量表

全部投资现金流量表不分投资来源，是站在全部投资的角度对项目现金流量系统的表格式反映。表中数字按照“年末习惯法”填写，即表中的所有数据均认为是所对应年的年末值。报表格式如表 2-5 所示。

表 2-5　财务现金流量表（全部投资）

序号	项　　目	合计	建设期		投产期		达产期			
			1	2	3	4	5	6	…	n
	生产负荷(%)									
1	现金流入									
1.1	产品销售收入									
1.2	回收固定资产余值									

续表

序号	项　　目	合计	建设期		投产期		达产期			
			1	2	3	4	5	6	…	n
1.3	回收流动资金									
1.4	其他收入									
2	现金流出									
2.1	固定资产投资									
2.2	流动资金									
2.3	经营成本									
2.4	销售税金及附加									
2.5	所得税									
3	净现金流量(1－2)									
4	累计净现金流量									
5	所得税前净现金流量(3＋2.5)									
6	所得税前累计净现金流量									

计算指标：所得税前
财务内部收益率 FIRR＝
财务净现值 FNPV(i_c＝　%)＝
投资回收期 P_t＝

所得税后
财务内部收益率 FIRR＝
财务净现值 FNPV(i_c＝　%)＝
投资回收期 P_t＝

2）自有资金现金流量表

自有资金现金流量表是站在项目投资主体角度考察项目的现金流入流出情况，报表格式见表 2-6。

从项目投资主体角度看，一方面，借款是现金流入，但又同时将借款用于投资则构成同一时点、相同数额的现金流出，二者相抵，对净现金流量的计算无影响。因此，表中投资只计自有资金。另一方面，现金流入又是因项目全部投资所获得，故应将借款本金的偿还及利息支付计入现金流量。

表 2-6　财务现金流量表(自有资金)

序号	项　　目	合计	建设期		投产期		达产期			
			1	2	3	4	5	6	…	n
	生产负荷(%)									
1	现金流入									
1.1	产品销售收入									
1.2	回收固定资产余值									
1.3	回收流动资金									
1.4	其他收入									
2	现金流出									
2.1	自有资金									
2.2	借款本金偿还									
2.3	借款利息支出									

续表

序号	项　　目	合计	建设期		投产期		达产期			
			1	2	3	4	5	6	…	n
2.4	经营成本									
2.5	销售税金及附加									
2.6	所得税									
3	净现金流量(1−2)									
计算指标：财务内部收益率 FIRR= 财务净现值 FNPV(i_c=　%)=										

2. 损益表

损益表反映项目计算期内各年的利润总额、所得税及税后利润的分配情况。损益表是以利润总额的计算过程为基础编制的。报表格式见表2-7。

(1) 销售税金及附加指的是价内税，即在产品销售价格中已经包括了该项税，消费者在购买商品时就交了税。

(2) 表中序号4的利润总额通常称为税前利润，这里所说的税指的是所得税。它是计算所得税的基数。

(3) 表中法定盈余公积金按照税后利润扣除用于弥补损失金额后的10%提取，盈余公积金已达注册资金50%时可以不再提取。公益金主要用于企业的职工集体福利设施支出。

(4) 应付利润为向投资者分配的利润。

(5) 未分配利润主要指向投资者分配完利润后剩余的利润，可用于偿还固定资产投资借款及弥补以前年度亏损。

表2-7 损益表

序号	项　　目	投产期		达产期				合计
		1	2	3	4	…	n	
	生产负荷(%)							
1	销售(营业)收入							
2	销售税金及附加							
3	总成本费用							
4	利润总额(1−2−3)							
5	所得税(33%)							
6	税后利润(4−5)							
7	弥补损失							
8	法定盈余公积金(10%)							
9	公益金(5%)							
10	应付利润							
11	未分配利润(6−7−8−9−10)							
12	累计未分配利润							

3. 资金来源与资金运用表

资金来源与资金运用表能全面反映项目资金活动全貌，反映项目计算期内各年的资金盈余或短缺情况，用于选择资金筹措方案，制订适宜的借款及偿还计划，并为编制资产负债表提供依据。报表格式见表2-8。

表2-8 资金来源与资金运用表

序号	项目	建设期		投产期		达产期			
		1	2	3	4	5	6	…	n
	生产负荷(%)								
1	资金来源								
1.1	利润总额								
1.2	折旧费								
1.3	摊销费								
1.4	长期借款								
1.5	流动资金借款								
1.6	短期借款								
1.7	自有资金								
1.8	其他资金								
1.9	回收固定资产余值								
1.10	回收流动资金								
2	资金运用								
2.1	固定资产投资								
2.2	建设期贷款利息								
2.3	流动资金								
2.4	所得税								
2.5	应付利润								
2.6	长期借款还本								
2.7	流动资金借款还本								
2.8	其他短期借款还本								
3	盈余资金(1－2)								
4	累计盈余资金								

4. 资产负债表

资产负债表是反映项目在某一特定日期(如月末、季末、年末)全部资产、负债和所有者权益情况的会计报表，是企业经营活动的静态体现。资产负债表根据资产等于负债加所有者权益，依照一定的分类标准和次序，将某一特定日期的资产、负债、所有者权益的具体项目予以适当的排列编制而成。

资产负债表主要用以考察项目资产、负债、所有者权益的结构是否合理，进行清偿能力分析。报表格式见表2-9。

表中的“资产＝负债＋所有者权益”。

表 2-9　资产负债表

序号	项　目	建设期		投产期		达产期			
		1	2	3	4	5	6	…	n
1	资产								
1.1	流动资产								
1.1.1	应收账款								
1.1.2	存货								
1.1.3	现金								
1.1.4	累计盈余资金								
1.1.5	其他流动资产								
1.2	在建工程								
1.3	固定资产								
1.3.1	原值								
1.3.2	累计折旧								
1.3.3	净值								
1.4	无形及其他资产净值								
2	负债及所有者权益								
2.1	流动负债总额								
2.1.1	应付账款								
2.1.2	流动资金借款								
2.1.3	其他流动负债								
2.2	中长期借款								
	负债小计								
2.3	所有者权益								
2.3.1	资本金								
2.3.2	资本公积金								
2.3.3	累计盈余公积金								
2.3.4	累计未分配利润								

清偿能力分析：1. 资产负债率
2. 流动比率
3. 速动比率

5. 外汇平衡表

外汇平衡表由外汇来源、外汇运用和外汇余缺额三部分构成。

外汇来源包括产品外销的外汇收入、外汇贷款和自筹外汇等，自筹外汇包括在其他外汇收入项目中。

外汇运用主要是进行建设投资、进口原料及零部件、支付技术转让费和清偿外汇借款本息及其他外汇支出。

外汇余缺额直接反映了项目计算期内外汇平衡程度。对于外汇不能平衡的项目，应根据外汇余缺程度提出具体解决方案。

外汇平衡表用于有外汇收支的项目，可以反映项目计算期内各年外汇的余缺程度，进行外汇平衡分析。

外汇平衡表格式见表 2-10。

表 2-10　外汇平衡表

序号	项　目	建设期		投产期		达产期			
		1	2	3	4	5	6	…	n
	生产负荷(%)								
1	外汇来源								
1.1	产品销售外汇收入								
1.2	外汇借款								
1.3	其他外汇收入								
2	外汇运用								
2.1	建设投资中外汇支出								
2.2	进口原材料								
2.3	进口零部件								
2.4	技术转让费								
2.5	偿还外汇借款本息								
2.6	其他外汇支出								
2.7	外汇余缺								

注：① 其他外汇收入包括自筹外汇。
② 技术转让费是指生产周期支付的技术转让费。

2.2.3　财务评价指标

1. 财务盈利能力评价

进行财务盈利能力评价需编制全部投资现金流量表、自有资金现金流量表和损益表，根据表中数据计算投资回收期、财务内部收益率、财务净现值、投资收益率等指标，进而判断建设项目的财务盈利能力。

1) 静态投资回收期

静态投资回收期是指以项目每年的净收益回收项目全部投资所需要的时间。项目全部投资指固定资产投资与流动资金投资二者的和。项目每年的净收益指税后利润加折旧。静态投资回收期的表达式为

$$\sum_{t=1}^{P_t}(\mathrm{CI}-\mathrm{CO})_t=0 \tag{2-10}$$

式中：P_t——静态投资回收期；

CI——现金流入；

CO——现金流出；

$(\mathrm{CI}-\mathrm{CO})_t$——第 t 年的净现金流量。

静态投资回收期一般以“年”为单位，自项目建设开始年算起，当然也可以自项目建成投产后的运营期起计算静态投资回收期，对于这种情况，需要加以说明，以防止两种情况的混

淆。如果项目建成投产后，运营期每年的净收益相等，则投资回收期可用下式计算：

$$P_{\mathrm{t}} = \frac{K}{\mathrm{NB}} + T_{\mathrm{K}} \tag{2-11}$$

式中：K——全部投资；

NB——每年的净收益；

T_{K}——项目建设期。

如果项目建成投产后各年的净收益不相同，则静态投资回收期可根据累计净现金流量求得。其计算公式为

$$P_{\mathrm{t}} = \text{累计净现金流量开始出现正值的年份} - 1 + \frac{\text{上年累计现金流量的绝对值}}{\text{当年净现金流量}} \tag{2-12}$$

静态投资回收期主要用于对项目投资与否的粗略评价，其意义为：若计算出的静态投资回收期≤投资者期望的投资回收期，则拟建项目可行，反之不可行。

2）动态投资回收期

动态投资回收期是指在考虑了资金时间价值的情况下，以项目每年的净收益回收项目全部投资所需要的时间。这个指标主要是为了克服静态投资回收期指标没有考虑资金时间价值的缺点而提出的。动态投资回收期的表达式如下：

$$\sum_{t=0}^{P_{\mathrm{t}}'} (\mathrm{CI} - \mathrm{CO})_t (1 + i_{\mathrm{c}})^{-t} = 0 \tag{2-13}$$

式中：P_{t}'——动态投资回收期；

i_{c}——基准收益率(即投资者期望的收益率)；

其他符号含义同前。

动态投资回收期需要先对各年的净现金值进行折现，再对各年的折现净现金值进行累计，然后用下式计算：

$$P_{\mathrm{t}}' = \text{累计折现净现金出现正值的年份} - 1 + \frac{\text{上年的累计折现净现金的绝对值}}{\text{当年折现净现金值}} \tag{2-14}$$

对于同一个拟建项目可得出两个结论：一是计算出的动态投资回收期肯定大于静态投资回收期，这是因为在动态投资回收期计算时，对各年净现金进行折现的缘故；二是从静态投资回收期角度看可行的项目，从动态投资回收期上看有可能不可行。至于是否对动态投资回收期评价不可行的项目进行投资，需要投资者综合其他因素后再进行决策。

3）财务净现值

财务净现值是指把项目计算期内各年的财务净现金流量，按照一个给定的基准收益率(标准折现率)折算到建设期初(项目计算期第 1 年年初)的现值之和。财务净现值是考察项目在计算期内盈利能力的主要动态评价指标。其表达式为

$$\mathrm{FNPV} = \sum_{t=1}^{n} (\mathrm{CI} - \mathrm{CO})_t (1 + i_{\mathrm{c}})^{-t} \tag{2-15}$$

式中：FNPV——财务净现值；

$(CI-CO)_t$——第 t 年的净现金流量；

n——项目计算期；

i_c——基准收益率。

财务净现值表示建设项目的收益水平超过基准收益的额外收益。该指标在用于对投资方案进行经济评价时，若财务净现值≥0，项目可行，反之不可行。

4）财务内部收益率

财务内部收益率是指项目在整个计算期内各年财务净现金流量的现值之和等于零时的折现率，也就是使项目的财务净现值等于零时的折现率，其表达式为

$$\sum_{t=1}^{n}(CI-CO)_t(1+FIRR)^{-t}=0 \tag{2-16}$$

式中：FIRR——财务内部收益率；

其他符号意义同前。

财务内部收益率是反映项目实际收益率的一个动态指标，该指标越大越好。一般情况下，财务内部收益率大于或等于基准收益率时，项目可行。

财务内部收益率的计算过程是解一元 n 次方程的过程，求精确解十分困难。在实际问题中往往采用逐次逼近法求近似解，其求解过程为：

（1）列算式：即列项目的财务净现值表达式，并令其等于零。

（2）计算。

① 首先根据经验确定一个初始折现率 i_0。

② 将 i_0 代入所列表达式中计算财务净现值。

③ 若 $FNPV(i_0)=0$，则 $FIRR=i_0$；若 $FNPV(i_0)>0$，则继续增大 i_0；若 $FNPV(i_0)<0$，则继续减少 i_0。

④ 重复步骤③，直到找到这样两个折现率 i_1 和 i_2，满足 $FNPV(i_1)>0$，$FNPV(i_2)<0$，其中 i_2-i_1 一般不超过2%～5%。

（3）利用线性插值公式近似计算财务内部收益率FIRR。计算公式为

$$\frac{FIRR-i_1}{i_2-i_1}=\frac{FNPV_1}{FNPV_1-FNPV_2} \tag{2-17}$$

5）投资利润率、投资利税率、资本金利润率

投资利润率、投资利税率、资本金利润率三个指标均为反映投资收益情况的静态指标。在采用投资利润率、投资利税率、资本金利润率对项目进行评价时，只要计算值不小于行业的平均值（或投资者要求的最低值），项目即可行。其表达式为

$$投资利润率=\frac{年均利润总额}{投资总额}\times 100\% \tag{2-18}$$

$$投资利税率=\frac{年均利润总额+年均销售税金及附加}{投资总额}\times 100\% \tag{2-19}$$

$$资本金利润率=\frac{年均税后利润额}{资本金}\times 100\% \tag{2-20}$$

2. 偿债能力评价

建设项目的投资资金可分为借入资金和自有资金。自有资金可长期使用，而借入资金必须按期偿还。项目的投资者自然要关心项目偿还能力；借出资金的所有者（即债权人）也非常关心贷出的资金能否按期收回本息。因此，偿债分析是财务分析中的一项重要内容。

1）固定资产借款偿还分析

固定资产借款偿还分析是通过编制还本付息表进行的。固定资产借入资金的偿还一般采用两种方式：一种是规定期限，在期限内的各年等额还本付息；另一种是规定期限，在期限内的各年等额还本利息照付。因此还本付息表的编制有：等额还本付息表或等额还本利息照付表两种表示方式。

在分析计算中，对长期贷款的利息一般作如下假设：当年贷款按半年计息，当年还款按全年计息。若在建设期借入资金，生产期逐期归还，则

$$\text{建设期贷款年利息} = \left(\text{年初借款累计} + \frac{\text{本年借款}}{2}\right) \times \text{年利率} \tag{2-21}$$

$$\text{生产期年利息} = \text{年初借款累计} \times \text{年利率} \tag{2-22}$$

流动资金借款及其他短期借款均按全年计息。流动资金借款通常是在年初借出，年末仅支付银行的贷款利息，不归还本金。流动资金借款的本金是在项目的计算期末一次性全部还给银行。

2）资产负债率

$$\text{资产负债率} = \frac{\text{负债总额}}{\text{资产总额}} \tag{2-23}$$

资产负债率反映项目总体偿债能力。这一比率越低，则偿债能力越强。但是资产负债率的高低还反映了项目利用负债资金的程度，因此该指标水平应适当。

3）流动比率

$$\text{流动比率} = \frac{\text{流动资产总额}}{\text{流动负债总额}} \tag{2-24}$$

该指标反映企业偿还短期债务的能力。该比率越高，单位流动负债将有更多的流动资产保证，短期偿还能力就越强。但是可能导致流动资产利用率低下，影响项目效益。因此，流动比率一般为 2∶1 较好。

4）速动比率

$$\text{速动比率} = \frac{\text{速动资产总额}}{\text{流动负债总额}} \tag{2-25}$$

其中：

$$\text{速动资产} = \text{流动资产} - \text{存货}$$

速动资产是流动资产中变现最快的部分，速动比率越高，短期偿还能力越强。同样，速动比率过高也会影响资产利用效率，进而影响企业的经济效益。因此，速动比率一般为 1 左右较好。

2.3 应用示例

【应用示例 2-1】 某大学拟建6栋同类型框架结构的学生宿舍楼，每栋的建筑面积均为 $9000m^2$，现获得了其他大学一栋类似已建成的学生宿舍相关资料：建筑面积为 $12\,000m^2$、静态投资为2500万元人民币。估算该大学拟建6栋学生宿舍楼的静态投资。

【解】

知识点：单位建筑面积估算法估算静态投资。

分　析：因找到的已建成学生宿舍与拟建的6栋学生宿舍楼类似，故可用类似项目的单位投资额来估算拟建项目的投资额。

(1) 已建学生宿舍楼的单位建筑面积静态投资为

$$\frac{2500}{12\,000} \approx 0.2083(\text{万元}/\text{m}^2)$$

(2) 拟建6栋学生宿舍楼的静态投资估算总额为

$$0.2083 \times 9000 \times 6 \approx 11\,248.2(\text{万元})$$

【应用示例 2-2】 某饲料集团公司为扩大生产能力拟于2021年在B地建一座年产80万t甲产品的饲料加工厂，该集团曾于2014年在A地建了一座年产35万t甲产品的加工厂，当时的静态投资额为65 000万元人民币，若生产能力指数为0.7，综合调整系数为1.15，试估算2021年在B地建厂的静态投资额。若将拟建加工厂的生产能力提高两倍，静态投资额将增加多少？

【解】

知识点：生产能力指数法估算静态投资。

分　析：

(1) 拟建年产80万t甲产品饲料加工厂的静态投资额为

$$\begin{aligned} C_2 &= C_1\left(\frac{Q_2}{Q_1}\right)^n f \\ &= 65\,000 \times \left(\frac{80}{35}\right)^{0.7} \times 1.15 \approx 133\,329.5941(\text{万元}) \end{aligned}$$

(2) 将拟建加工厂的生产能力提高两倍，投资额将增加

$$65\,000 \times \left(\frac{3 \times 80}{35}\right)^{0.7} \times 1.15 - 65\,000 \times \left(\frac{80}{35}\right)^{0.7} \times 1.15 \approx 154\,351.5751(\text{万元})$$

由此可见，拟建饲料加工厂的生产能力提高了两倍，但投资额却只增加了154 351.5751÷133 329.5941=1.16(倍)，投资额并没有随着生产能力的提高呈线性增加，这种现象在经济学中被称为规模效益递增。

【应用示例 2-3】 A地于2020年8月拟兴建一年产100万t甲产品的工厂，现获得B地2013年10月投产的年产40万t甲产品类似厂的建设投资资料。B地类似厂的设备费为

25 000万元，建筑工程费为12 000万元，安装工程费为8000万元，工程建设其他费为9000万元。若拟建项目的其他费用为8500万元，考虑拟建厂与已建厂因建设地点、时间不同导致的对设备费、建筑工程费、安装工程费、工程建设其他费的综合调整系数分别为1.15、1.25、1.1、1.2，生产能力指数为0.6，试估算拟建项目的静态投资。

【解】

知识点：设备系数法估算静态投资。

分　析：

(1) 已建厂建筑工程费、安装工程费、工程建设其他费占设备费的百分比

$$\text{建筑工程费占比} = \frac{12\ 000}{25\ 000} = 48\%$$

$$\text{安装工程费占比} = \frac{8000}{25\ 000} = 32\%$$

$$\text{工程建设其他费占比} = \frac{9000}{25\ 000} = 36\%$$

(2) 估算拟建厂的静态投资

$$\begin{aligned}C &= E(f + f_1P_1 + f_2P_2 + f_3P_3 + \cdots) + I \\ &= 25\ 000 \times \left(\frac{100}{40}\right)^{0.6} \times (1.15 + 1.25 \times 48\% + 1.1 \times 32\% + 1.2 \times 36\%) + 8500 \\ &= 118\ 276.8145(\text{万元})\end{aligned}$$

【应用示例2-4】 某地拟建一座生产空调的工厂，已知该拟建厂的设备到达工地的费用为40 000万元，试用朗格系数法估算该拟建厂的:

(1) 基础、绝热、油漆及设备安装费。

(2) 配管工程费。

(3) 直接费。

(4) 间接费。

(5) 静态总投资。

朗格系数包含的内容如表2-11所示。

表2-11　朗格系数包含的内容

项　目		固体流程	固流流程	流体流程
朗格系数 K_L		3.1	3.63	4.74
内容	(a) 包括基础、设备、绝热、油漆及设备安装	E×1.43		
	(b) 包括上述在内和配管工程费	(a)×1.1	(a)×1.25	(a)×1.6
	(c) 装置直接费	(b)×1.5		
	(d) 包括上述在内和间接费	(c)×1.31	(c)×1.35	(c)×1.38

【解】

知识点：朗格系数法估算工业建设项目静态投资的应用。

分　析：因空调加工过程中使用的材料为固体形态，所以选择表2-11中的固体流程。

(1) 拟建厂的基础、绝热、油漆及设备安装费

$$40\ 000 \times 1.43 - 40\ 000 = 17\ 200(\text{万元})$$

(2) 拟建厂的配管工程费

$$40\ 000 \times 1.43 \times 1.1 - 40\ 000 \times 1.43 = 5720(\text{万元})$$

(3) 拟建厂的直接费

$$40\ 000 \times 1.43 \times 1.1 \times 1.5 = 94\ 380(\text{万元})$$

(4) 拟建厂的间接费

$$40\ 000 \times 1.43 \times 1.1 \times 1.5 \times 1.31 - 40\ 000 \times 1.43 \times 1.1 \times 1.5 = 29\ 257.8(\text{万元})$$

(5) 拟建厂的静态总投资

$$40\ 000 \times 1.43 \times 1.1 \times 1.5 \times 1.31 = 123\ 637.8(\text{万元})$$

或

$$40\ 000 \times 3.1 = 124\ 000(\text{万元})$$

【应用示例 2-5】 某拟建项目计划建设期 2 年,运营期 10 年,运营期第 1 年的生产能力达到设计生产能力的 80%、第 2 年达到设计生产能力的 100%。

建设期第 1 年投资 1000 万元,第 2 年投资 1200 万元,投资全部形成固定资产,固定资产使用寿命为 12 年,残值为 400 万元,按直线折旧法计提折旧。流动资金分别在建设期第 2 年与运营期第 1 年投入 300 万元和 400 万元。

运营期第 1 年的销售收入为 1200 万元,经营成本为 450 万元,总成本为 600 万元。第 2 年以后各年的销售收入均为 1600 万元,经营成本均为 550 万元,总成本均为 750 万元。产品销售税金及附加税率为 6%,所得税税率为 33%,行业基准收益率为 10%。求:

(1) 计算运营期各年的所得税。

(2) 编全部投资现金流量表。

【解】

知识点:所得税计算与全部投资现金流量表的编制。

分 析:

(1) 所得税计算

所得税计算的关键是要搞清楚纳税基数的概念。所得税的纳税基数是产品销售收入减总成本再减销售税金及附加,也被称为税前利润。所得税必须按年计算,且只是在企业具有税前利润的前提下才缴纳。

$$\text{所得税} = (\text{销售收入} - \text{总成本} - \text{销售税金及附加}) \times \text{所得税率}$$

运营期第 1 年的所得税为

$$(1200 - 600 - 1200 \times 6\%) \times 33\% = 174.24 \approx 174(\text{万元})$$

运营期第 2 年至第 10 年每年的所得税为

$$(1600 - 750 - 1600 \times 6\%) \times 33\% = 248.82 \approx 249(\text{万元})$$

建设期两年因无收入，所以不交所得税。

（2）编全部投资现金流量表

编现金流量表要注意以下几点。

① 现金流量表的形式可参照表2-12。

表2-12 全部投资现金流量表

序号	项目	建设期年份		运营期年份									
		1	2	3	4	5	6	7	8	9	10	11	12
	生产负荷(%)			80	100	100	100	100	100	100	100	100	100
1	现金流入(万元)			1200	1600	1600	1600	1600	1600	1600	1600	1600	3000
1.1	销售收入(万元)			1200	1600	1600	1600	1600	1600	1600	1600	1600	1600
1.2	回收固定资产余值(万元)												700
1.3	回收流动资金(万元)												700
2	现金流出(万元)	1000	1500	1096	895	895	895	895	895	895	895	895	895
2.1	固定资产投资(万元)	1000	1200										
2.2	流动资金(万元)		300	400									
2.3	经营成本(万元)			450	550	550	550	550	550	550	550	550	550
2.4	销售税金及附加(万元)			72	96	96	96	96	96	96	96	96	96
2.5	所得税(万元)			174	249	249	249	249	249	249	249	249	249
3	净现金流量(万元)	−1000	−1500	104	705	705	705	705	705	705	705	705	2105

② 销售收入发生在运营期的各年。

③ 回收固定资产余值发生在运营期的最后一年。填写该值时需要注意，固定资产余值并不是残值，它是固定资产原值减去已提折旧的剩余值，即

$$固定资产余值 = 固定资产原值 - 已提折旧$$

本例的折旧采用直线折旧法，因此：

$$年折旧额 = \frac{固定资产原值 - 残值}{折旧年限}$$

$$= \frac{1000 + 1200 - 400}{12} = 150(万元)$$

则固定资产余值为

$$(1000 + 1200) - 150 \times 10 = 700(万元)$$

④ 回收流动资金发生在运营期的最后一年，流动资金应全额回收。

⑤ 现金流入＝销售收入＋回收固定资产余值＋回收流动资金。

⑥ 固定资产投资发生在建设期的各年，流动资金发生在投入年，经营成本发生在运营期的各年，销售税金及附加发生在运营期的各年（销售收入×6%），所得税发生在运营期的盈利年。

⑦ 现金流出＝固定资产投资＋流动资金＋经营成本＋销售税金及附加＋所得税。

⑧ 净现金流量＝现金流入－现金流出。

【应用示例 2-6】 某企业注册资金为 800 万元，运营期第 1 年的销售收入为 1200 万元，经营成本为 450 万元，总成本为 600 万元。第 2 年以后各年的销售收入均为 1600 万元，经营成本均为 550 万元，总成本均为 750 万元。产品销售税金及附加税率为 6%，所得税税率为 33%，行业基准收益率为 10%。企业盈余公积金按 10% 计提取，公益金按 5% 计提，试编企业的损益表。

【解】

知识点：损益表的编制(表 2-13)。

表 2-13　损益表

序号	项　　目	投产期年份	达产期年份									合计
		3	4	5	6	7	8	9	10	11	12	
	生产负荷(%)	80	100	100	100	100	100	100	100	100	100	
1	销售收入(万元)	1200	1600	1600	1600	1600	1600	1600	1600	1600	1600	15 600
2	销售税金及附加(万元)	72	96	96	96	96	96	96	96	96	96	936
3	总成本(万元)	600	750	750	750	750	750	750	750	750	750	7350
4	利润总额(1－2－3)(万元)	528	754	754	754	754	754	754	754	754	754	7314
5	所得税(33%)(万元)	174	249	249	249	249	249	249	249	249	249	2415
6	税后利润(4－5)(万元)	354	505	505	505	505	505	505	505	505	505	4899
7	计提公积金(10%)(万元)	35.4	50.5	50.5	50.5	50.5	50.5	50.5	50.5	11.1		400
8	累计计提公积金(万元)	35.4	85.9	136.4	186.9	237.4	287.9	338.4	388.9	400		400
9	计提公益金(5%)(万元)	17.7	25.25	25.25	25.25	25.25	25.25	25.25	25.25	25.25	25.25	244.95
10	应付利润(6－7－9)(万元)	300.9	429.25	429.25	429.25	429.25	429.25	429.25	429.25	468.65	479.75	4254.05

分　析：

(1) 销售收入按年填入。

(2) 销售税金及附加＝销售收入×销售税金及附加税率，计算后按年填入。

(3) 总成本按年填入。

(4) 所得税计算同前例，按年填入。

(5) 公积金提取累计达注册资金的 50%即 400 万元时，不再提取。

【应用示例 2-7】 某拟建项目全部投资现金流量表中各年的净现金流量如表 2-14 所示，若投资者期望的回收期为 8 年，计算拟建项目的静态投资回收期，判断项目的可行性。

表 2-14　净现金流量　　单位：万元

项目 \ 年份	建设期		运　营　期									
	1	2	3	4	5	6	7	8	9	10	11	12
净现金流量	－600	－900	－13	339	339	339	339	339	339	339	339	1006

【解】

知识点：拟建项目静态投资回收期的计算及可行性判断。

分　析：

（1）计算项目各年累计净现金流量，如表2-15所示。

表2-15　项目各年累计净现金流量

项目 \ 年份	建设期		运营期									
	1	2	3	4	5	6	7	8	9	10	11	12
净现金流量	−600	−900	−13	339	339	339	339	339	339	339	339	1006
累计净现金流量	−600	−1500	−1513	−1174	−835	−496	−157	182	521	860	1199	2205

（2）找出累计净现金由负变正的年份及对应的累计净现金值，运用公式(2-12)求出静态投资回收期。

由表2-15可见，第7年的累计净现金为−157万元，第8年的累计净现金为182万元，则静态投资回收期为

$$P_t = 8 - 1 + \frac{157}{339} = 7.46(\text{年})$$

（3）判断拟建项目的可行性。

因计算的静态投资回收期 $P_t = 7.46$ 年＜投资者期望的投资回收期8年，故拟建项目可行。

【应用示例2-8】 拟建项目全部投资现金流量表中各年的净现金流量数值同应用示例2-7，若投资者期望的回收期为8年，期望的收益率为10%，计算拟建项目的动态投资回收期，判断项目的可行性。

【解】

知识点：拟建项目动态投资回收期的计算及可行性判断。

分　析：

（1）按期望收益率10%计算项目各年折现净现金值与累计折现净现金值，如表2-16所示。

表2-16　各年折现净现金值与累计折现净现金值　　单位：万元

项目 \ 年份	建设期		运营期									
	1	2	3	4	5	6	7	8	9	10	11	12
净现金流量	−600	−900	−13	339	339	339	339	339	339	339	339	1006
折现净现金（i_c＝10%）	−546	−744	−10	232	211	191	174	158	144	131	119	321
累计折现净现金	−546	−1290	−1300	−1068	−857	−666	−492	−334	−190	−59	60	381

表2-16中各年的折现净现金值，是根据 $(CI-CO)_t(1-i_c)^{-t}$ 计算出来的。例如：

$$\text{第 1 年的折现净现金值} = -600 \times (1+10\%)^{-1} = -546$$

$$\text{第 6 年的折现净现金值} = 339 \times (1+10\%)^{-6} = 191$$

（2）找出累计折现净现金由负变正的年份及对应的累计折现净现金值，运用公式(2-14)求出动态投资回收期。

由表 2-16 可见，第 10 年的累计折现净现金为 −59，第 11 年的累计折现净现金为 60 万元，则动态投资回收期为

$$P_t = 11 - 1 + \frac{59}{119} = 10.5(年)$$

(3) 判断拟建项目的可行性。

因计算的动态投资回收期为 10.5 年＞投资者期望的投资回收期 8 年，故以动态投资回收期为评价标准，拟建项目不可行。

由本应用示例可见，对于同一个拟建项目，用静态投资回收期判断可行，但用动态投资回收期判断则不可行，这是因为资金的时间价值所导致。

【应用示例 2-9】　某项目全部投资现金流量表中各年的净现金流量如表 2-17 所示，若投资者期望收益率(基准收益率)为 10%，计算拟建项目的财务净现值，判断项目的可行性。

表 2-17　净现金流量　　单位：万元

项目＼年份	建设期		运营期									
	1	2	3	4	5	6	7	8	9	10	11	12
净现金流量	−600	−900	−13	339	339	339	339	339	339	339	339	1006

【解】

知识点：拟建项目净现值的计算及可行性判断。

分　析：

(1) 按期望收益率 10%计算项目的财务净现值

$$\begin{aligned} FNPV = & -600 \times (1+10\%)^{-1} - 900 \times (1+10\%)^{-2} - 13 \times (1+10\%)^{-3} + 339 \\ & \times (1+10\%)^{-4} + \cdots + 339 + (1+10\%)^{-11} + 1006 + (1+10\%)^{-12} = 381 \end{aligned}$$

(2) 判断拟建项目的可行性

因该项目的财务净现值＝381＞0，所以项目可行。

【应用示例 2-10】　某项目全部投资现金流量表中各年的净现金流量如表 2-18 所示，若投资者期望收益率(基准收益率)为 10%，计算拟建项目的内部收益率，判断项目的可行性。

表 2-18　净现金流量　　单位：万元

项目＼年份	建设期		运营期									
	1	2	3	4	5	6	7	8	9	10	11	12
净现金流量	−600	−900	−13	339	339	339	339	339	339	339	339	1006

【解】

知识点：拟建项目内部收益率的计算及可行性判断。

分　析：

(1) 列算式

设内部收益率为 x，则：

$$FNPV=-\frac{600}{(1+x)^{1}}-\frac{900}{(1+x)^{2}}-\frac{13}{(1+x)^{3}}+339\times\frac{(1+x)^{8}-1}{x}\times\frac{1}{(1+x)^{11}}+1006\times\frac{1}{(1+x)^{12}}=0$$

(2) 计算

设 $x=11\%$,代入上式,得:

$$FNPV_{11\%}\approx 156>0$$

再设 $x=12\%$,代入上式,得:

$$FNPV_{12\%}\approx 66.23>0$$

再设 $x=13\%$,代入上式,得:

$$FNPV_{13\%}\approx -15.03<0$$

显然,拟求的财务内部收益率 FIRR 在 12%与 13%之间。

(3) 利用线性插值公式近似计算财务内部收益率

通过 $FNPV_{12\%}\approx 66.23$ 与 $FNPV_{13\%}\approx -15.03$,在 12%与 13%之间用插入公式(2-17)求解财务内部收益率

$$FIRR=12\%+\frac{66.23}{66.23-(-15.03)}\times(13\%-12\%)\approx 12.82\%$$

(4) 判断项目投资的可行性

因该项目的财务内部收益率=12.82%>10%,所以项目可行。

【应用示例 2-11】 某项目固定资产投资总额为 10 000 万元(其中自有资金为 5000 万元),流动资金投资总额为 3000 万元,各年的损益情况如表 2-19 所示,计算该项目的投资利润率、投资利税率、资本金利润率。

表 2-19 损益情况　　单位:万元

序号	项　目	运营期年份											
		4	5	6	7	8	9	10	11	12	13	14	15
1	销售(营业)收入	6300	9000	9000	6300	9000	9000	6300	9000	9000	6300	9000	9000
2	销售税金及附加	360	540	540	540	540	540	540	540	540	540	540	540
3	总成本费用	5563	7318	7373	7228	7183	7183	7093	7048	7003	6958	6913	6913
4	利润总额	377	1142	1187	1232	1277	1322	1367	1412	1457	1502	1547	1547
5	所得税	124	377	392	407	421	436	451	466	481	496	511	511
6	税后利润	253	765	795	826	856	886	916	946	976	1006	1037	1037
7	公积金	25	77	80	83	86	89	92	95	98	101	104	104
8	应付利润	215	650	676	702	727	753	779	804	830	855	881	881

【解】

知识点:项目投资利润率、投资利税率、资本金利润率的计算。

分　析：

（1）投资利润率

$$投资利润率=\frac{年均利润总额}{投资总额}\times 100\%$$
$$=\{[(377+1142+1187+1232+1277+1322+1367+1412+1457+1502+1547+1547)/12]/(10\,000+3000)\}\times 100\%$$
$$\approx 9.85\%$$

（2）投资利税率

$$投资利税率=\frac{年均利润总额+年均销售税金及附加}{投资总额}\times 100\%$$
$$=(377+360+1142+540+1187+540+1232+540+1277+540+1322+540+1367+540+1412+540+1457+540+1502+540+1547+540+1547)\div 12\div 13\,000\times 100\%$$
$$\approx 13.89\%$$

（3）资本金利润率

$$资本金利润率=\frac{年均税后利润额}{资本金}\times 100\%$$
$$=(253+765+795+826+856+886+916+946+976+1006+1037+1037)\div 12\div 5000\times 100\%$$
$$\approx 17.17\%$$

【应用示例 2-12】　某项目建设期二年，建设期投资第 1 年贷款 1000 万元，第 2 年贷款 2000 万元，年利率为 6%，银行要求项目投资者在运营期的第 1～4 年内还清建设期投资贷款本息。流动资金贷款为 500 万元，在生产期第 1 年年初贷款为 100 万元，第 2 年年初增加贷款为 400 万元，企业与银行约定，流动资金贷款在使用期间的各年只付息不还本金，年利率为 4%。求：

（1）分别用每年等额还本付息和每年等额还本利息照付两种方法编建设期投资贷款还本付息表。

（2）计算该项目的流动资金的贷款利息。

【解】

知识点：还本付息表的编制（表 2-20）与流动资金贷款利息的计算。

表 2-20　等额还本付息表　　单位：万元

年份 项目	建设期		运　营　期			
	1	2	3	4	5	6
年初累计借款		1030	3151.8	2431.31	1667.58	858.12
本年新增借款	1000	2000				
本年应计利息	30	121.8	189.12	145.88	100.05	51.49
本年还本付息			909.61	909.61	909.61	909.61
其中：本金偿还			720.49	763.73	809.56	858.02
利息偿还			189.12	145.88	100.05	51.49

分　析：

(1) 建设期投资贷款偿还分析

① 每年等额还本付息方式

第 1 年应计利息为：$1000\times\frac{1}{2}\times6\%=30$(万元)。

第 2 年应计利息为：$\left(1000+30+2000\times\frac{1}{2}\right)\times6\%=121.8$(万元)。

第 3 年项目建成投产，进入运营期，在四年中需按每年等额还本付息方式还清银行贷款本息，则每年还款额为：

$$3151.8\times\frac{6\%\times(1+6\%)^4}{(1+6\%)^4-1}=3151.8\times0.2886=909.61(\text{万元})$$

将还款额填入等额还本付息表(表 2-20)的“本年还本付息”项中。

其中，还利息为 $3151.8\times6\%=189.12$(万元)；还本金为 $909.61-189.12=720.49$(万元)。

第 4 年年初累计借款为：$3151.8-720.49=2431.31$(万元)；

应计利息为：$2431.31\times6\%=145.88$(万元)；

还本付息为：909.61 万元；

其中，还利息为 145.88 万元；还本金为 $909.61-145.88=763.73$(万元)。

第 5、6 年各项的算法同第 4 年。

② 每年等额还本利息照付方式

第 1、2、3 年的“本年应计利息”计算同前，第 3 年项目进入运营期，在四年中需按每年等额还本利息照付方式还清银行贷款本息，则每年还本额为：$3151.8\div4=787.95$(万元)，填入等额还本利息照付表(表 2-21)中“本年归还本金”行的运营期各年内；

表 2-21　等额还本利息照付表　　单位：万元

项目＼年份	建设期		运营期			
	1	2	3	4	5	6
年初累计借款		1030	3151.8	2363.85	1575.9	787.95
本年新增借款	1000	2000				
本年应计利息	30	121.8	189.12	141.83	94.55	47.28
本年归还本金			787.95	787.95	787.95	787.95
本年支付利息			189.12	141.83	94.55	47.2
本年还本付息			977.07	929.78	882.5	835.15

第 3 年的“本年支付利息”等于“本年应计利息”，即 189.12 万元；

第 4 年的“年初累计借款”为：$3151.8-787.95=2363.85$(万元)；

第 4 年的“本年应计利息”“本年支付利息”计算方法同第 3 年，表中第 5、6 年各项的计算原理与前均相同，所得结果见等额还本利息照付表中值。

(2) 流动资金贷款利息

第 1 年贷款利息为：$100\times4\%=4$(万元)；

第 2～6 年的利息均为：$(100+400)\times4\%=20$(万元)。

习　　题

一、单项选择题

1. 关于项目决策与工程造价的关系，正确的说法是(　　)。

A. 工程造价的合理性是项目决策正确性的前提

B. 项目决策的内容是决定工程造价的基础

C. 工程造价确定的精确度影响决策的深度

D. 工程造价的控制效果影响项目决策的深度

2. 生产性项目建成投产后用于购买原材料、支付工资及其他经营费用所需的周转资金被称为(　　)。

A. 工、器具购置费　　B. 工程建设其他费

C. 流动资金　　D. 生产准备金

3. (　　)将作为项目建设资金筹措和制订贷款计划的依据。

A. 基本预备费　　B. 经批准的投资估算

C. 建设期贷款利息　　D. 固定资产的静态投资

4. 原有日产产品10t的某生产系统，现拟建相似的生产系统，生产能力比原有的增加2倍，用生产能力指数估计法估计投资额需要增加约为(　　)(指数为0.5)。

A. 1.4倍　　B. 1.7倍　　C. 70%　　D. 40%

5. 进行静态投资的估算，一般需要确定一个基准年，以便估算有一个统一的标准。静态投资估算的基准年常为(　　)。

A. 项目开工的前一年　　B. 项目开工的第一年

C. 项目投产的第一年　　D. 项目投产的前一年

6. 某工业项目，建筑安装工程费为3154万元，设备及工、器具购置费为3486万元，工程建设其他费为830万元，预备费为581万元，建设期贷款利息为249万元。经测算，项目流动资金占固定资产投资的16%，则该项目铺底流动资金为(　　)万元。

A. 1328　　B. 398.4　　C. 265.6　　D. 358.6

7. 在全部投资的现金流量表中，计算期最后一年的产品销售收入是38 640万元，回收固定资产余值是2331万元，回收流动资金是7266万元，总成本费用是26 062万元，折旧费是3730万元，经营成本是21 911万元，销售税金及附加是3206万元，所得税是3093万元，该项目固定资产投资是56 475万元。则项目最后一年所得税前净现金流量为(　　)万元。

A. 20 027　　B. 23 120　　C. 18 969　　D. 19 390

8. 资产负债表中的资产、负债、所有者权益三者间的关系是(　　)。

A. 资产＋负债＝所有者权益　　B. 资产＋所有者权益＝负债

C. 资产＝负债＋所有者权益　　D. 固定资产＝负债＋所有者权益

9. 某项目第一年投资100万元，第二年获得净收益180万元，基准收益率为10%，则财务净现值为(　　)万元。

A. 80　　B. 72.7　　C. 66.1　　D. 57.9

10. 当某项目折现率为10%时，财务净现值为200万元；当折现率为13%时，财务净现值为－100万元。则该项目的财务内部收益率约为(　　)。

A. 11%　　B. 12%　　C. 13%　　D. 14%

11. 某建设项目计算期为10年，各年净现金流量及累计净现金流量如下表所示，则该项目静态投资回收期为(　　)年。

年　　份	1	2	3	4	5	6	7	8	9	10
净现金流量(万元)	－200	－250	－150	80	130	170	200	200	200	200
累计净现金流量(万元)	－200	－450	－600	－520	－390	－220	－20	180	380	580

A. 8　　B. 7　　C. 10　　D. 7.1

12. 某项目固定资产投资为61 488万元，流动资金为7266万元，项目投产年利润总额为2112万元，正常生产期年利润总额为8518万元，则正常年份的投资利润率为(　　)。

A. 13.85%　　B. 7.73%　　C. 12.39%　　D. 8.64%

13. 已知速动比率为1，流动负债为80万元，存货为120万元，则流动比率为(　　)。

A. 2.5　　B. 1　　C. 1.5　　D. 2

14. 下列反映清偿能力指标的是(　　)。

A. 投资回收期　　B. 流动比率　　C. 财务净现值　　D. 资本金利润率

15. 某建设项目计算期为10年，各年的净现金流量如下表所示，该项目的行业基准收益率为10%，则财务净现值为(　　)万元。

年　　份	1	2	3	4	5	6	7	8	9	10
净现金流量(万元)	－100	100	100	100	100	100	100	100	100	100

A. 476　　B. 394.17　　C. 485.09　　D. 432.64

16. 税前利润中所说的“税”指的是(　　)。

A. 增值税　　B. 所得税　　C. 销售税　　D. 价内税

17. 下面说法中正确的是(　　)。

A. 项目建议书阶段投资估算的精度比可行性研究阶段投资估算的精度高

B. 建筑安装工程费属于固定资产的动态投资

C. 对项目进行的社会效益评价通常被称为国民经济评价

D. 我国大城市投资建设的地铁工程往往更侧重于项目本身所产生的经济效益

18. 某房地产公司拟在A市开发一处居民住宅楼盘，该公司可采用(　　)对其开发的楼盘进行投资估算。

A. 生产能力指数法　　B. 单位建筑面积估算法

C. 设备系数法　　D. 朗格系数法

19. 采用分项详细估算法估算流动资金时，下面的表达式正确的是(　　)。

A. 流动资产＝现金＋应收账款＋存货

B. 流动资金＝应付账款＋预收账款

C. 流动资产＝现金＋应付账款＋存货

D. 流动资产＝应收账款＋预付账款

20. 对拟建项目进行财务评价，实际上是在算拟建项目的(　　)。

A. 经济效益账　　B. 社会效益账

C. 社会与经济效益账　　D. 政府管理效益账

二、多项选择题

1. 进行项目财务评价的基本报表有(　　)。

A. 固定资产投资估算表

B. 投资使用计划与资金筹措计划表

C. 现金流量表

D. 损益表

E. 资产负债表

2. 下列属于全部投资现金流量表中现金流出范围的有(　　)。

A. 固定资产投资　　B. 流动资金

C. 固定资产折旧费　　D. 经营成本

E. 利息支出

3. 下列属于财务评价动态指标的有(　　)。

A. 投资利润率　　B. 借款偿还期　　C. 财务净现值

D. 财务内部收益率　　E. 资产负债率

4. 反映项目盈利能力的指标有(　　)。

A. 投资回收期　　B. 财务净现值　　C. 财务内部收益率

D. 流动比率　　E. 速动比率

5. 进行项目财务评价，保证项目可行的条件有(　　)。

A. 财务净现值≥0

B. 财务净现值≤0

C. 财务内部收益率≥基准收益率

D. 财务内部收益率≤基准收益率

E. 静态投资回收期≤基准回收期

6. 自有资金现金流量表中的现金流出包括(　　)。

A. 固定资产投资　　B. 自有资金

C. 借款本金偿还　　D. 所得税

E. 借款利息支出

7. 投资估算的用途不包括(　　)。

A. 作为项目主管部门审批项目建议书的依据之一

B. 作为甲、乙双方结算的依据

C. 作为项目投资决策的重要依据

D. 作为签订施工合同的依据

E. 作为项目建设单位制订贷款计划的依据

8. 运用朗格系数法进行投资估算时，需要对加工流程进行判断，朗格系数法中规定的流程为(　　)。

A. 管理流程　　B. 固体流程　　C. 流体流程

D. 生产流程　　　　E. 固流流程

9. 关于拟建项目的投资回收期，下面说法正确的是(　　)。

A. 静态回收期一定小于动态回收期

B. 动态回收期≥0 拟建项目可行

C. 静态回收期一定大于动态回收期

D. 动态回收期≤0 拟建项目可行

E. 计算出的投资回收期<投资者期望的回收期拟建项目可行

10. 在下列的各项表述中，正确的有(　　)。

A. 资产负债率越小越好

B. 速动比率越小越好

C. 流动比率越大表明企业偿还短期债务的能力越强

D. 速动比率等于速动资产比速动负债

E. 速动资产等于流动资产减存货

第3章 设计阶段造价控制

主要内容

1. 工程设计与工程造价间的关系，设计前准备工作，初步、技术、施工图设计以及设计交底的概念。
2. 设计招标、设计方案竞选的概念及二者的区别。
3. 价值工程优化设计方案的应用。
4. 概算定额法、概算指标法、类似工程预算法在编制建筑工程概算中的应用。
5. 单项工程概算、建设项目总概算文件的构成。
6. 设计概算的审查。
7. 施工图预算的编制与审查简介。

工程设计是指在工程开始施工之前，设计者根据已批准的设计任务书，为具体实现拟建项目的技术、经济要求，拟定建筑、安装及设备制造等所需的规划、图纸、数据等技术文件的工作。工程设计与造价的关系如图3-1所示。

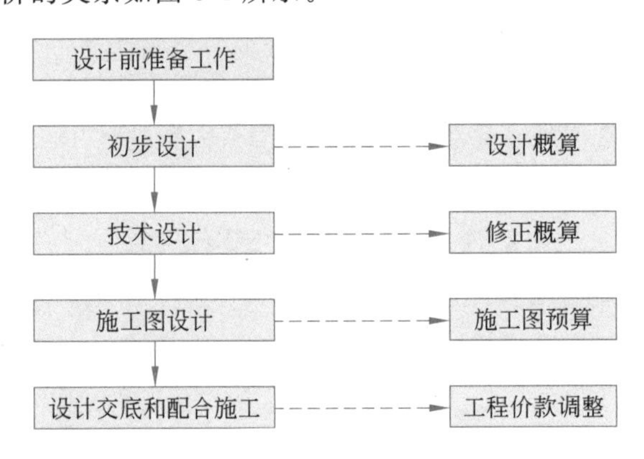

图3-1 工程设计与造价的关系

1. 设计前准备工作

设计者在动手设计之前，首先要了解并掌握各种有关的外部条件和客观情况，如地形、气候、地质、自然环境等自然条件；城市规划对建筑物的要求；交通、水、电、气、通信等基础设施状况；业主对工程的要求；资金、材料、施工技术和装备等可能影响工程的其他客观因素。在搜集资料的基础上，对工程功能与形式的安排有个大概的布局设想，同时还要考虑工程与周围环境之间的关系。

2. 初步设计

初步设计过程是整个设计构思基本形成的阶段。通过初步设计可以进一步明确拟建工程在指定地点和规定期限内进行建设的技术可行性和经济合理性，规定主要技术方案、工程总造价和主要技术经济指标。

初步设计阶段需绘制出拟建工程的效果图,有些工程还需要制作出拟建工程的模型,同时编制设计总概算。

3. 技术设计

技术设计是对初步设计方案的具体化,也是各种技术问题的定案阶段。技术设计的详细程度应能满足初步设计已确定方案中重大技术问题的要求,应能保证施工图设计的进行和提出设备订货明细表。技术设计时如果对初步设计中所确定的方案有所更改,应对更改部分编制修正概算书。

一般对于不太复杂的工程,技术设计阶段可以省略,当初步设计完成后直接进入施工图设计阶段。

4. 施工图设计

这一阶段主要是通过设计图纸,把设计者的意图和全部设计结果表达出来,作为工人进行工程施工的依据。施工图是设计工作和施工工作的桥梁,具体包括建设项目各部分工程的详图和零部件、结构构件明细表,以及验收标准、方法等。施工图设计的深度应能满足设备材料的选择与确定、非标准设备的设计与加工制作、施工图预算的编制、建筑工程施工和安装的要求。

5. 设计交底和配合施工

施工图发出后,根据现场需要设计单位应派人到施工现场,与建设、施工单位共同会审施工图,进行技术交底,介绍设计意图和技术要求,修改不符合实际和有错误的图纸;在施工中及时解决施工时设计文件出现的问题;当施工完毕后设计单位需派人参加试运转和竣工验收,解决试运转过程中的各种技术问题。对于大中型工业项目和大型复杂的民用工程,设计单位应派代表到现场积极配合现场施工并参加隐蔽工程验收。

3.1 设计方案优选

3.1.1 设计招标

设计招投标是指招标单位就拟建工程的设计任务发布招标公告,吸引众多设计单位参加竞争,经招标单位审查符合投标资格的设计单位按照招标文件的要求,在规定的时间内向招标单位填报投标文件,招标单位择优确定中标设计单位完成设计任务的活动。

设计招标的目的是鼓励竞争、促使设计单位改进管理,促使设计人员提高施工图纸的设计质量。

1. 设计招标应具备的条件

(1) 已按规定履行审批手续并取得批准。

(2) 设计所需资金已经落实。

(3) 勘察资料已经收集完成。

(4) 法律法规规定的其他条件。

2. 设计招标方式

(1) 公开招标：招标人应发布招标公告。

(2) 邀请招标：招标人应向三个以上设计单位发出招标邀请书。

3. 设计招标程序

(1) 编制招标文件。

(2) 发布招标公告或发出招标邀请书。

(3) 对投标单位进行资格审查。

(4) 发售招标文件。

(5) 组织投标单位踏勘工程现场。

(6) 接受投标单位的投标书。

(7) 开标、评标、确定中标人，发出中标通知。

(8) 签订设计承包合同。

4. 招标文件的主要内容

(1) 项目基本情况。

(2) 城乡规划和城市设计对项目的基本要求。

(3) 项目工程经济技术要求。

(4) 项目有关基础资料。

(5) 招标内容。

(6) 招标文件答疑、现场踏勘安排。

(7) 投标文件编制要求。

(8) 评标标准和方法。

(9) 投标文件送达地点和截止时间。

(10) 开标时间和地点。

(11) 拟签订合同的主要条款。

(12) 设计费或者计费方法。

(13) 未中标方案补偿办法。

3.1.2 设计方案竞选

设计方案竞选是指由组织竞选活动的单位通过报刊、信息网络或其他媒体发布方案竞选公告，吸引设计单位参加方案竞选；参加竞选的设计单位按照竞选文件和国家有关规定，做好方案设计和编制有关文件，经具有相应资质的注册建筑师签字，并加盖单位法定代表人或法定代表人委托的代理人的印鉴，在规定的时间内，密封送达组织竞选单位；组织竞选单位邀请有关专家组成评定小组，综合评定设计方案的优劣，确定中选方案的过程。

设计方案竞选的方式有公开竞选和邀请竞选。

设计招标与设计方案竞选的主要区别在于：设计招标是建设单位想通过招标找到一家其满意的设计单位来完成拟建项目的全部设计工作；设计方案竞选则是建设单位想为拟建项目寻找一个其中意的初步设计方案，至于后期的设计工作是否由中选方案的设计者进行设计则不一定。

3.1.3 价值工程优化设计方案

1. 价值工程

价值工程也称价值分析，是以提高产品的价值为目的，力求以产品最低的寿命周期成本，实现产品必要功能的一项有组织活动。

价值工程中的“价值”是功能与成本的综合反映，其表达式为

$$价值 = \frac{功能}{成本} \tag{3-1}$$

或

$$V = \frac{F}{C}$$

一般来说，提高产品的价值有以下五种途径。

(1) 功能提高、成本降低，这是最理想的途径。

(2) 保持功能不变降低成本。

(3) 保持成本不变提高功能水平。

(4) 成本稍有增加，但功能水平大幅度提高。

(5) 功能水平稍有下降，但成本大幅度下降。

价值分析并不是单纯追求降低成本，也不是片面追求提高功能，而是力求处理好功能与成本的对立统一关系，提高它们之间的比值，研究产品功能和成本的最佳配置。

2. 价值工程工作程序

价值工程工作可以分为四个阶段：准备阶段、分析阶段、创新阶段、实施阶段。

价值工程大致可以分为八项工作内容：价值工程对象选择、收集资料、功能分析、功能评价、提出改进方案、方案的评价与选择、试验证明、决定实施方案。

价值工程主要回答和解决下列问题。

(1) 价值工程的对象是什么？

(2) 它是干什么用的？

(3) 其成本是多少？

(4) 其价值是多少？

(5) 有无其他方案可实现同样的功能？

(6) 新方案成本是多少？

(7) 新方案能满足要求吗？

围绕这七个问题，价值工程的一般工作程序如表 3-1 所示。

表 3-1 价值工程的一般工作程序

阶 段	步 骤	说 明
准备阶段	1. 对象选择	应明确目标、限制条件及分析范围
	2. 组成价值工程领导小组	一般由项目负责人、专业技术人员、熟悉价值工程的人员组成
	3. 制订工作计划	包括具体执行人、执行日期、工作目标等

续表

阶段	步骤	说明
分析阶段	4. 收集整理信息资料	此项工作应贯穿于价值工程的全过程
	5. 功能系统分析	明确功能特性要求,并绘制功能系统图
	6. 功能评价	确定功能目标成本,确定功能改进区域
创新阶段	7. 方案创新	提出各种不同的实现功能的方案
	8. 方案评价	从技术、经济和社会等方面综合评价各方案达到预定目标的可行性
	9. 提案编写	将选出的方案及有关资料编写成册
实施阶段	10. 审批	由主管部门组织进行
	11. 实施与检查	制订实施计划、组织实施,并跟踪检查
	12. 成果鉴定	对实施后取得的技术经济效果进行鉴定

工程设计阶段实施价值工程的主要目的有两个:一是可以使拟建项目的功能更合理;二是可以有效控制工程造价。

3. 价值工程优选设计方案

同一个工程项目,可以有不同的设计方案,不同的设计方案会产生功能和成本上的差别,运用价值工程能够对不同的设计方案进行优选,具体实施步骤如下。

1) 功能分析

拟建工程项目实际上是一个建筑产品,不同的建筑产品有不同的使用需求,这些使用需求可以通过一系列建筑因素体现出来。寻找并提炼这些建筑因素的过程被称为功能分析。

例如,住宅工程的功能可以概括为:平面布置、采光通风、层高层数、建筑造型、内外装饰、环境设计、便于施工等。

2) 功能评价

功能评价主要是比较各项功能的重要性程度,以计算各项功能的功能评价系数。功能评价可采用强制确定法、专业人员主观打分法进行。

3) 计算成本系数

$$\text{成本系数} = \frac{\text{某方案平方米造价}}{\text{所有参评方案平方米造价之和}} \tag{3-2}$$

4) 计算功能系数

$$\text{功能系数} = \frac{\text{某方案功能总得分}}{\text{所有参评方案功能总得分之和}} \tag{3-3}$$

5) 计算价值系数

$$\text{价值系数} = \frac{\text{功能系数}}{\text{成本系数}} \tag{3-4}$$

6) 最优设计方案确定

选择价值系数最大的设计方案为最优方案。

3.2 设计概算

设计概算是在投资估算的控制下由设计单位根据初步设计图纸、概算定额(或概算指标)、费用定额或取费标准(指标)、建设地区自然与技术经济条件、设备与材料价格等资料，编制和确定的建设项目从筹建至竣工交付使用所需全部费用的文件。

采用两阶段设计(初步设计、施工图设计)的建设项目，初步设计阶段必须编制设计概算；采用三阶段设计(初步设计、技术设计、施工图设计)的，技术设计阶段必须编制修正概算。

经批准的建设项目设计概算，是该项目建设投资的最高限额，是控制施工图设计和施工图预算的依据。

3.2.1 设计概算的内容

设计概算可分为单位工程概算、单项工程综合概算和建设项目总概算三级。三级设计概算间的关系如图 3-2 所示。

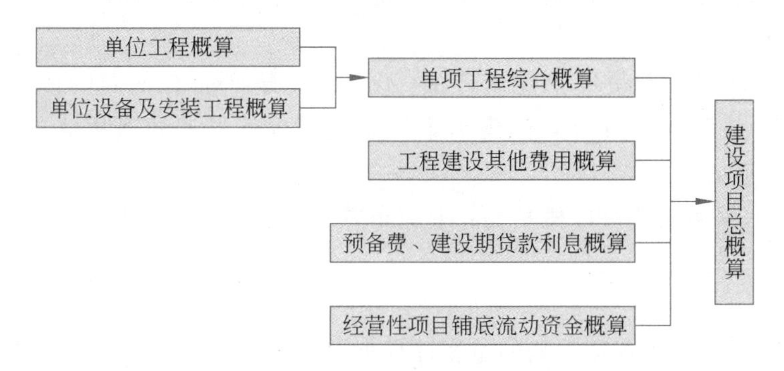

图 3-2 三级设计概算间的关系

1. 单位工程概算

单位工程概算可分为建筑工程概算和设备及安装工程概算两大类。建筑工程概算包括土建工程概算，给排水、采暖工程概算，通风、空调工程概算，电气、照明工程概算，弱电工程概算，特殊构筑物工程概算等；设备及安装工程概算包括机械设备及安装工程概算，电气设备及安装工程概算，热力设备及安装工程概算，工具、器具及生产家具购置费概算等。

单位工程概算是单项工程综合概算的组成部分。

2. 单项工程综合概算

单项工程综合概算是确定一个单项工程所需建设费用的文件，它由单项工程中的各单位工程概算汇总而成，组成内容如图 3-3 所示，是建设项目总概算的组成部分。

3. 建设项目总概算

建设项目总概算是确定整个建设项目从筹建到竣工验收所需全部费用的文件，它是由各单项工程综合概算、工程建设其他费用概算、预备费和建设期贷款利息概算汇总编制而成

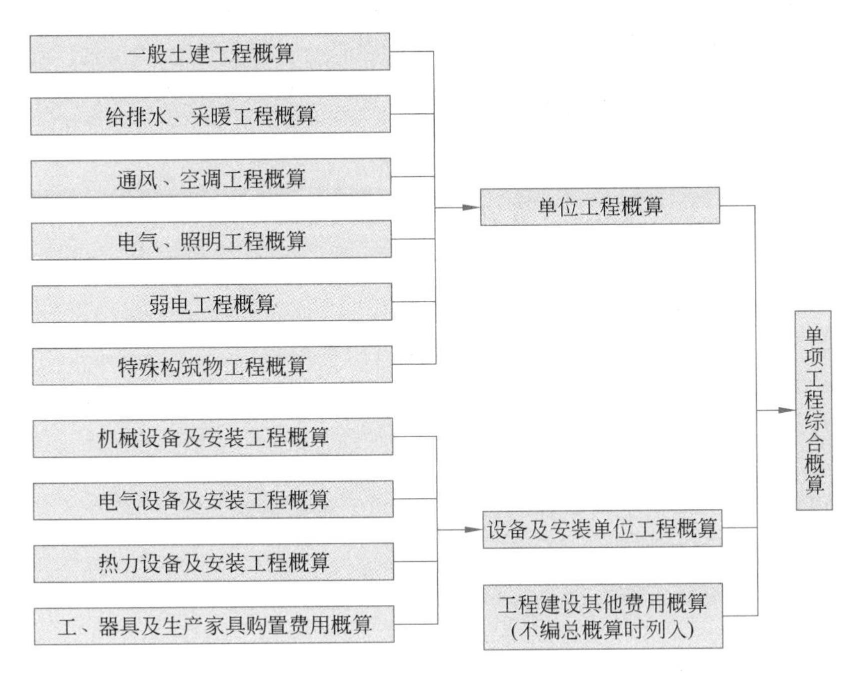

图 3-3 单项工程综合概算的组成

的,如图 3-4 所示。

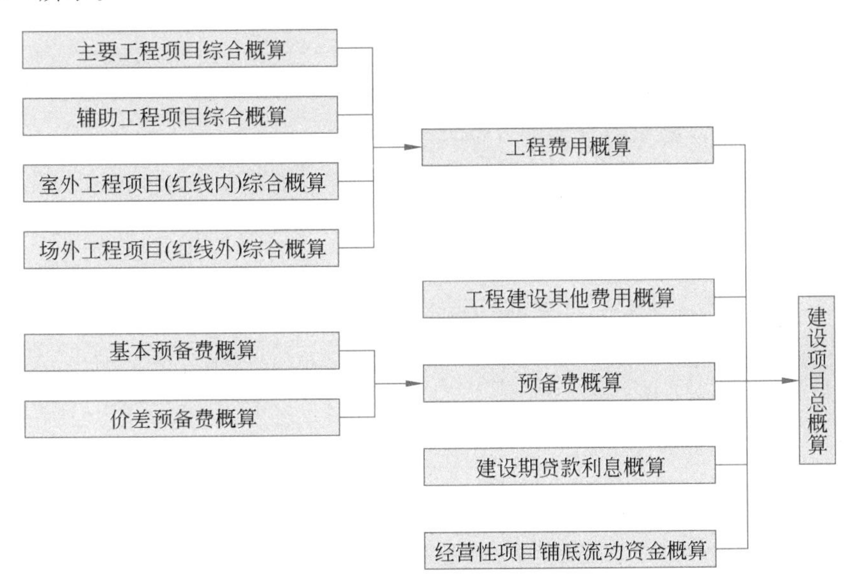

图 3-4 建设项目总概算的组成

3.2.2 设计概算的编制

1. 设计概算的编制原则与依据

1）设计概算的编制原则

(1) 设计概算的编制要严格执行国家的政策和规定的设计标准。

(2) 设计概算的编制要完整、准确地反映设计内容。

(3) 设计概算的编制要坚持结合拟建工程的实际,反映工程所在地当时价格水平。

2) 设计概算的编制依据

(1) 国家发布的有关法律、法规、规章、规程等。

(2) 批准的可行性研究报告及投资估算、设计图纸等有关资料。

(3) 有关部门颁布的现行概算定额、概算指标、费用定额等和建设项目设计概算编制办法。

(4) 有关部门发布的人工、设备材料价格、造价指数等。

(5) 建设地区的自然、技术、经济条件等资料。

(6) 有关合同、协议,其他有关资料。

2. 单位工程概算的编制

单位工程概算分为建筑工程概算和设备及安装工程概算两大类。

1) 建筑工程概算的编制

建筑工程概算的编制方法有概算定额法、概算指标法、类似工程预算法等。建筑工程概算表如表 3-2 所示。

(1) 概算定额法

概算定额法又叫扩大单价法或扩大结构定额法,它是采用概算定额来编制建筑工程概算。其主要步骤如下:

① 根据概算定额列出分部分项工程(列项)。

② 根据初步设计图纸和概算定额规则计算所列各项的工程量。

③ 套用概算定额计算所列各项的分部分项工程费。

④ 计算措施项目费。

⑤ 计算其他项目费、规费、税金。

⑥ 汇总计算工程概算造价。

表 3-2 建筑工程概算表

序号	项目编号	工程项目或费用名称	项目特征	单位	数量	综合单价(元)	合价(元)
1		分部分项工程					
1.1		土石方工程					
1.1.1	××	××××					
1.1.2	××	××××					
		……					
1.2		砌筑工程					
1.2.1	××	××××					
		……					
1.3		××工程					
1.3.1	××	××××					
		……					
		分部分项工程费小计					

续表

序号	项目编号	工程项目或费用名称	项目特征	单位	数量	综合单价(元)	合价(元)
2		可计量措施项目					
2.1		××工程					
2.1.1	××	××××					
		……					
		可计量项目措施费小计					
3		综合取费措施费项目					
3.1		安全文明施工费					
3.2		夜间施工增加费					
		……					
		综合取费项目措施费小计					
4		其他项目					
4.1		暂列金额					
4.2		计日工					
		……					
		其他项目费小计					
5		规费项目					
5.1		社会保险					
5.2		住房公积金					
		……					
		规费小计					
6		税金项目					
6.1		增值税					
6.2		城市维护建设税					
		……					
		税金小计					
7		工程概算造价(合计)					

编制人：　　　　　　　　审核人：　　　　　　　　审定人：

概算定额法要求初步设计达到一定深度，建筑结构比较明确，能按照初步设计的平面、立面、剖面图纸计算出楼地面、墙身、门窗和屋面等扩大分项工程(或扩大结构构件)项目的工程量时，才可采用。

(2) 概算指标法

当设计图纸较简单，无法根据图纸计算出详细的实物工程量时，可以选择恰当的概算指标来编制概算。其主要步骤如下：

① 根据拟建工程的具体情况，选择恰当的概算指标。

② 根据选定的概算指标计算拟建工程概算造价。

③ 根据选定的概算指标计算拟建工程主要材料用量。

概算指标法适用于初步设计深度不够，不能准确计算出工程量，但工程设计是采用技术比较成熟而又有类似工程概算指标可以利用的情况。

由于拟建工程往往与类似工程的概算指标的技术条件不尽相同，且概算指标编制年份的设备、材料、人工等价格与拟建工程当时当地的价格也不一样，因此采用概算指标法时需对其进行修正，修正算式为

$$\text{修正后概算指标} = \text{原概算指标} - \text{换出部分价值} + \text{换入部分价值} \tag{3-5}$$

(3) 类似工程预算法

类似工程预算法是利用技术条件与设计对象相类似的已完工程或在建工程的预算资料来编制拟建工程的概算。如果找不到合适的概算指标，也没有概算定额时，可以考虑采用类似的工程预算来编制设计概算。其主要编制步骤如下：

① 根据设计对象的各种特征参数，选择最合适的类似工程预算。

② 根据本地区现行的各种价格和费用标准计算类似工程预算的人工费修正系数、材料费修正系数、机械费修正系数、措施费修正系数、间接费修正系数等。

③ 根据类似工程预算修正系数和五项费用占预算成本的比重，计算预算成本总修正系数，并计算出修正后的类似工程平方米预算成本。

④ 根据类似工程修正后的平方米预算成本和编制概算地区的利税率计算修正后的类似工程平方米造价。

⑤ 根据拟建工程的建筑面积和修正后的类似工程平方米造价，计算拟建工程概算造价。

类似工程预算法计算公式为

$$D = A \times K \tag{3-6}$$

$$K = a\%K_1 + b\%K_2 + c\%K_3 + d\%K_4 + e\%K_5 \tag{3-7}$$

$$\text{拟建工程概算造价} = D \times S \tag{3-8}$$

式中：D——拟建工程单方概算成本；

A——类似工程单方预算成本；

K——综合调整系数；

S——拟建工程建筑面积。

$a\%$、$b\%$、$c\%$、$d\%$、$e\%$——类似工程预算的人工费、材料费、机具使用费、企业管理费、规费占预算造价的比重。例如：

$$a\% = \frac{\text{类似工程人工费(或工资标准)}}{\text{类似工程预算造价}} \times 100\%$$

$b\%$、$c\%$、$d\%$、$e\%$类同。

K_1、K_2、K_3、K_4、K_5——拟建工程地区与类似工程预算造价在人工费、材料费、机具使用费、企业管理费和规费之间的差异系数。例如：

$$K_1 = \frac{\text{拟建工程概算的人工费(或工资标准)}}{\text{类似工程预算人工费(或地区工资标准)}}$$

K_2、K_3、K_4、K_5 类同。

2）设备及安装工程概算的编制

（1）设备购置费概算的编制

设备购置费是根据初步设计的设备清单计算出设备原价，并汇总求出设备总原价，然后按有关规定的设备运杂费率乘以设备总原价，两项相加即为设备购置费概算。

（2）设备安装工程费概算的编制

设备安装工程费概算的编制方法是根据初步设计深度确定的，其主要编制方法有：

① 预算单价法。当初步设计较深，有详细的设备清单时，可直接按安装工程预算定额单价来编制安装工程概算，概算编制程序基本同安装工程施工图预算。该法具有计算比较具体，精确性较高的优点。

② 扩大单价法。当初步设计深度不够，设备清单不完备，只有主体设备或仅有成套设备重量时，可采用主体设备、成套设备的综合扩大安装单价来编制概算。

③ 设备价值百分比法（安装设备百分比法）。当初步设计深度不够，只有设备出厂价而无详细规格、重量时，安装费可按占设备费的百分比计算。其百分比值（即安装费率）由主管部门制定或由设计单位根据已完类似工程确定。该法常用于价格波动不大的定型产品和通用设备产品。公式为

$$设备安装费 = 设备原价 \times 安装费率(\%) \tag{3-9}$$

④ 综合吨位指标法。当初步设计提供的设备清单有规格和设备重量时，可采用综合吨位指标编制概算，其综合吨位指标由主管部门或由设计院根据已完类似工程资料确定。该法常用于设备价格波动较大的非标准设备和进口设备的安装工程概算。公式为

$$设备安装费 = 设备重量 \times 每吨设备安装费指标(元/t) \tag{3-10}$$

3. 单项工程概算的编制

单项工程综合概算是由该单项工程各专业的单位工程概算汇总而成的，一般包括编制说明（不编制建设项目总概算时列入）和综合概算表（含其所附的单位工程概算表和建筑材料表）两大部分。当建设项目只有一个单项工程时，单项工程综合概算即为建设项目总概算，这时的单项工程综合概算除了包括上述两大部分外，还应包括工程建设其他费、建设期贷款利息和预备费的概算。

1）编制说明

单项工程综合概算的编制说明主要内容有：

（1）编制依据。包括国家和有关部门的规定、设计文件、现行概算定额或概算指标、设备材料的预算价格和费用指标等。

（2）编制方法。说明设计概算是采用概算定额法，还是采用概算指标法。

（3）主要设备、材料（钢材、木材、水泥）的数量。

（4）其他需要说明的有关问题。

2）综合概算表

单项工程综合概算表是根据单项工程所辖范围内的各单位工程概算等基础资料，按照规定的统一表格进行编制，如表3-3所示。综合概算的费用一般应包括建筑工程费、安装工程费、设备购置及工、器具和生产家具购置费。

对于工业建筑，概算包括建筑工程和设备及安装工程；对于民用建筑，概算包括土建工程、给排水、采暖、通风及电气照明工程等。

表 3-3 单项工程综合概算表

序号	概算编号	工程或费用名称	概算价值(元)					其中：引进部分		技术经济指标		
			建筑工程费	安装工程费	设备工器具购置费	工程建设其他费	合计	美元	折合人民币(元)	单位	数量	单价(元/m²)
1		主要工程										
1.1	×	××××										
	×	……										
2		辅助工程										
2.1	×	××××										
	×	……										
3		配套工程										
3.1	×	××××										
	×	……										
4		综合概算造价(合计)										
5		占综合概算造价比例										

编制人： 审核人： 审定人：

4. 建设项目总概算的编制

建设项目总概算是确定整个建设项目从筹建到竣工交付使用所预计花费的全部费用的文件，是由各单项工程综合概算、工程建设其他费、建设期贷款利息、预备费和经营性项目的铺底流动资金概算所组成。

建设项目总概算文件一般应包括：封面及目录、编制说明、总概算表、工程建设其他费概算表、单项工程综合概算表、单位工程概算表、工程量计算表、分年度投资汇总表、分年度资金流量汇总表、主要材料汇总表与工日数量表等。

1）封面、签署页

封面、签署页格式如表 3-4 所示。

表 3-4 封面、签署页格式

建设项目设计概算文件

建设单位：

建设项目名称：

设计单位(或工程造价咨询单位)：

编制单位：

编制人(资格证号)：

审核人(资格证号)：

项目负责人：

总工程师：

单位负责人：

年 月 日

2）编制说明

编制说明应包括下列内容。

（1）工程概况。简述建设项目性质、特点、生产规模、建设周期、建设地点等主要情况。引进项目要说明引进内容以及与国内配套工程等主要情况。

（2）资金来源及投资方式。

（3）编制依据及编制原则。

（4）编制方法。说明设计概算是采用概算定额法，还是采用概算指标法等。

（5）投资分析。主要分析各项投资的比重、各专业投资的比重等经济指标。

（6）其他需要说明的问题。

3）总概算表

建设项目总概算表如表 3-5 所示。

表 3-5　建设项目总概算表

序号	概算编号	工程或费用名称	概算价值（元）				其中：引进部分		技术经济指标		
			建筑工程费	安装工程费	设备及工、器具购置费	合计	美元	折合人民币（元）	单位	数量	单价（元/m^2）
1		工程费用									
1.1		主要工程									
1.2		辅助工程									
1.3		配套工程									
2		工程建设其他费									
3		预备费									
4		建设期利息									
5		流动资金									
6		总概算造价（合计）									
7		占总概算造价比例									

编制人：　　　　审核人：　　　　审定人：

总概算表应反映静态投资和动态投资两部分。静态投资是按设计概算编制期价格、费率、利率、汇率等确定的投资；动态投资是指概算编制时期到竣工验收前因价格变化等多种因素所需的投资。

4）工程建设其他费用概算表

工程建设其他费用概算按国家、地区或部委所规定的项目和标准确定，并按统一表格编制，如表 3-6 所示。

表 3-6　工程建设其他费用概算表

序号	费用项目编号	费用项目名称	费用计算基数	费率	金额	计算公式	备注
1							
2							
	合计						

编制人：　　　　审核人：　　　　审定人：

5）单项工程综合概算表和建筑安装单位工程概算表

略。

6）工程量计算表和工、料数量汇总表

7）分年度投资汇总表

分年度投资汇总表如表 3-7 所示。

表 3-7　分年度投资汇总表

序号	主项号	工程项目或费用名称	总投资（万元）		分年度投资（万元）										备注
					第 1 年		第 2 年		第 3 年		第 4 年		…		
			总计	其中：外币	总计	其中：外币	总计	其中：外币	总计	其中：外币	总计	其中：外币	总计	其中：外币	

编制人：　　　　　　　　　　审核人：　　　　　　　　　　审定人：

3.2.3　设计概算的审查

1. 设计概算审查的意义

（1）有利于合理分配投资资金、加强投资计划管理，有助于合理确定和有效控制工程造价。设计概算编制偏高或偏低，不仅影响工程造价的控制，也会影响投资计划的真实性，影响投资资金的合理分配。

（2）有利于促进概算编制单位严格执行国家有关概算的编制规定和费用标准，从而提高概算的编制质量。

（3）有利于促进设计的技术先进性与经济合理性。概算中的技术经济指标，是概算的综合反映，与同类工程对比，便可看出它的先进与合理程度。

（4）有利于核定建设项目的投资规模，可以使建设项目总投资力求做到准确、完整，防止任意扩大投资规模或出现漏项，从而减少投资缺口，缩小概算与预算之间的差距，避免故意压低概算投资，搞"钓鱼"项目，最后导致实际造价大幅度突破概算。

（5）经审查的概算，有利于为建设项目投资的落实提供可靠的依据。打足投资，不留缺口，有助于提高建设项目的投资效益。

2. 设计概算的审查内容

1）审查概算的编制依据

（1）依据的合法性。设计概算采用的各种编制依据必须经过国家和授权机关的批准，符合国家的编制规定，未经批准的不能采用。不能强调情况特殊，擅自提高概算定额、指标或费用标准。

（2）依据的时效性。设计概算编制的各种依据，如定额、指标、价格、取费标准等，都应根据国家有关部门的现行规定进行，注意有无调整和新的规定，如有，应按新的调整办法和规定执行。

（3）依据的适用范围。各种编制依据都有规定的适用范围，如各主管部门规定的各种专业定额及其取费标准，只适用于该部门的专业工程；各地区规定的各种定额及其取费标准，只适用于该地区范围内，特别是地区的材料预算价格区域性更强，如某市有该市区的材料预算价格，同时又编制了郊区内一个矿区的材料预算价格，在编制该矿区某工程概算时，应采用该矿区的材料预算价格。

2）审查概算的编制深度

（1）审查编制说明。审查编制说明可以检查概算的编制方法、深度和编制依据等重大原则问题，若编制说明有差错，具体概算必有差错。

（2）审查概算编制深度。一般大中型项目的设计概算，应有完整的编制说明和“三级概算”（即总概算表、单项工程综合概算表、单位工程概算表），并按有关规定的深度进行编制。审查其编制深度是否到位，有无随意简化的情况。

（3）审查概算的编制范围。审查概算编制范围及具体内容是否与主管部门批准的建设项目范围及具体工程内容一致；审查分期建设项目的建筑范围及具体工程内容有无重复交叉，是否重复计算或漏算；审查其他费用应列的项目是否符合规定，静态投资、动态投资和经营性项目铺底流动资金是否分别列出等。

3）审查概算的编制内容

（1）审查概算的编制是否符合国家政策，是否根据工程所在地的自然条件编制。

（2）审查建设规模（投资规模、生产能力等）、建设标准（用地指标、建筑标准等）、配套工程、设计定员等是否符合原批准的可行性研究报告或立项批文的标准。对总概算投资超过批准投资估算10%以上的，应查明原因，重新上报审批。

（3）审查编制方法、计价依据和程序是否符合现行规定，包括定额或指标的适用范围和调整方法是否正确。进行定额或指标的补充时，要求补充定额的项目划分、内容组成、编制原则等要与现行的定额精神相一致等。

（4）审查工程量是否正确。工程量的计算是否根据初步设计图纸、概算定额、工程量计算规则和施工组织设计的要求进行，有无多算、重算和漏算，尤其对工程量大，造价高的项目要重点审查。

（5）审查材料用量和价格。审查主要材料（钢材、木材、水泥、砖）的用量数据是否正确，材料预算价格是否符合工程所在地的价格水平，材料价差调整是否符合现行规定及其计算是否正确等。

（6）审查设备规格、数量和配置是否符合设计要求，是否与设备清单相一致，设备预算价格是否真实，设备原价和运杂费的计算是否正确，非标准设备原价的计价方法是否符合规定，进口设备的各项费用组成及计算程序、方法是否符合国家主管部门的规定。

（7）审查建筑安装工程的各项费用的计取是否符合国家或地方有关部门的现行规定，计算程序和取费标准是否正确。

（8）审查综合概算、总概算的编制内容、方法是否符合现行规定和设计文件的要求，有无设计文件外项目，有无将非生产性项目以生产性项目列入。

（9）审查总概算文件的组成内容是否完整地包括了建设项目从筹建到竣工投产为止的全部费用组成。

（10）审查工程建设其他各项费用。这部分费用内容多、弹性大，约占项目总投资25%以上，要按国家和地区规定逐项审查，不属于总概算范围的费用项目不能列入概算，具体费率或计取标准是否按国家、行业有关部门规定计算，有无随意列项，有无多列、交叉计列和漏项等。

(11) 审查项目的"三废"治理。拟建项目必须同时安排"三废"(废水、废气、废渣)的治理方案和投资，对于未作安排、漏项或多算、重算的项目，要按国家有关规定核实投资，以满足"三废"排放达到国家标准。

(12) 审查技术经济指标。技术经济指标计算方法和程序是否正确，综合指标和单项指标与同类型工程指标相比，是偏高还是偏低，其原因是什么并予纠正。

(13) 审查投资经济效果。设计概算是初步设计经济效果的反映，要按照生产规模、工艺流程、产品品种和质量，从企业的投资效益和投产后的运营效益全面分析，是否达到了先进可靠、经济合理的要求。

3. 审查设计概算的方法

采用适当方法审查设计概算，是确保审查质量、提高审查效率的关键。常用方法有以下几种。

1) 对比分析法

对比分析法主要是通过建设规模、标准与立项批文对比；工程数量与设计图纸对比；综合范围、内容与编制方法、规定对比；各项取费与规定标准对比；材料、人工单价与统一信息对比；引进设备、技术投资与报价要求对比；技术经济指标与同类工程对比等；通过以上对比，容易发现设计概算存在的主要问题和偏差。

2) 查询核实法

查询核实法是对一些关键设备和设施、重要装置、引进工程图纸不全、难以核算的较大投资进行多方查询核对，逐项落实的方法。主要设备的市场价可向设备供应部门或招标公司查询核实；重要生产装置、设施可向同类企业(工程)查询了解；引进设备价格及有关费税可向进出口公司调查落实；复杂的建筑安装工程可向同类工程的建设、承包、施工单位征求意见；深度不够或不清楚的问题直接向原概算编制人员、设计者询问清楚。

3) 联合会审法

联合会审前，可先采取多种形式分头审查，包括设计单位自审，主管、建设、承包单位初审，工程造价咨询公司评审，邀请同行专家预审，审批部门复审等，经层层审查把关后，由有关单位和专家进行联合会审。在会审大会上，由设计单位介绍概算编制情况及有关问题，各有关单位、专家汇总初审、预审意见，然后进行认真分析、讨论，结合对各专业技术方案的审查意见所产生的投资增减，逐一核实原概算出现的问题。经过充分协商，认真听取设计单位意见后，实事求是地处理和调整。

通过以上复审后，对审查中发现的问题和偏差，按照单项、单位工程的顺序，先按设备费、安装工程费、建筑工程费和工程建设其他费用分类整理；然后按照静态投资、动态投资和铺底流动资金三大类，汇总核增或核减的项目及其投资额；最后将具体审核数据，按照"原编概算""审核结果""增减投资""增减幅度"四栏列表，并按照原总概算表汇总顺序，将增减项目逐一列出，相应调整所属项目投资合计，再依次汇总审核后的总投资及增减投资额。对于差错较多、问题较大或不能满足要求的，责成按会审意见修改返工后，重新报批；对于无重大原则问题，深度基本满足要求，投资增减不多的，当场核定概算投资额，并提交审批部门复核后，正式下达审批概算。

3.3 施工图预算概述

施工图预算是施工图设计预算的简称，是由设计单位在施工图设计完成后，根据施工图设计图纸、现行预算定额、费用定额以及地区设备、材料、人工、施工机械台班等预算价格编制和确定的建筑安装工程造价的文件。

施工图预算是控制施工图设计不突破设计概算的重要措施，是编制或调整固定资产投资计划的依据。对于实行施工招标的工程，施工图预算是编制标底的依据，对于不宜实行招标而采用施工图预算加调整价结算的工程，施工图预算可作为确定合同价款的基础。

3.3.1 施工图预算的内容

施工图预算同设计概算一样，可分为单位工程施工图预算、单项工程施工图预算和建设项目总预算。

单位工程预算是根据施工图设计文件、现行预算定额、费用定额以及人工、材料、设备、机械台班等预算价格资料，以一定的方法编制的单位工程的施工图预算；然后汇总所有各单位工程施工图预算，成为单项工程施工图预算；再汇总各单项工程施工图预算便形成了建设项目的总预算。

单位工程预算包括建筑工程预算和设备安装工程预算。

建筑工程预算分为土建工程预算、室内外给排水工程预算、采暖通风工程预算、煤气工程预算、电气照明工程预算、弱电工程预算、特殊构筑物（如炉窑、烟囱、水塔等）工程预算和工业管道工程预算。

设备安装工程预算可分为机械设备安装工程预算、电气设备安装工程预算和热力设备安装工程预算等。

3.3.2 建筑工程施工图预算的编制

1. 施工图预算编制依据

(1) 施工图纸及说明书和标准图集。

(2) 现行预算定额及单位估价表。

(3) 施工组织设计或施工方案。

(4) 材料、人工、机械台班预算价格及调价规定。

(5) 建筑安装工程费用定额。

(6) 建设现场的自然与施工条件。

2. 施工图预算的编制方法

1) 工料机单价法

工料机单价法是根据施工图和预算定额，先算出分项工程量，然后乘以对应的定额基价（包含人工费、材料费、机械费三项），将求出的人工费、材料费、机械费三项相加，得出各分项工程的直接工程费,将各分项工程直接工程费汇总为单位工程直接工程费,以直接工程费为计算基数,分别求出措施费、其他项目费、利润、规费、税金等,最后汇总成施工图预算造价。

2）综合单价法

建筑工程费用的细分组成是：人工费、材料费、机械费、措施费、规费、管理费、利润、税金。我国许多地区定额的基价均为人工、材料、机械单价三者的和,但也有些地区定额的基价却不是人、材、机之和,如深圳市定额的基价就是人工、材料、机械、管理费、利润五者之和。这种非人、材、机三者之和的定额基价,我们统称为综合单价,综合单价法就是根据综合单价为基价编制施工图预算的一种方法。

综合单价法编制预算的思路为：先算出分项工程量,然后乘以定额中对应的综合单价并汇总,再求出综合单价中没有包括的费用项目(如深圳市需求措施费、规费、税金等),最后汇总成施工图预算造价。

3.3.3 施工图预算的审查

1. 施工图预算审查的意义

(1) 有利于控制工程造价,防止预算超概算。

(2) 有利于加强固定资产投资管理,节约建设资金。

(3) 有利于施工承包合同价的合理确定和控制。

(4) 有利于积累和分析各项技术经济指标。

2. 施工图预算审查的内容

1）工程量

(1) 土方工程。

① 平整场地、挖地槽、挖地坑、挖土方工程量的计算是否符合现行定额计算规定和施工图纸标注尺寸,土壤类别是否与勘察资料一致,地槽与地坑放坡、挡土板是否符合设计要求,有无重算和漏算。

② 回填土工程量计算是否扣除了基础所占体积,地面和室内填土的厚度是否符合设计要求。

③ 运土方的审查除了注意运土距离外,还要注意运土数量是否扣除了就地回填的土方。

(2) 打桩工程。

① 注意审查各种不同桩料,必须分别计算,施工方法必须符合设计要求。

② 桩料长度必须符合设计要求,桩料长度如果超过一般桩料长度需要接桩时,注意审查接头数是否正确。

(3) 砖石工程。

① 墙基和墙身的划分是否符合规定。

② 按规定不同厚度的内、外墙是否分别计算,应扣除的门窗洞口及埋入墙体各种钢筋混凝土梁、柱等是否已经扣除。

③ 不同砂浆标号的墙和定额规定按立方米或按平方米计算的墙,有无混淆、错算或漏算。

(4) 混凝土及钢筋混凝土工程。

① 现浇与预制构件是否分别计算,有无混淆。

② 现浇柱与梁、主梁与次梁及各种构件计算是否符合规定,有无重算或漏算。

③ 有筋与无筋构件是否按设计规定分别计算,有无混淆。

④ 钢筋混凝土的含钢量与预算定额的含钢量发生差异时,是否按规定予以增减调整。

(5) 木结构工程。

① 门窗是否分别不同种类,按门、窗洞口面积计算。

② 木装修的工程量是否按规定分别以延长米或平方米计算。

(6) 楼地面工程。

① 楼梯抹面是否按踏步和休息平台部分的水平投影面积计算。

② 细石混凝土地面找平层的设计厚度与定额厚度不同时,是否按其厚度进行换算。

(7) 屋面工程。

① 卷材屋面工程是否与屋面找平层工程量相等。

② 屋面保温层的工程量是否按屋面层的建筑面积乘以保温层平均厚度计算,不做保温层的挑檐部分是否按规定不作计算。

(8) 构筑物工程。

当烟囱和水塔定额是以座编制时,地下部分已包括在定额内,按规定不能再另行计算。审查是否符合要求,有无重算。

(9) 装饰工程。

内墙抹灰的工程量是否按墙面的净高和净宽计算,有无重算或漏算。

(10) 金属构件制作工程。

金属构件制作工程量多数以吨为单位。在计算时,型钢按图示尺寸求出长度后再乘以每米的重量;钢板要求算出面积再乘以每平方米的重量。审查是否符合规定。

(11) 水暖工程。

① 室内外排水管道、暖气管道的划分是否符合规定。

② 各种管道的长度、口径是否按设计规定计算。

③ 室内给水管道不应扣除阀门、接头零件所占的长度,但应扣除卫生设备(浴盆、卫生盆、冲洗水箱、淋浴器等)本身所附带的管道长度,审查是否符合要求,有无重算。

④ 室内排水工程采用承插铸铁管,不应扣除异形管及检查口所占长度。审查是否符合要求,有无漏算。

⑤ 室外排水管道是否已扣除了检查井所占的长度。

⑥ 暖气片的数量是否与设计一致。

(12) 电气照明工程。

① 灯具的种类、型号、数量是否与设计图一致。

② 线路的敷设方法、线材品种等,是否达到设计标准,工程量计算是否正确。

(13) 设备及其安装工程。

① 设备的种类、规格、数量是否与设计相符,工程量计算是否正确。

② 需要安装的设备和不需要安装的设备是否分清,有无把不需安装的设备作为安装的设备计算安装工程费用。

2）审查设备、材料的预算价格

（1）审查设备、材料的预算价格是否符合工程所在地的真实价格及价格水平。若是采用市场价，要核实其真实性、可靠性；若是采用有关部门公布的信息价，要注意信息价的时间、地点是否符合要求，是否要按规定调整。

（2）设备、材料的原价确定方法是否正确。非标准设备原价的计价依据、方法是否正确、合理。

（3）设备的运杂费率及其运杂费的计算是否正确，材料预算价格的各项费用的计算是否符合规定、正确。

3）审查预算单价的套用

（1）预算中所列各分项工程预算单价是否与现行预算定额的预算单价相符，其名称、规格、计量单位和所包括的工程内容是否与单位估价表一致。

（2）审查换算的单价，首先要审查换算的分项工程是否是定额中允许换算的，其次审查换算是否正确。

（3）审查补充定额和单位估价表的编制是否符合编制原则，单位估价表计算是否正确。

4）审查有关费用项目及其计取

（1）措施费及间接费的计取基础是否符合现行规定，有无不能作为计费基础的费用被列入了计费的基础。

（2）预算外调增的材料差价是否计取了间接费。直接费或人工费增减后，有关费用是否相应作了调整。

（3）有无巧立名目，乱计费、乱摊费用现象。

3. 施工图预算审查的方法

1）全面审查法

全面审查又叫逐项审查法，就是按预算定额顺序或施工的先后顺序，逐一地全部进行审查的方法。其具体计算方法和审查过程与编制施工图预算基本相同。此方法的优点是全面、细致，经审查的工程预算差错比较少，质量比较高。缺点是工作量大。对于一些工程量比较小、工艺比较简单的工程，编制工程预算的技术力量又比较薄弱，可采用全面审查法。

2）标准预算审查法

对于利用标准图纸或通用图纸施工的工程，先集中力量，编制标准预算，以此为标准审查预算的方法。按标准图纸设计或通用图纸施工的工程一般上部结构和做法相同，可集中力量细审一份预算或编制一份预算，作为这种标准图纸的标准预算，或用这种标准图纸的工程量为标准，对照审查，而对局部不同的部分作单独审查即可。这种方法的优点是时间短、效果好、好定案；缺点是只适应按标准图纸设计的工程，适用范围小。

3）分组计算审查法

分组计算审查法是一种加快审查工程量速度的方法，具体做法是把预算中的项目划分为若干组，并把相邻且有一定内在联系的项目编为一组，审查或计算同一组中某个分项工程量，利用工程量间具有相同或相似计算基础的关系，判断同组中其他几个分项工程量计算的准确程度的方法。

4）对比审查法

对比审查法是用已建成工程的预算或虽未建成但已审查修正的工程预算对比审查拟建

的类似工程预算的一种方法。

5）筛选审查法

建筑工程虽然有建筑面积和高度的不同，但是它们的各个分部分项工程的工程量、造价、用工量在每个单位面积上的数值变化不大，我们把这些数据加以汇集、优选、归纳为工程量、造价、用工三个单方基本值表，并注明其适用的建筑标准。这些基本值犹如"筛子孔"，用来筛选各分部分项工程，筛下去的就不审查了，没有筛下去的就意味着此分部分项的单位建筑面积数值不在基本值范围之内，应对该分部分项工程详细审查。当所审查的预算的建筑面积标准与"基本值"所适用的标准不同，就要对其进行调整。

筛选法的优点是简单易懂，便于掌握，审查速度和发现问题快，但解决差错分析其原因需继续审查，该法可用于住宅工程或不具备全面审查条件的工程。

6）重点抽查法

重点抽查法是抓住工程预算中的重点进行审查的方法。审查的重点一般是：工程量大或造价较高、工程结构复杂的工程，补充单位估价表，计取各项费用（计费基础、取费标准等）。

重点抽查法的优点是重点突出，审查时间短、效果好。

7）利用手册审查法

利用手册审查法是把工程中常用的构件、配件事先整理成预算手册，按手册对照审查的方法。如工程常用的预制构配件：洗池、大便台、检查井、化粪池、碗柜等，几乎每个工程都有，把这些按标准图集计算出工程量，套上单价，编制成预算手册使用，可大大简化预结算的编审工作。

8）分解对比审查法

一个单位工程，按直接费与间接费进行分解，然后再把直接费按工种和分部工程进行分解，分别与审定的标准预算进行对比分析的方法，叫分解对比审查法。

分解对比审查法一般有三个步骤。

第一步，全面审查某种建筑的定型标准施工图或复用施工图的工程预算，经审定后作为审查其他类似工程预算的对比基础。将审定预算按直接费与应取费用分解成两部分，再把直接费分解为各工种工程和分部工程预算，分别计算出他们的每平方米预算价格。

第二步，把拟审的工程预算与同类型预算单方造价进行对比，若出入在1%～3%以内（根据本地区要求），再按分部分项工程进行分解，边分解边对比，对出入较大者，就进一步审查。

第三步，对比审查。其方法是：

（1）经分析对比，如发现应取费用相差较大，应考虑建设项目的投资来源和工程类别及取费项目和取费标准是否符合现行规定；材料调价相差较大，则应进一步审查材料调价统计表，将各种调价材料的用量、单位差价及其调增数量等进行对比。

（2）经过分解对比，如发现土建工程预算价格出入较大，首先审查其土方和基础工程，因为±0.000以下的工程往往相差较大。再对比其余各个分部工程，发现某一分部工程预算价格相差较大时，再进一步对比各分项工程或工程细目。在对比时，先检查所列工程细目是否正确，预算价格是否一致。发现相差较大者，再进一步审查所套预算单价，最后审查该项工程细目的工程量。

4. 施工图预算审查的步骤

1）做好审查前的准备工作

（1）熟悉施工图纸。

(2) 了解预算包括的范围。

(3) 弄清预算采用的单位估价表。

2) 选择合适的审查方法,按相应内容审查

由于工程规模、繁简程度不同,施工方法和施工企业情况不一样,所编工程预算的质量也不同,因此,需选择适当的审查方法进行审查。综合整理审查资料,并与编制单位交换意见,定案后编制调整预算。审查后,需要进行增加或核减的,经与编制单位协商,统一意见后,进行相应的修正。

3.4 应用示例

【应用示例 3-1】 某拟建高层住宅现有 A、B、C 三种设计方案,各设计方案的单方造价如下。

方案 A: 1438 元/m^2。

方案 B: 1108 元/m^2。

方案 C: 1082 元/m^2。

方案的功能权重及各方案的功能得分如表 3-8 所示,试用价值工程进行方案选优。

表 3-8 方案的功能权重及各方案的功能得分表

方案功能	功能权重	方案功能得分		
		A	B	C
结构体系	0.25	10	10	8
模板类型	0.05	10	10	9
墙体材料	0.25	8	9	7
面积系数	0.35	9	8	7
窗户类型	0.10	9	7	8

【解】

知识点:价值工程在设计方案选优中的应用。

分 析:

(1) 计算各设计方案功能得分

方案 A: $0.25\times10+0.05\times10+0.25\times8+0.35\times9+0.1\times9=9.05$

方案 B: $0.25\times10+0.05\times10+0.25\times9+0.35\times8+0.1\times7=8.75$

方案 C: $0.25\times8+0.05\times9+0.25\times7+0.35\times7+0.1\times8=7.45$

(2) 计算各设计方案的功能系数

方案 A 功能系数: $\dfrac{9.05}{9.05+8.75+7.45}=0.3584$

方案 B 功能系数: $\dfrac{8.75}{9.05+8.75+7.45}=0.3465$

方案 C 功能系数: $\dfrac{7.45}{9.05+8.75+7.45}=0.295$

（3）计算各设计方案的成本系数

方案A成本系数： $\frac{1438}{1438+1108+1082}=0.3964$

方案B成本系数： $\frac{1108}{1438+1108+1082}=0.3054$

方案C成本系数： $\frac{1082}{1438+1108+1082}=0.2982$

（4）计算各设计方案的价值系数

方案A价值系数： $\frac{0.3584}{0.3964}=0.9054$

方案B价值系数： $\frac{0.3465}{0.3054}=1.1346$

方案C价值系数： $\frac{0.295}{0.2982}=0.9893$

（5）判断最优设计方案

因方案B的价值系数为1.1346，是三个设计方案中价值系数最大的方案，故B为最优设计方案。

【应用示例3-2】 某拟建办公楼8000m²，根据初步设计图纸计算的土建部分的工程量和从概算定额中查出的扩大单价如表3-9所示。假设拟建工程所在地的不可计量项目措施费率为工程费的10%，其他项目费为工程费与措施费之和的13%，规费为工程费与措施费之和的9%，综合税率为3.42%，且该拟建项目建设期间材料费调整系数为1.15（材料费占工程费比率为65%）。

试编制该办公楼土建部分的设计概算造价和单方造价。

表3-9 扩大单价

分部工程名称（土建部分）	单 位	工程量	扩大单价（元）
基础工程	$10m^3$	280	3600
混凝土及钢筋混凝土	$10m^3$	320	8500
砌筑工程	$10m^3$	370	5500
地面工程	$100m^2$	150	2500
楼面工程	$100m^2$	180	2800
卷材屋面	$100m^2$	54	6300
门窗工程	$100m^2$	65	7100
脚手架	$100m^2$	240	950

【解】

知识点：概算定额法的运用。

分 析：根据已知条件编制的办公楼土建部分的设计概算造价和单方造价如表3-10所示。税金计算时，计算基数为工程费、措施费、其他项目费、规费与材料价差之和。

表 3-10 办公楼土建部分的设计概算造价和单方造价

序号	分部工程或费用名称	单位	工程量	扩大单价(元)	合价(万元)
1	基础工程	$10m^3$	280	3600	100.8
2	混凝土及钢筋混凝土	$10m^3$	320	8500	272
3	砌筑工程	$10m^3$	370	5500	203.5
4	地面工程	$100m^2$	150	2500	37.5
5	楼面工程	$100m^2$	180	2800	50.4
6	卷材屋面	$100m^2$	54	6300	34.02
7	门窗工程	$100m^2$	65	7100	46.15
8	脚手架	$100m^2$	240	950	22.8
A	工程费小计	以上1～7项之和			774.37
B	措施费	$A\times10\%+22.8$			100.237
C	其他项目费	$(A+B)\times13\%$			113.6989
D	规费	$(A+B)\times9\%$			78.7146
E	材料价差	$A\times65\%\times0.15$			75.5011
F	税金	$(A+B+C+D+E)\times3.42\%$			39.0742
土建部分概算造价		$A+B+C+D+E+F$			1181.5958
单方造价		1181.5958÷8000			1476.99(元/m^2)

【应用示例 3-3】 某大学新建的框架结构教学楼，建筑面积为 $8000m^2$，土建部分的工程费为 693 元 /m^2，其中毛石基础费为 70 元 /m^2。现该大学拟再建一栋 11 000m^2 的框架结构教学楼，采用了钢筋混凝土带形基础，估算单价为 110 元 /m^2，其他结构相同。求拟建教学楼土建部分工程费造价。

【解】

知识点：概算指标法的运用。

分　析：因拟建教学楼与新建成的教学楼建设时间相近，且在同一地点、结构形式相同，故不考虑两建筑的差异，可采用新建教学楼的土建工程费单价为概算指标，用于估算拟建教学楼的土建工程费即可。但因两栋建筑的基础不同，需要进行修正。

拟建教学楼修正后的土建工程费概算指标为

$$\begin{aligned}\text{修正后概算指标} &= \text{原概算指标} - \text{换出部分价值} + \text{换入部分价值}\\ &= 693 - 70 + 110 = 733(\text{元}/m^2)\end{aligned}$$

拟建教学楼土建部分的工程费概算值：

$$11\,000 \times 733 = 8\,063\,000(\text{元})$$

算出教学楼土建部分的工程费概算值后，可参照概算定额法(应用示例 3-2)的计算程序和方法，计算出拟建教学楼土建部分的措施费、其他项目费、规费、税金等，从而求出拟建教学楼土建部分的概算造价和单方造价。

【应用示例 3-4】 某地 2018 年拟建办公楼，建筑面积为 12 000m^2，因初步设计深度不够，编制土建部分概算时采用了 2014 年建成的 $8500m^2$ 某类似办公楼预算造价资料。类似办公楼造价数据及市场调查获得的 2018 年第一季度相关价格资料如表 3-11 所示。假设拟建新办公楼所在地区的利润率为人工费与机具使用费之和的 12%，综合税率为 3.42%。试求：

(1) 类似办公楼成本造价和平方米成本造价。

(2) 用类似工程预算法编制拟建办公楼的概算造价和平方米造价(计算结果保留到整数)。

表 3-11 相关造价数据资料

序号	名　称	单位	数量	2014 年单价(元)	2018 年第一季度单价(元)
1	人工	工日	44 908	80	105
2	钢筋	t	367	3700	4100
3	型钢	t	186	3900	4300
4	木材	m^3	290	1250	1500
5	水泥	t	1821	540	620
6	砂子	m^3	3563	110	130
7	石子	m^3	3978	95	115
8	砖	千块	1300	350	400
9	木门窗	m^2	1577	530	610
10	其他材料	万元	210		调增系数 10%
11	机具使用费	万元	123		调增系数 10%
12	企业管理费占人工费＋机具使用费比例			25%	26%
13	规费占人工费＋机具使用费比例			20%	21%

【解】

知识点：类似工程预算法编制概算的运用。

分　析：

(1) 类似办公楼成本造价和平方米成本造价

类似办公楼人工费 ＝ 44 908 × 80 ＝ 3 592 640(元)

类似办公楼材料费 ＝ 367 × 3700 ＋ 186 × 3900 ＋ 290 × 1250 ＋ 1821 × 540 ＋ 3563 × 110 ＋ 3978 × 95 ＋ 1300 × 350 ＋ 1577 × 530 ＋ 2 100 000 ＝ 7 589 790(元)

类似办公楼机具使用费 ＝ 1 230 000 元

类似办公楼土建部分人工费＋材料费＋机具使用费 ＝ 3 592 640 ＋ 7 589 790 ＋ 1 230 000 ＝ 12 412 430(元)

类似办公楼企业管理费 ＝ (3 592 640 ＋ 1 230 000) × 25% ＝ 1 205 660(元)

类似办公楼利润 ＝ (3 592 640 ＋ 1 230 000) × 12% ＝ 578 716.8(元)

类似办公楼规费 ＝ (3 592 640 ＋ 1 230 000) × 20% ＝ 964 528(元)

类似办公楼成本造价 ＝ 人工费 ＋ 材料费 ＋ 机具使用费 ＋ 企业管理费 ＋ 规费
＝ 3 592 640 ＋ 7 589 790 ＋ 1 230 000 ＋ 1 205 660 ＋ 964 528
＝ 14 582 618(元)

类似办公楼平方米成本造价 $= \frac{14\ 582\ 618}{8500} = 1715(元/m^2)$

(2) 拟建新办公楼的概算造价和平方米造价

首先求出类似办公楼人工费、材料费、机具使用费、企业管理费、规费等占其预算成本造价的百分比。然后,求出拟建新办公楼的人工费、材料费、机具使用费、企业管理费、规费与类似办公楼之间的差异系数。进而求出综合调整系数(K)和拟建新住宅的概算造价。

① 求类似办公楼各费用占其成本造价的百分比:

$$人工费占成本造价百分比 = \frac{3\ 592\ 640}{14\ 582\ 618} \approx 24.64\%$$

$$材料费占成本造价百分比 = \frac{7\ 589\ 790}{14\ 582\ 618} \approx 52.05\%$$

$$机具使用费占成本造价百分比 = \frac{1\ 230\ 000}{14\ 582\ 618} \approx 8.43\%$$

$$企业管理费占成本造价百分比 = \frac{1\ 205\ 660}{14\ 582\ 618} \approx 8.27\%$$

$$规费占成本造价百分比 = \frac{964\ 528}{14\ 582\ 618} \approx 6.61\%$$

② 求拟建新办公楼与类似办公楼在各项费上的差异系数:

$$人工费差异系数(K_1) = \frac{105}{80} \approx 1.31$$

$$\begin{aligned}材料费差异系数(K_2) &= (367 \times 4100 + 186 \times 4300 + 290 \times 1500 + 1821 \times 620 \\ &\quad + 3563 \times 130 + 3978 \times 115 + 1300 \times 400 + 1577 \times 610 \\ &\quad + 2\ 100\ 000 \times 1.1) \div 7\ 589\ 790 \\ &= 8\ 581\ 150 \div 7\ 589\ 790 \approx 1.13\end{aligned}$$

$$机具使用费差异系数(K_3) = 1.1$$

$$企业管理费差异系数(K_4) = \frac{(44\ 908 \times 105 + 1\ 230\ 000 \times 1.1) \times 26\%}{1\ 205\ 660} \approx 1.31$$

$$规费差异系数(K_5) = \frac{(44\ 908 \times 105 + 1\ 230\ 000 \times 1.1) \times 21\%}{964\ 528} \approx 1.32$$

③ 求综合调价系数(K):

$$\begin{aligned}K &= 24.64\% \times 1.31 + 52.05\% \times 1.13 + 8.43\% \times 1.1 + 8.27\% \times 1.31 \\ &\quad + 6.61\% \times 1.32 \\ &\approx 1.2\end{aligned}$$

④ 求拟建新办公楼概算造价:

$$\begin{aligned}拟建新办公楼概算造价 &= 成本造价 + 利润 + 税金 \\ &= \left[1715 \times 1.2 \times 12\ 000 + \frac{44\ 908 \times 105 + 1\ 230\ 000 \times 1.1}{8500} \times 12\ 000 \times 12\%\right] \times (1 + 3.42\%) \\ &= 26\ 603\ 811(元) \approx 2660(万元)\end{aligned}$$

⑤ 求拟建新办公楼单方概算造价：

$$\text{拟建新办公楼单方概算造价}=\frac{26\,603\,811}{12\,000}\approx 2217(\text{元}/\text{m}^2)$$

习　题

一、单项选择题

1. 关于工程设计与工程造价间的关系，下面说法不正确的是（　　）。
   A. 初步设计对应设计概算
   B. 施工图设计阶段需做工程预算
   C. 设计交底时可能发生工程价款的调整
   D. 设计准备工作期间需完成修正概算

2. 掌握建设地点的外部环境和客观情况，了解业主对工程的具体要求和目前建筑行业所具有的施工技术水平，属于（　　）期间应做的工作。
   A. 设计前准备　　B. 初步设计
   C. 技术设计　　D. 设计交底和配合施工

3. 设计方案竞选的目的实际上是（　　）。
   A. 为拟建的工程项目选择一家有资质的设计企业
   B. 为拟建的工程项目选择一个业主中意的设计方案
   C. 为拟建的工程项目选择一家业主认为最好的设计公司
   D. 为拟建的工程项目选择一家及以上符合政府规定的设计单位

4. 在设计方案中应用价值工程追求的是（　　）。
   A. 尽可能降低拟建项目的工程成本
   B. 尽可能提高拟建项目的使用功能
   C. 在降低工程成本的同时提高使用功能
   D. 使拟建项目的功能和成本配置最佳

5. （　　）是拟建工程项目建设投资的最高限额。
   A. 拟建工程项目的投资估算　　B. 经批准的拟建项目的设计概算
   C. 经审核的拟建项目的施工图预算　　D. 拟建项目开工前的造价调整值

6. 关于单位工程概算，下面说法中不正确的是（　　）。
   A. 单位工程概算是单项工程综合概算的组成部分
   B. 单位工程概算可分为建筑工程概算和设备及安装工程概算
   C. 土建工程概算属于单位工程概算中的建筑工程概算
   D. 通风、空调工程概算属于单位工程概算中的设备及安装工程概算

7. 某工程共有三个设计方案。方案一的功能评价系数为0.61，成本评价系数为0.55；方案二的功能评价系数为0.63，成本评价系数为0.6；方案三的功能评价系数为0.69，成本

评价系数为 0.50。则根据价值工程原理确定的最优方案为(　　)。

A. 方案一　　B. 方案二　　C. 方案三　　D. 无法确定

8. 运用价值工程优化设计方案所得的结果是：甲方案价值系数为 1.28，单方造价为 156 元；乙方案价值系数为 1.20，单方造价为 140 元；丙方案价值系数为 1.05，单方造价为 175 元；丁方案价值系数为 1.18，单方造价为 168 元。最佳方案为(　　)。

A. 甲　　B. 乙　　C. 丙　　D. 丁

9. 某建设项目有四个设计方案，其评价指标如下表所示，根据价值工程原理，最好的方案是(　　)。

方　案	甲	乙	丙	丁
功能评价总分	12	9	14	13
成本系数	0.22	0.18	0.35	0.25

A. 甲　　B. 乙　　C. 丙　　D. 丁

10. 当建设项目的初步设计达到一定深度，建筑结构比较明确时，编制建筑工程概算可以采用(　　)。

A. 单位工程指标法　　B. 概算指标法

C. 概算定额法　　D. 类似工程概算法

11. 拟建砖混结构住宅工程，其外墙采用贴釉面砖，每平方米建筑面积消耗量为 0.9m^2，釉面砖全费用单价为 50 元/m^2。类似工程概算指标为 58 050 元/100m^2，外墙采用水泥砂浆抹面，每平方米建筑面积消耗量为 0.92m^2，水泥砂浆抹面全费用单价为 9.5 元/m^2，则该砖混结构工程修正概算指标为(　　)。

A. 571.22　　B. 616.72　　C. 625.00　　D. 633.28

12. (　　)不能用于建筑工程概算的编制。

A. 概算定额法　　B. 类似工程预算法

C. 朗格系数法　　D. 概算指标法

13. 施工图预算审查的主要内容不包括(　　)。

A. 审查工程量　　B. 审查预算单价套用

C. 审查其他有关费用　　D. 审查材料代用是否合理

14. 审查施工图预算的方法很多，其中全面、细致、质量高的审查方法是(　　)。

A. 分组计算审查法　　B. 对比法

C. 全面审查法　　D. 筛选法

15. 当设计图纸较简单，无法根据图纸计算出详细的实物工程量时，可采用(　　)编制建筑工程概算。

A. 概算定额法　　B. 类似工程预算法

C. 朗格系数法　　D. 概算指标法

16. 当初步设计深度不够，只有设备出厂价而无详细规格、重量时，可采用(　　)编制设备安装工程费概算。

A. 预算单价法　　B. 扩大单价法

C. 设备价值百分比法　　D. 综合吨位指标法

17. 下面说法中不正确的是(　　)。

A. 总概算表应反映静态投资和动态投资两部分

B. 设计概算采用的各种编制依据必须经过国家和授权机关的批准

C. 设计概算的审查必须由政府主管部门进行

D. 单项工程概算文件必须有编制说明

18. 通过审查设计概算将有助于(　　)。

A. 加快概算的编制速度　　B. 提高概算的编制质量

C. 保障工程的建设质量　　D. 保证概算的透明程度

19. 施工图预算审查的内容不包括(　　)。

A. 对工程量的审查　　B. 对设备材料预算价格的审查

C. 对施工管理人员的审查　　D. 对预算单价套用的审查

20. 施工图预算可以采用(　　)进行编制。

A. 生产能力指数法　　B. 单位建筑面积法

C. 类似工程预算法　　D. 综合单价法

二、多项选择题

1. 下面属于施工图设计内容的工作是(　　)。

A. 拟建工程效果图的绘制

B. 拟建工程各分部分项工程详图的绘制

C. 拟建工程模型的制作

D. 拟建工程结构构件明细表的编制

E. 拟建工程的验收标准或方法

2. 工程设计中所说的“三阶段设计”是指(　　)。

A. 对拟建项目进行的景观设计

B. 对拟建项目进行的初步设计

C. 对拟建项目进行的技术设计

D. 对拟建项目进行的装饰设计

E. 对拟建项目进行的施工图设计

3. 设计招标应具备的条件有(　　)。

A. 拟建项目已按规定履行审批手续并取得批准

B. 设计所需资金已经落实

C. 主要材料的供应有保障

D. 勘察资料已经收集完成

E. 施工现场的环保措施已准备就绪

4. 设计概算可分为(　　)三级。

A. 单位工程概算　　B. 建筑工程概算　　C. 设备及安装工程概算

D. 单项工程综合概算　　E. 建设项目总概算

5. 设计概算编制依据的审查内容有(　　)。

A. 编制依据的合法性　　B. 编制依据的权威性

C. 编制依据的准确性　　D. 编制依据的时效性

E. 编制依据的适用范围

6. 价值工程的工作程序可以分为(　　)。

A. 准备阶段　B. 分析阶段　C. 创新阶段

D. 实施阶段　E. 收获阶段

7. 审查设计概算常用的方法有(　　)。

A. 单位估价法　B. 对比分析法　C. 联合会审法

D. 总结归纳法　E. 查询核实法

8. 在审查施工图预算时,(　　)应该进行审查。

A. 工艺流程　B. 工程量　C. 施工效果

D. 采用的定额或指标　E. 材料预算价格

9. 进行施工图预算审查时,需要做好的工作有(　　)。

A. 与设计人员进行充分的沟通　B. 提前熟悉施工图纸

C. 了解预算包括的范围　D. 掌握施工企业的资质等级

E. 弄清预算采用的单位估价表

10. 单位工程概算可分为建筑工程概算和设备及安装工程概算两大类,下面属于建筑工程概算的是(　　)。

A. 给排水工程概算　B. 电气工程概算

C. 生产家具购置费概算　D. 特殊构筑物工程概算

E. 热力设备及安装工程概算

第4章 招投标阶段造价控制

主要内容

1. 施工招标的公开招标、邀请招标、直接委托。
2. 进行施工招标时建设项目与建设单位应具备的条件。
3. 施工招标的流程。
4. 施工投标单位应具备的条件、对投标人的要求。
5. 施工企业投标的流程，开标、评标与中标。
6. 工程标底与投标报价，工程合同价的形式。

工程招标是招标人择优选择承包人的过程，工程投标是承包人通过投标竞争承揽工程的过程。工程招投标是市场经济的产物，政府推行工程招投标的目的，是要在建筑市场中建立竞争机制，以保障建设工程的质量、工期和造价。

工程招投标对造价的控制具有非常重要的影响，主要表现在以下几方面。

(1) 从业主角度看，通过竞争确定出的工程价格将有利于节约投资。

(2) 从社会角度看，每个投标人想要中标必须控制报价，这就迫使承包人在降低自身劳动消耗水平上下功夫，从而降低社会平均劳动消耗水平，使工程价格更为合理。

(3) 从承包商角度看，工程招投标给优质承包商(即报价较低、工期较短、具有良好业绩和管理水平者)提供了平台，体现了公开、公平、公正。

4.1 施工招标

施工招标是指招标人的拟建工程项目在完成工程设计后，通过发布招标通告或邀请书，吸引施工企业参加竞争，招标人从中择优选定施工企业完成施工任务。施工招标可分为全部工程招标、单项工程招标和专业工程招标。

4.1.1 施工招标方式

《中华人民共和国招标投标法》规定的招标分为公开招标和邀请招标。《工程建设项目施工招标投标办法》(国务院七部委2003年联合发布)规定，工程施工招标可为公开招标和邀请招标，但对于某些特殊项目也可直接委托。

1. 公开招标

公开招标又称无限竞争招标，是指招标单位通过报刊、广播、电视等方式发布招标广告，有意向的承包商均可参加资格审查，合格的承包商可购买招标文件，参加工程施工投标。

公开招标的优点是投标的承包商多、范围广、竞争激烈，业主有较大的选择余地，有利于降低工程造价、提高工程质量和缩短工期。缺点是投标的承包商多，招标工作量大，组织工作复杂，需投入较多的人力、物力，招标过程所需时间较长。

国务院发展计划部门确定的国家重点建设项目和各省、自治区、直辖市人民政府确定的地方重点建设项目，以及全部使用国有资金投资或者国有资金投资占控股或者主导地位的工程建设项目，应当公开招标。

2. 邀请招标

邀请招标又称有限竞争性招标。这种招标方式不发布广告，业主根据自己的经验和所掌握的信息资料，向有承担该项工程施工能力的三个以上(含三个)承包商发出招标邀请书，收到邀请书的单位才有资格参加投标。

邀请招标的优点是目标集中，招标的组织工作较容易，工作量比较小。缺点是参加的投标单位较少，竞争性较差，招标单位对投标单位的选择余地较少，如果招标单位在选择邀请单位前所掌握的信息资料不足，则会失去发现最适合承担该项目的承包商的机会。

邀请招标应具备的条件如下：

(1) 项目技术复杂或有特殊要求，只有少量几家潜在投标人是可供选择的。

(2) 受自然地域环境限制的。

(3) 涉及国家安全、国家秘密或者抢险救灾，适宜招标但不宜公开招标的。

(4) 拟公开招标的费用与项目的价值相比，不值得的。

(5) 法律、法规规定不宜公开招标的。

3. 直接委托

根据《工程建设项目施工招标投标办法》规定，有下列情形之一的，经主管审批部门批准，可以不进行施工招标。

(1) 涉及国家安全、国家秘密或者抢险救灾而不适宜招标的。

(2) 属于利用扶贫资金实行以工代赈需要使用农民工的。

(3) 施工主要技术采用特定的专利或者专有技术的。

(4) 施工企业自建自用的工程，且该施工企业资质等级符合工程要求的。

(5) 在建工程追加的附属小型工程或者主体加层工程，原中标人仍具备承包能力的。

(6) 国家规定的其他情形。

4.1.2 施工招标条件

施工招标条件分为对建设项目要求的条件和对建设单位要求的条件两方面。

1. 建设项目进行施工招标应具备的条件

(1) 招标人已经依法成立。

(2) 初步设计及概算应当履行审批手续的，已经批准。

(3) 招标范围、招标方式和招标组织形式等应当履行核准手续的，已经核准。

(4) 有相应资金或资金来源已经落实。

(5) 有招标所需的设计图纸及技术资料。

2. 建设单位组织施工招标应具备的条件

(1) 是法人或依法成立的其他组织。

(2) 有与招标工程相适应的经济、技术管理人员。

(3) 有组织编制招标文件的能力。

(4) 有审查投标单位资质的能力。

(5) 有组织开标、评标、定标的能力。

不具备上述条件的建设单位,须委托具有相应资质的中介机构代理招标,建设单位与中介机构签订委托代理招标的协议,并报政府招标主管部门备案。

4.1.3　施工招标程序

建设项目施工招标流程如图 4-1 所示。

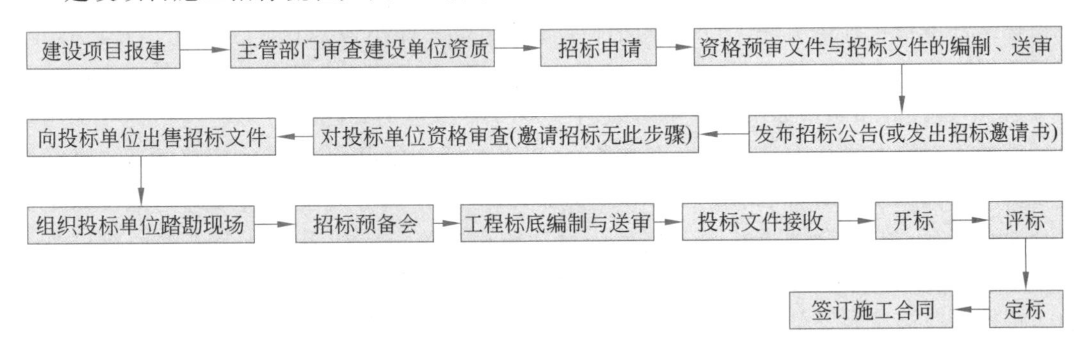

图 4-1　建设项目施工招标流程

1. 建设项目报建

《工程建设项目报建管理办法》规定,凡在我国境内投资兴建的工程建设项目,都必须实行报建制度,接受当地建设行政主管部门的监督管理。当建设项目的立项批准文件或投资计划下达后,建设单位按规定要求报建,并由建设行政主管部门审批。建设项目报建是建设单位招标活动的前提。

报建范围:各类房屋建筑(包括新建、改建、扩建、翻修等)、土木工程(包括道路、桥梁、基础打桩等)、设备安装、管道线路铺设和装修等建设工程。

报建主要内容:工程名称、建设地点、投资规模、工程规模、发包方式、计划开竣工日期和工程筹建情况。

2. 主管部门审查建设单位资质

主管部门审查建设单位资质是指政府招标管理机构审查建设单位是否具备施工招标条件。不具备有关条件的建设单位,须委托具有相应资质的中介机构代理招标,建设单位与中介机构签订委托代理招标的协议,并报招标管理机构备案。

3. 招标申请

招标申请是指由招标单位填写"建设工程招标申请表",经上级主管部门批准后,连同"工程建设项目报建审查登记表"一起报招标管理机构审批。

申请表的主要内容:工程名称、建设地点、招标建设规模、结构类型、招标范围、招标方式、要求施工企业等级、施工前期准备情况(土地征用、拆迁情况、勘察设计情况、施工现场条件等)、招标机构组织情况。

4. 资格预审文件与招标文件的编制、送审

资格预审文件是指公开招标时,招标人设定了一些条件(如投标企业的资质、工程经历的要求等),对参加投标的施工单位进行资格预审,只有通过资格预审的施工单位才可以参加投标。资格预审文件和招标文件都必须经过招标管理机构审查,审查同意后方可刊登资格预审通告、招标通告。邀请招标没有资格预审的环节,但必须遵守《中华人民共和国招标投标法》规定,邀请投标的单位不得少于三家。

5. 发布招标公告(或发出招标邀请书)

《工程建设项目施工招标投标办法》规定,招标人可以通过信息网络或者其他媒介发布招标文件,通过信息网络或者其他媒介发布的招标文件与书面招标文件具有同等法律效力,但出现不一致时以书面招标文件为准。招标人应按招标公告或邀请书规定的时间、地点出售招标文件或资格预审文件。自招标文件或资格预审文件出售之日起至停止出售之日止,最短不得少于5个工作日。

《中华人民共和国招标投标法实施条例》(2012年2月1日起施行)规定,招标人采用资格预审办法对潜在投标人进行资格审查的,应当发布资格预审公告、编制资格预审文件。依法必须进行招标项目的资格预审公告和招标公告,应当在国务院发展改革部门依法指定的媒介发布。在不同媒介发布的同一招标项目的资格预审公告或者招标公告的内容应当一致。指定媒介发布依法必须进行招标的项目的境内资格预审公告、招标公告,不得收取费用。招标人应当按照资格预审公告、招标公告或者投标邀请书规定的时间、地点发售资格预审文件或招标文件。资格预审文件或招标文件的发售期不得少于5日。

6. 对投标单位资格审查

资格审查分为资格预审和资格后审。资格预审是指在投标前对潜在投标人进行的资格审查。资格后审是指在开标后对投标人进行的资格审查。进行资格预审的,一般不再进行资格后审。

资格审查时,招标人不得以不合理的条件限制、排斥潜在投标人或者投标人,不得对潜在投标人或者投标人实行歧视待遇。

经资格预审后,招标人应当向资格预审合格的潜在投标人发出资格预审合格通知书,告知获取招标文件的时间、地点和方法,并同时向资格预审不合格的潜在投标人告知资格预审结果。资格预审不合格的潜在投标人不得参加投标。经资格后审不合格的投标人的投标应作废标处理。

7. 向投标单位出售招标文件

向投标单位出售招标文件是指招标人将招标文件、图纸和有关技术资料出售给通过资格预审获得投标资格的投标单位。投标单位收到招标文件、图纸和有关资料后,应认真核对。核对无误后,应以书面形式予以确认。

8. 组织投标单位踏勘现场

招标单位组织通过资格预审的投标单位进行现场勘察,目的在于了解工程场地和周围环境情况,以获取投标单位认为有必要的信息。《中华人民共和国招标投标法》规定,招标人根据招标项目的具体情况,可以组织潜在投标人踏勘项目现场。《中华人民共和国招标投标法实施条例》规定，招标人不得组织单个或者部分潜在投标人踏勘项目现场。《工程建设项目施工招标投标办法》规定，招标人不得单独或者分别组织任何一个投标人进行现场踏勘。

9. 招标预备会

招标预备会由招标单位组织，建设单位、设计单位、施工单位参加。目的在于澄清招标文件中的疑问，解答投标单位对招标文件和勘察现场中所提出的疑问和问题。根据《工程建设项目施工招标投标办法》规定，对于潜在投标人在阅读招标文件和现场踏勘中提出的疑问，招标人可以书面形式或召开投标预备会的方式解答，但需同时将解答以书面方式通知所有购买招标文件的潜在投标人。该解答的内容为招标文件的组成部分。根据《中华人民共和国招标投标法》规定，招标人对已发出的招标文件进行必要的澄清或者修改的，应当在招标文件要求提交投标文件截止时间至少15日前，以书面形式通知所有招标文件收受人，该澄清或者修改的内容为招标文件的组成部分。按照《中华人民共和国招标投标法实施条例》规定，不足15日的，招标人应当顺延提交资格预审申请文件或者投标文件的截止时间；潜在投标人对招标文件有异议的，应当在投标截止时间10日前提出。招标人应当自收到异议之日起3日内做出答复；做出答复前，应当暂停招标投标活动。

10. 工程标底编制与送审

施工招标可编制标底，也可不编。若编制标底，当招标文件的商务条款一经确定，即可进入编制，标底编制完后应将必要的资料报送招标管理机构审定。若不编制标底，一般用投标单位报价的平均值作为评标价或者实行合理低价中标。

11. 投标文件接收

投标文件接收是指投标单位根据招标文件的要求，编制投标文件，并进行密封和标记，在投标截止时间前按规定的地点递交至招标单位。招标单位接收投标文件并将其秘密封存。依法必须进行招标的项目，自招标文件开始发出之日起至投标人提交投标文件截止之日止，最短不得少于20日。根据《工程建设项目施工招标投标办法》规定，投标文件有下列情形之一的，招标人不予受理：逾期送达的或者未送达指定地点的；未按招标文件要求密封的。

12. 开标

在投标截止日期后，按规定时间、地点，在投标单位法定代表人或授权代理人在场的情况下举行开标会议，按规定的议程进行开标。

13. 评标

由招标代理、建设单位上级主管部门协商，按有关规定成立评标委员会，在招标管理机构监督下，依据评标原则、评标方法，对投标单位报价、工期、质量、施工方案或施工组织设计、以往业绩、社会信誉、优惠条件等方面进行综合评价，公正合理择优选择中标单位。

14. 定标

招标单位一般应当在15日内确定中标人，最迟应当在投标有效期结束日30个工作日前确定。中标单位选定后，由招标管理机构核准，获准后招标单位向中标单位发出“中标通知书”。

15. 签订施工合同

招标人和中标人应当自中标通知书发出之日起30日内，按照招标文件和中标人的投标文件订立书面施工合同。

在施工招投标中，招标公告(投标邀请书)、招标文件、开标、评标是施工招标程序中的关键环节。准确的招标公告能起到吸引优秀施工企业前来投标的作用；详细、完整、系统的招标文件是投标单位进行客观报价、编制投标文件的基础；客观公正的开标、评标是最终正确选择优秀、合适承包商的前提。

4.2 施工投标

施工投标是指具有合法资格和能力的施工企业根据招标条件，经过初步研究和估算，在指定期限内填写标书，提出报价，并等候开标，决定能否中标的经济活动。

4.2.1 施工投标基本要求

1. 投标单位的基本条件

(1) 应具备与投标项目相适应的技术力量、机械设备、人员、资金等方面的能力，具有承担该招标项目的能力。

(2) 应具有招标条件要求的资质等级，并为独立的法人单位。

(3) 承担过类似项目的相关工作，并有良好的工作业绩与履约记录。

(4) 企业财产状况良好，没有处于财产被接管、破产或其他关、停、并、转状态。

(5) 近3年没有违法行为。

(6) 近几年有较好的安全记录，投标当年没有发生重大质量和特大安全事故。

2. 投标的基本要求

(1) 投标人应当按照招标文件的要求编制投标文件，投标文件应当对招标文件提出的要求和条件做出实质性响应。

(2) 投标人应当在招标文件所要求提交投标文件的截止时间前，将投标文件送达投标地点。

(3) 投标人在招标文件要求提交投标文件的截止时间前，可以补充、修改或者撤回已提交的投标文件，并书面通知招标人，其补充、修改的内容为投标文件的组成部分。

(4) 投标人根据招标文件载明的项目实际情况，拟在中标后将中标项目的部分非主体、非关键性工作交由他人完成的，应当在投标文件中载明。

(5) 两个以上法人或者其他组织可以组成一个联合体，以一个投标人的身份共同投标，联合体各方均应当具备承担招标项目的相应能力，国家有关规定或者招标文件对投标人资格条件有规定的，联合体各方均应当具备规定的相应资格条件。

(6) 投标人不得相互串通投标报价，不得排挤其他投标人的公平竞争，损害招标人或者他人的合法权益。

(7) 投标人不得以低于合理预算成本的报价竞标，也不得以他人名义投标或者以其他方式弄虚作假，骗取中标。

4.2.2 施工投标程序

施工企业投标流程如图 4-2 所示。

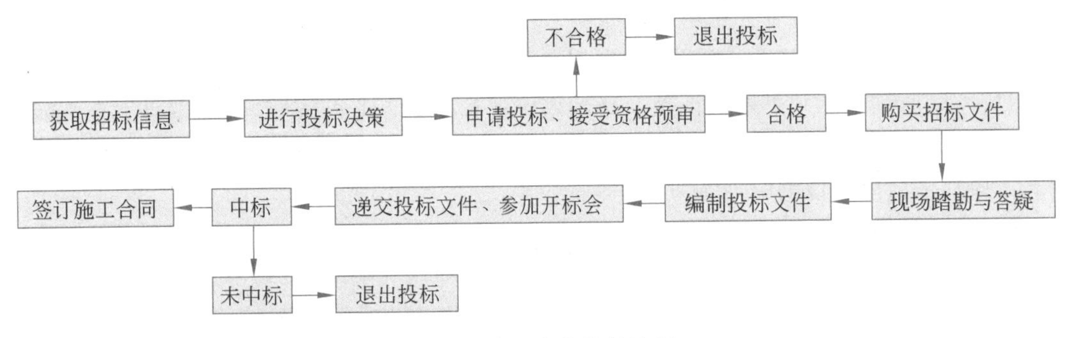

图 4-2 施工企业投标流程

1. 获取招标信息

获取工程招标信息是施工企业承揽工程的第一步，也是最关键的一步。对于公开招标的施工项目，在各地政府的招投标中心、报刊、杂志、各地方的招标投标网站会经常公布拟招标的工程项目信息，需要施工企业时常关注。对于邀请招标的施工项目，建设单位往往是有目标地选择一些施工企业，这需要施工企业在平时的工程施工中建立良好的形象，在社会上有一定的影响力才能被选中。

2. 进行投标决策

施工企业进行投标、承揽工程施工的目的是为了盈利，是为了保证企业的生存和发展。投标是一项耗费人力、物力、财力的经济活动，如果不能中标，投入的资源被白白浪费，得不偿失；如果招标单位条件苛刻，即使中标也无利可图，搞不好还要亏损，则更不划算。因此，对施工企业而言，并不是每标必投，而是需要研究投标的决策问题。

投标决策需要解决两个问题。

(1) 对某个招标工程是投标还是不投标。

(2) 如果准备投标，将采用什么策略才能既保证中标，又能够在中标后盈利。

施工企业的决策班子必须要充分认识投标决策的重要意义，在全面分析的基础上做出投标决策。

3. 申请投标、接受资格预审

对于要求进行资格预审的某个招标项目，如果施工企业准备进行投标，就要按照招标公告的规定认真准备资格预审时需要的材料，如：营业执照、资质证书、所承担过的与招标项目类似工程的施工合同、获奖证书等，以便能够顺利地通过资格预审。

招标单位会将资格预审结果以书面形式通知所有参加预审的施工企业，对资格预审合格的单位，以书面形式通知其准备投标。

4. 购买招标文件

通过资格预审的施工企业，可在规定的时间内(一般为 5 天)到招标公告规定的地点去购买招标文件。招标文件和有关资料的费用由投标人自理，图纸的获得需要投标人提交押金，图纸押金于开标后退还。施工企业在获得招标文件、图纸和有关资料后，要认真核对，无误后以书面形式确认。

5. 现场踏勘与答疑

按照国际惯例，施工企业提出的投标报价一般被认为是在现场考察基础上编制的。一旦报价单提出，投标者无权因为现场考察不周、情况了解不细、因素考虑不全面而提出修改投标文件、调整报价或者是提出补偿要求等。

施工企业在踏勘现场前，要仔细研究招标文件，特别是文件中的工作范围、专用条款，以及设计图纸和说明，做到事前有准备。在踏勘中要把自己关心的问题弄清楚，对于不明白的地方要做记录，并在招标答疑会提出，要求招标单位以书面的形式做出回答。招标单位的书面答疑将作为合同文件的组成部分。

6. 编制投标文件

施工企业所做的投标前期准备工作，对招标文件的所有响应，最终都是通过投标文件进行反映。评标委员会确认废标与中标要在投标文件中找出相应的依据，建设单位选择谁或不选择谁，也是要根据投标文件的情况做出最后决定。所以施工企业应对投标文件的编制工作给予足够的重视，力求递交的投标文件是一份内容上完整、实质上响应、价格上有竞争力、制作上精美的投标文件。

根据我国现行的建设工程相关法律规定，建设工程项目施工招标的投标文件一般包括投标书、投标报价、施工组织设计(或施工方案)、商务和技术偏离表、辅助资料表和招标文件要求提供的其他文件等方面的内容。实际施工项目的招标类型有所不同(如房屋施工、桥梁施工、道路施工等)，其投标文件的组成会有一定的区别，但不存在实质性的差异。

7. 递交投标文件、参加开标会

施工企业在递交投标文件前，需要向招标单位提交投标保证金。在正式递交时，要认真检查投标文件的装订是否有遗漏、需要盖企业公章之处是否盖全、法人代表和委托人签字之处是否签全、投标文件的正副本是否区分、投标文件的数量是否符合规定等。当确认无误后，可在招标文件规定的截止时间之前递交投标文件。

施工企业在递交了投标文件后，要根据招标文件公布的时间和地点，按规定准时参加开标会。参加开标会之前应做一些必要的准备，在开标会中按招标单位的要求进行陈述。如果评标委员会对投标文件有疑问需要答疑的，投标单位还应该进行解释和澄清。

8. 中标、签订施工合同

施工企业在接到中标通知书后，应按中标通知书规定的时间，持中标通知书与招标单位签订施工合同，并同时缴纳履约保证金。根据《中华人民共和国招标投标法实施条例》规定，招标文件要求中标人提交履约保证金的，中标人应当按照招标文件的要求提交，履约保证金不得超过中标合同金额的10%。施工企业若不按中标通知书规定的时间提交履约保证金，招标单位则视中标人自动放弃中标，可另选其他中标候选人为中标单位，原中标单位的投标保证金不予退还。

4.2.3 开标、评标与中标

1. 开标

(1) 开标应当在投标截止时间后，按照招标文件规定的时间和地点公开进行。已建立建设工程交易中心的地方，开标应当在建设工程交易中心举行。

(2) 开标由招标单位主持，并邀请所有投标单位的法定代表人或者其代理人和评标委员会全体成员参加。建设行政主管部门及其工程招标投标监督管理机构依法实施监督。

(3) 开标的一般程序。

① 主持人宣布开标会议开始，介绍参加开标会议的单位、人员名单及工程项目的有关情况。

② 请投标单位代表确认投标文件的密封性。

③ 宣布公正、唱标、记录人员名单和招标文件规定的评标原则、定标办法。

④ 宣读投标单位的名称、投标报价、工期、质量目标、主要材料用量、投标担保或保函以及投标文件的修改、撤回等情况，并作当场记录。

⑤ 与会的投标单位法定代表人或者其代理人在记录上签字，确认开标结果。

⑥ 宣布开标会议结束，进入评标阶段。

(4) 投标文件有下列情形之一的，应当在开标时当场宣布无效。

① 未加密封或者逾期送达的。

② 无投标单位及其法定代表人或者其代理人印鉴的。

③ 关键内容不全、字迹辨认不清或者明显不符合招标文件要求的。

无效投标文件不得进入评标阶段。

(5) 公布标底。

对于编制标底的工程，招标单位可以规定在标底上下浮动一定范围内的投标报价为有效，并在招标文件中写明。在开标时，如果仅有少于三家的投标报价符合规定的浮动范围，招标单位可以采用加权平均的方法修订规定，或者宣布实行合理低价中标，或者重新组织招标。

2. 评标

(1) 评标由评标委员会负责。评标委员会的负责人由招标单位的法定代表人或者其代理人担任。评标委员会的成员由招标单位、上级主管部门和受聘的专家组成(如果委托招标代理或者工程监理的，应当有招标代理、工程监理单位的代表参加)为5人以上的单数，其中技术、经济等方面的专家不得少于2/3。

(2) 省、自治区、直辖市和地级以上城市建设行政主管部门，应当在建设工程交易中心建立评标专家库。评标专家须由从事相关领域工作满8年，并具有高级职称或者具有同等专业水平的工程技术人员、经济管理人员担任，并实行动态管理。

评标专家库应当拥有相当数量符合条件的评标专家，并可以根据需要，按照不同的专业和工程分类设置专业评标专家库。

(3) 招标单位根据工程性质、规模和评标的需要，可在开标前若干小时之内从评标专家库中随机抽取专家聘为评委。工程招标投标监督管理机构依法实施监督。专家评委与该工程的投标单位不得有隶属或者其他利害关系。

专家评委在评标活动中有徇私舞弊、显失公正行为的，应当取消其评委资格。

(4) 评标可采用合理低标价法或综合评估法。具体评标方法由招标单位决定，并在招标文件中载明。对于大型或者技术复杂的工程，可采用技术标、商务标两阶段评标法。

评标委员会可以要求投标单位对其投标文件中含义不清的内容作必要的澄清或者说

明，但其澄清或者说明不得更改投标文件的实质性内容。

任何单位和个人不得非法干预或者影响评标的过程和结果。

(5) 评标结束后，评标委员会应当编制评标报告。评标报告应包括下列主要内容。

① 招标情况，包括工程概况、招标范围和招标的主要过程。

② 开标情况，包括开标时间、地点、参加开标会议的单位和人员，以及唱标等情况。

③ 评标情况，包括评标委员会的组成人员名单，评标的方法、内容和依据，对各投标文件的分析论证及评审意见。

④ 对投标单位的评标结果排序，并提出中标候选人的推荐名单。

评标报告须经评标委员会全体成员签字确认。

3. 中标

1) 中标单位的选择

招标单位应当依据评标委员会的评标报告，并从其推荐的中标候选人名单中确定中标单位，也可以授权评标委员会直接选定中标单位。

实行合理低标价法评标的，在满足招标文件各项要求的前提下，投标报价最低的投标单位应当为中标单位，但评标委员会可以要求其对保证工程质量、降低工程成本拟采用的技术措施做出说明，并据此提出评价意见，供招标单位定标时参考。实行综合评估法，得票最多或者得分最高的投标单位应当为中标单位。

招标单位未按照推荐的中标候选人排序确定中标单位的，应当在其招标投标情况的书面报告中说明理由。

2) 定标

在评标委员会提交评标报告后，招标单位应当在招标文件规定的时间内完成定标。定标后，招标单位须向中标单位发出《中标通知书》，《中标通知书》的实质内容应当与中标单位投标文件的内容相一致。

自《中标通知书》发出之日 30 日内，招标单位应当与中标单位签订合同，合同价应当与中标价相一致，合同的其他主要条款应当与招标文件、《中标通知书》相一致。

中标后，除不可抗力外，中标单位拒绝与招标单位签订合同的，招标单位可以不退还其投标保证金，并可以要求赔偿相应的损失；招标单位拒绝与中标单位签订合同的，应当双倍返还其投标保证金，并赔偿相应的损失。

中标单位与招标单位签订合同时，应当按照招标文件的要求，向招标单位提供履约保证。履约保证可以采用银行履约保函(一般为合同价的 5%～10%)，或者其他担保方式(一般为合同价的 10%～20%)。招标单位应当向中标单位提供工程款支付担保。

4.3 招投标中的造价控制

4.3.1 工程标底与投标报价

1. 招标工程标底

工程标底是指招标人根据招标项目的具体情况，编制的完成该项目施工所需的全部费用，是依据国家规定的计价依据和计价办法计算出来的工程造价，是招标人对建设工程的期望价格。在国外，标底被称为“估算成本”（如世行、亚行等）、“合同估价”（如世贸组织《政府采购协议》）。

标底由成本、利润、税金组成，一般应控制在批准的总概算及投资包干限额内。

我国的《招标投标法》没有明确规定招标工程是否必须设置标底价格，招标人可根据工程的实际情况自己决定是否需要编制标底。一般情况下，即使采用无标底招标方式进行工程招标，招标人在招标时还是需要对招标工程的建造费用做出估计，从而在心中有一个基本价格底数，同时也可对各个投标报价的合理性做出理性的判断。标底可以起到：为招标人控制建设工程投资、为确定工程合同价格提供参考和衡量投标人投标报价是否合理的依据。

标底价格必须以严肃认真的态度和科学的方法进行编制，应当实事求是，综合考虑和体现发包方与承包方的利益。招标人不得以各种原因任意压低标底价格。招标工程的标底价格可由具有编制招标文件能力的招标人自行编制，也可委托具有相应资质和能力的工程造价咨询机构、招标代理机构和监理单位编制。

一个工程只能编制一个标底。工程标底价格完成后应及时封存，在开标前应严格保密，所有接触过工程标底价格的人员都不得泄露标底。

2. 施工企业投标报价

投标报价对施工企业而言，将决定着投标的成败和将来实施工程的盈亏。提出有竞争力的投标报价，是施工企业必须认真对待的事情。

1）标价计算依据

（1）招标单位提供的招标文件。

（2）招标单位提供的设计图纸及有关的技术说明书等。

（3）国家及地区颁发的现行建筑、安装工程预算定额及与之相配套执行的各种费用定额、规定等。

（4）地方现行材料预算价格、采购地点及供应方式等。

（5）因招标文件及设计图纸等不明确，经咨询后由招标单位书面答复的有关资料。

（6）企业内部制定的有关取费、价格等的规定、标准。

（7）其他与报价计算有关的各项政策、规定及调整系数等。

在标价的计算过程中，对于不可预见费用的计算必须慎重考虑，不要遗漏。

2）标价计算

（1）按工料单价法计算。即根据已审定的工程量，按照定额或市场的单价，逐项计算分部分项工程费，分别填入招标单位提供的工程量清单内，再根据相关费率、税率，计算出措施项目费、其他项目费、规费及税金。

（2）按综合单价法计算。即所填入工程量清单中的单价，应包括人工费、材料费、机具使用费、企业管理费、利润、规费、税金以及材料价差及风险金等全部费用。

将全部单价汇总后，即得出工程总报价。

3）报价决策

报价决策是指投标决策人召集算标人、高级顾问共同研究，就上述标价计算结果和标价的静态、动态风险分析进行讨论，做出调整计算标价的最后决定。

一般来说，报价决策并不仅限于具体计算，而是应当由决策人、高级顾问与算标人员一起，对各种影响报价的因素进行恰当的分析，除了对算标时提出的各种方案、基价、费用摊入系数等予以审定和进行必要的修正外，更重要的是要综合考虑期望的利润和承担风险的能力。低报价是得标的重要因素，但不是唯一因素。

4）报价策略

（1）对施工条件差的工程，或专业要求高而本公司在这方面有专长，声望也较高的工程，或造价低以及由于某些原因自己不想干而又不方便不投标的工程，报价可高一些。对结构比较简单而工程量又较大的工程，或短期能突击完成的工程，或投标竞争对手较多而企业又想中标的工程，报价可低一些。

（2）以不提高总标价为前提，对某些分项工程报高价，某些分项工程报低价。

① 能先拿到资金的分项工程（如土方、基础等）的单价可定得高一些，有利于资金周转，存款也有利息；对后期的项目（如粉刷、油漆、电气等）单价可适当降低。

② 估计以后会增加工程量的项目单价可提高，工程量会减少的项目单价可降低。

③ 图纸不明确或有错误的、估计修改后单价要增加的项目单价可提高，工程内容说明不清楚的，单价可降低等澄清后再要求提价。

④ 没有工程量、只填单价的项目（如土方中的挖淤泥、岩石等）其单价可提高，因为它不在投标总价之内，这样既不影响投标总价，以后发生时又可获利。

4.3.2 工程合同价

1. 固定价合同

1）固定总价合同

固定总价合同的价格计算是以设计图纸、工程量及规范等为依据，承包、发包双方就承包工程协商一个固定的总价，即承包方按投标时发包方接受的合同价格实施工程，并一笔包死，无特定情况不作变化。

采用这种合同，合同总价只有在设计和工程范围发生变更的情况下才能随之作相应的变更，除此之外，合同总价一般不能变动。

固定总价合同对承包方而言，要承担合同履行过程中的主要风险，要承担实物工程量、工程单价等变化而可能造成损失的风险。在合同执行过程中，承包、发包双方均不能以工程量、设备和材料价格、工资等变动为理由，提出对合同总价调值的要求。所以，作为合同总价计算依据的设计图纸、说明、规定及规范需对工程做出详尽的描述，承包方要在投标时对一切费用上升的因素做出估计并将其包含在投标报价之中。承包方因为可能要为许多不可预见的因素付出代价，所以往往会加大不可预见费用，致使这种合同的投标价格较高。

固定总价合同一般适用于：

（1）招标时的设计深度已达到施工图设计要求，工程设计图纸完整齐全，项目、范围及工程量计算依据确切，合同履行过程中不会出现较大的设计变更，承包方依据的报价工程量与实际完成的工程量不会有较大的差异。

（2）规模较小，技术不太复杂的中小型工程。承包方一般在报价时可以合理地预见到实施过程中可能遇到的各种风险。

（3）合同工期较短，一般为一年之内的工程。

2）固定单价合同

固定单价合同分为估算工程量单价合同与纯单价合同。

（1）估算工程量单价合同。

估算工程量单价合同是以工程量清单和工程单价表为基础和依据来计算合同价格的，也可称为计量估价合同。估算工程量单价合同通常是由发包方提出工程量清单，列出分部分项工程量，由承包方以此为基础填报相应单价，累计计算后得出合同价格。但最后的工程结算价应按照实际完成的工程量来计算，即按合同中的分部分项工程单价和实际工程量，计算得出工程结算和支付的工程总价格。

采用这种合同时，要求实际完成的工程量与原估计的工程量不能有实质性的变更。因为承包方给出的单价是以相应的工程量为基础的，如果工程量大幅度增减可能影响工程成本。不过在实践中往往很难确定工程量究竟有多大范围的变更才算实质性变更，这是采用这种合同计价方式需要考虑的一个问题。

有些固定单价合同规定，如果实际工程量与报价表中的工程量相差超过±10％时，允许承包方调整合同价，也有些固定单价合同在材料价格变动较大时允许承包方调整单价。

采用估算工程量单价合同时，工程量是统一计算出来的，承包方只要经过复核后填上适当的单价，承担风险较小；发包方也只需审核单价是否合理即可，对双方都较为方便。由于具有这些特点，估算工程量单价合同是比较常见的一种合同计价方式。

估算工程量单价合同大多用于工期长、技术复杂、实施过程中可能会发生各种不可预见因素较多的建设工程。在施工图不完整或当准备招标的工程项目内容、技术经济指标一时尚不能明确时，往往要采用这种合同计价方式。这样在不能精确地计算出工程量的条件下，可以避免使发包或承包的任何一方承担过大的风险。

（2）纯单价合同。

采用纯单价计价方式的合同时，发包方只向承包方给出发包工程的有关分部分项工程以及工程范围，不对工程量作任何规定。即在招标文件中仅给出工程内各个分部分项工程一览表、工程范围和必要的说明，而不必提供实物工程量。承包方在投标时只需要对这类给定范围的分部分项工程做出报价即可，合同实施过程中按实际完成的工程量进行结算。

纯单价合同计价方式主要适用于没有施工图或工程量不明却急需开工的紧迫工程，如设计单位来不及提供正式施工图纸，或虽有施工图但由于某些原因不能比较准确地计算工程量时。当然，对于纯单价合同来说，发包方必须对工程范围的划分做出明确的规定，以使承包方能够合理地确定工程单价。

2. 可调价合同

可调价是指合同总价或者单价，在合同实施期内根据合同约定的办法调整，即在合同的实施过程中可以按照约定，随资源价格等因素的变化而调整的价格。

1）可调总价合同

可调总价合同的总价一般也是以设计图纸及规定、规范为基础，在报价及签约时，按招标文件的要求和当时的物价来计算合同总价。但合同总价是一个相对固定的价格，在合同执行过程中，由于通货膨胀而使所用的工料成本增加，可对合同总价进行相应的调整。

可调总价合同的合同总价不变，只是在合同条款中增加调价条款，如果出现通货膨胀这一不可预见的费用因素，合同总价就可按约定的调价条款作相应调整。

可调总价合同列出的有关调价的特定条款，往往是在合同专用条款中列明，调价必须按照这些特定的调价条款进行。这种合同与固定总价合同的不同之处在于，它对合同实施中出现的风险做了分摊，发包方承担了通货膨胀的风险，而承包方承担合同实施中实物工程量、成本和工期因素等其他风险。

可调总价适用于工程内容和技术经济指标规定很明确的项目，由于合同中列有调值条款，所以工期在一年以上的工程项目较适于采用这种合同计价方式。

2）可调单价合同

合同单价的可调，一般是在工程招标文件中规定、在合同中签订的单价，根据合同约定的条款，如在工程实施过程中物价发生变化等，可作调值。有的工程在招标或签约时，因某些不确定因素而在合同中暂定某些分部分项工程的单价，在工程结算时，再根据实际情况和合同约定对合同单价进行调整，确定实际结算单价。

3. 成本加酬金合同

成本加酬金合同是将工程项目的实际投资划分成直接成本费和承包方完成工作后应得酬金两部分。工程实施过程中发生的直接成本费由发包方实报实销，再按合同约定的方式另外支付给承包方相应报酬。

成本加酬金合同计价方式主要适用于工程内容及技术经济指标尚未全面确定、投标报价的依据尚不充分的情况下，发包方因工期要求紧迫，必须发包的工程；或者发包方与承包方之间有着高度的信任，承包方在某些方面具有独特的技术、特长或经验。由于在签订合同时，发包方提供不出可供承包方准确报价所必需的资料，报价缺乏依据，因此，在合同内只能商定酬金的计算方法。成本加酬金合同广泛地适用于工作范围很难确定的工程和在设计完成之前就开始施工的工程。

以这种计价方式签订的工程承包合同有两个明显缺点：一是发包方对工程总价不能实施有效的控制；二是承包方对降低成本也不太感兴趣。因此，采用这种合同计价方式，其条款必须非常严格。

按照酬金的计算方式不同，成本加酬金合同又分为以下几种形式。

1）成本加固定百分比酬金合同

采用这种合同计价方式，承包方的实际成本实报实销，同时按照实际成本的固定百分比付给承包方一笔酬金。工程的合同总价表达式为

$$C = C_d + C_d \times P \tag{4-1}$$

式中：C——合同价；

C_d——实际发生的成本；

P——双方事先商定的酬金固定百分比。

成本加固定百分比酬金合同计价方式，工程总价及付给承包方的酬金随工程成本而水涨船高，这不利于鼓励承包方降低成本，正是由于这种弊病所在，使得这种合同计价方式很少被采用。

2）成本加固定金额酬金合同

采用这种合同计价方式与成本加固定百分比酬金合同相似，其不同之处仅在于在成本上所增加的费用是一笔固定金额的酬金。酬金一般是按估算工程成本的一定百分比确定，

数额是固定不变的。计算表达式为

$$C = C_d + F \tag{4-2}$$

式中：F——双方约定的酬金具体数额。

成本加固定金额酬金计价方式的合同虽然也不能鼓励承包商关心和降低成本，但从尽快获得全部酬金减少管理投入出发，会有利于缩短工期。

采用上述两种合同计价方式时，为了避免承包方企图获得更多的酬金而对工程成本不加控制，往往在承包合同中规定一些补充条款，以鼓励承包方节约工程费用的开支，降低成本。

3）成本加奖罚合同

成本加奖罚合同是在签订合同时双方事先约定该工程的预期成本（或称目标成本）和固定酬金，以及实际发生的成本与预期成本比较后的奖罚计算办法。在合同实施后，根据工程实际成本的发生情况，确定奖罚的额度，当实际成本低于预期成本时，承包方除可获得实际成本补偿和酬金外，还可根据成本降低额得到一笔奖金；当实际成本大于预期成本时，承包方仅可得到实际成本补偿和酬金，并视实际成本高出预期成本的情况，被处以一笔罚金。成本加奖罚合同的计算表达式为

$$C = C_d + F \quad (C_d = C_0) \tag{4-3}$$

$$C = C_d + F + \Delta F \quad (C_d < C_0) \tag{4-4}$$

$$C = C_d + F - \Delta F \quad (C_d > C_0) \tag{4-5}$$

式中：C_0——签订合同时双方约定的预期成本；

ΔF——奖罚金额（可以是百分数，也可以是绝对数，奖与罚可以是不同计算标准）。

成本加奖罚合同计价方式可以促使承包方关心和降低成本，缩短工期，而且目标成本可以随着设计的进展而加以调整，所以承包、发包双方都不会承担太大的风险，故这种合同计价方式应用较多。

4）最高限额成本加固定最大酬金合同

在这种计价方式的合同中，首先要确定最高限额成本、报价成本和最低成本，当实际成本没有超过最低成本时，承包方花费的成本费用及应得酬金等都可得到发包方的支付，并与发包方分享节约额；如果实际成本在最低成本和报价成本之间，承包方只有成本和酬金可以得到支付；如果实际成本在报价成本与最高限额成本之间，则只有全部成本可以得到支付；实际工程成本超过最高限额成本，则超过部分，发包方不予支付。

最高限额成本加固定最大酬金合同计价方式有利于控制工程投资，并能鼓励承包方最大限度地降低工程成本。

习　题

一、单项选择题

1. 招标单位通过报刊、广播、电视等方式发布招标广告，吸引施工企业前来投标以承担

建设项目施工任务的过程被称为(　　)。

A. 公开招标　　B. 邀请招标　　C. 协商议标　　D. 直接定标

2. 在建设工程施工公开招标的程序中,当资格预审文件、招标文件编制与送审的工作完成后,紧接着进行的工作是(　　)。

A. 出售招标文件　　B. 编制标底价格

C. 发布招标公告　　D. 召开招标预备会

3. 招标人对已发出的招标文件进行必要的澄清或者修改的,应当在招标文件要求提交投标文件截止时间至少(　　)日前,以书面形式通知所有招标文件收受人。

A. 5　　B. 10　　C. 15　　D. 20

4. 对于建设项目施工招标的标底,下面的表述最完整的是(　　)。

A. 施工招标必须编制标底　　B. 施工招标可以不编制标底

C. 施工招标的标底可编可不编　　D. 标底文件必须经过政府审查

5. 依法必须进行招标的项目,自招标文件开始发出之日起至投标人提交投标文件截止之日止,最短不得少于(　　)日。

A. 5　　B. 10　　C. 15　　D. 20

6. 采用固定单价合同的工程,每月或每阶段应根据(　　)办理工程结算。

A. 投标文件中估计的工程量　　B. 实际完成的工程量

C. 合同中规定的工程量　　D. 承包商报送的工程量

7. A施工企业拟对某市一大型商业建筑工程进行投标,A施工企业不需要具备的基本条件是(　　)。

A. 企业近3年没有违法行为　　B. 企业具有招标条件要求的资质等级

C. 企业近几年有较好的安全记录　　D. 企业的总经理必须是监理工程师

8. 采用成本加酬金合同的工程,建设单位为了能有效地控制工程造价,最好用(　　)形式。

A. 成本加固定金额酬金　　B. 成本加固定百分比酬金

C. 成本加最低酬金　　D. 最高限额成本加固定最大酬金

9. 根据施工投标的流程,下面说法正确的是(　　)。

A. 施工企业获取到招标信息后即可购买招标文件

B. 施工企业正式投标前需经过招标单位的资格预审

C. 施工企业投送标书后需参加现场踏勘

D. 施工企业购买招标文件后紧接的是编制投标书

10. 邀请招标相对于公开招标,其优点是(　　)。

A. 业主有较大的选择余地　　B. 招标组织工作量小

C. 招标过程所需时间较长　　D. 投标的竞争性较差

二、多项选择题

1. 建设项目若进行施工招标,必须具备下列条件中的(　　)。

A. 为施工单位编制投标须知

B. 工程资金或者资金来源已经落实

C. 确定合同条件

D. 制定技术规范
E. 有满足施工招标需要的设计文件及其他技术资料

2. 组织施工招标的单位应该具备下列条件中的(　　)。
A. 有组织编制招标文件的能力
B. 有承担大型工程项目施工的经历
C. 有审查投标单位资质的能力
D. 有与招标工程相适应的经济、技术管理人员
E. 有组织开标、评标、定标的能力

3. 根据《工程建设项目施工招标投标办法》规定，投标文件有(　　)情形之一的，招标人不予受理。
A. 投标文件采用手写的
B. 投标文件未送达指定地点的
C. 投标文件未按招标文件要求密封的
D. 投标文件逾期送达指定地点的
E. 施工企业未参加现场踏勘的

4. 施工企业进行建设项目的施工投标，应具备的基本条件有(　　)。
A. 具有承担该招标项目的能力
B. 企业为独立的法人单位
C. 报价应控制在一定的限额内，不能随工程质量的提高而增加费用
D. 企业财产状况良好
E. 企业在投标当年没有发生重大质量和特大安全事故

5. 建设项目施工合同价可以采用的三种方式是(　　)。
A. 固定价合同　　B. 综合价合同　　C. 成本加酬金合同
D. 市场价合同　　E. 可调价合同

6. 固定总价合同是指承包、发包双方就承包工程协商一个固定的总价，并一笔包死。下面的(　　)不适合固定总价合同。
A. 招标时的设计深度已达到施工图设计要求的工程
B. 政府投资兴建的火力发电厂工程
C. 合同工期较短，一般为一年之内的工程
D. 房地产开发公司筹资兴建的住宅小区
E. 规模较小，技术不太复杂的中小型工程

7. 标底是由(　　)等组成，一般应控制在批准的总概算及投资包干限额内。
A. 建筑材料　　B. 工程成本　　C. 施工利润
D. 税金　　E. 流动资金

8. 成本加奖罚合同可以促使承包方关心和降低成本，缩短工期，而且承包、发包双方都不会承担太大的风险。采用该合同时双方应事先约定该工程的(　　)。
A. 预期成本　　B. 最高限额成本　　C. 报价成本
D. 最低成本　　E. 固定酬金

9. 施工企业在投标中可以采用的报价策略有下面的(　　)。

A. 对图纸不明确或有错误的、估计修改后单价要增加的项目单价可报低些
B. 对施工条件差或专业要求高而本公司在这方面有专长的工程可报高价
C. 对后期的项目(如粉刷、油漆、电气等)单价可适当提高
D. 对投标竞争对手较多而企业又想中标的工程报价可低一些
E. 对建设项目前期开工的分项工程(如土方、基础等)的单价可报高些

10. 施工企业在正式递交投标文件前应当认真检查投标文件中的(　　)。
A. 需要盖企业公章之处是否盖全
B. 需要法人代表(或委托人)签字之处是否签全
C. 需要签订的施工合同是否已经签订
D. 需要提供的设计文件是否已提供
E. 投标文件的数量是否符合规定

第5章 施工阶段造价控制

主要内容

1. 工程变更的概念与确认，变更后工程价款的确定程序与方法。
2. 工程索赔的概念、承包人索赔须具备的条件、费用索赔的组成、承包人索赔的程序与处理。
3. 工程价款的结算方式、工程预付款的限额与扣回。
4. 工程进度款的结算程序、工程量确认的规定、工程进度款支付的规定、工程保修金的扣留、竣工结算款支付的规定。
5. 工程价款动态结算的造价指数调整法、调值公式计算法。
6. 建设项目资金使用计划的编制、S形曲线的绘制。
7. 投资偏差与进度偏差分析的横道图法、时标网络图法、S形曲线法，偏差产生的原因与纠偏措施。

5.1 工程变更、索赔与价款结算

5.1.1 工程变更与索赔

1. 工程变更

在建设项目施工阶段，经常会发生一些与招标文件不一致的变化，如：发包人对项目有了新要求、因设计错误导致图纸的修改、施工遇到了事先没有估计到事件等，这些变化统称为工程变更。

根据《建设工程工程量清单计价规范》(GB 50500—2013)关于工程变更的定义，变更是指“合同工程实施过程中由发包人提出或由承包人提出经发包人批准的合同工程任何一项工作的增、减、取消或施工工艺、顺序、时间的改变；设计图纸的修改；施工条件的改变；招标工程量清单的错漏，从而引起合同条件的改变或工程量的增减变化”。

工程变更的出现会导致建设项目工程量的变化、施工进度的变化，从而可能使项目实际造价超出原来的预算造价。

工程变更的原因可能来源于多方面，如：设计原因、建设单位原因、承包商原因、监理工程师原因等。不论任何一方提出的工程变更，均应由现场监理工程师确认，并签发工程变更指令后才能实施。

1）变更确认

(1) 发包人和监理人均可以提出变更。变更指示均通过监理人发出，监理人发出变更指示前应征得发包人同意。承包人收到经发包人签认的变更指示后，方可实施变更。未经许可，承包人不得擅自对工程的任何部分进行变更。

（2）涉及设计变更的，应由设计人提供变更后的图纸和说明。如变更超过原设计标准或批准的建设规模时，发包人应及时办理规划、设计变更等审批手续。发包人擅自进行的对原设计文件的修改，影响到质量安全等方面的，根据《建筑法》第五十四条规定，设计单位和施工企业应当予以拒绝。

2）变更后工程价款的确定程序

（1）承包商按照监理工程师发出的变更通知及有关要求，进行有关变更。承包商在工程变更确定14天内，提出变更工程价款报告，经监理工程师确认后调整合同价款。承包商在工程变更确定14天内不向工程师提出变更工程价款报告时，视为该项变更不涉及合同价款的变更。

（2）工程师在收到变更工程价款报告之日起7天内予以确认，工程师无正当理由不确认时，自变更工程价款报告送达之日起14天视为变更工程价款报告已被确认。

（3）工程师确认增加的工程变更价款作为追加合同价款，与工程款同期支付。

（4）工程师不同意承包商提出的工程变更价款，可协商解决，不能协商一致的，由造价管理部门调解，调解不成，按合同纠纷解决方法解决。

（5）因承包商自身原因导致的工程变更，承包商无权要求追加合同价款。

3）变更后工程价款的确定方法

（1）合同中已有适用于变更工程的价格，按合同已有的价格变更合同价款。

（2）合同中只有类似于变更工程的价格，可以参照该价格变更。

（3）合同中没有适用或类似于变更工程的价格，由承包商提出适当的变更价格，经工程师确认后执行。

2. 工程索赔

工程索赔是指在施工期间，一方因对方不履行或不完全履行合同所规定的义务，或出现了应当由对方承担的风险而遭受损失时，向另一方提出赔偿要求的行为。通常情况下，工程索赔是指承包人对非自身原因造成的损失而要求发包人给予补偿的一种权利要求。

工程索赔属于经济补偿行为，承包人索赔成立须具备三个条件：一是索赔事件发生是非承包人的原因；二是索赔事件发生确实使承包人蒙受了损失；三是索赔事件发生后，承包人在规定的时间范围内，按照索赔的程序，提交了索赔意向书及索赔报告。

工程索赔包括工期索赔和费用索赔两个方面。承包人的费用索赔将会使项目的实际造价超出原来的预算造价。

1）工程索赔费用的组成

（1）人工费。承包人完成了合同以外的额外工作所花费的人工费，非承包人责任的工效降低所增加的人工费用，非承包人责任工程延误导致人员窝工费。

（2）机械使用费。承包人完成了额外的工作增加的机械使用费，非承包人责任的工效降低所增加的机械费用，业主原因导致机械停工的窝工费。

（3）材料费。索赔事件材料实际用量增加费用，非承包人责任的工期延误导致的材料价格上涨而增加的费用等。

（4）管理费。承包人完成了额外工程、索赔事项工作以及工期延长期间的管理费。包括管理人员工资、办公费等。

(5) 利润。由于工程范围的变更和施工条件变化引起的索赔，承包人可以列入利润。对于工期延误引起的索赔，由于工期延误并未影响、削减某些项目的实施，从而导致利润减少，所以业主一般不会同意承包人的利润索赔。

(6) 利息。包括拖期付款利息、由于工程变更和工程延误增加投资的利息、索赔款利息、错误扣款利息等。

(7) 分包费用。是指分包人的索赔款额。分包人的索赔一般列入总承包人的索赔额中。

2) 承包人的索赔程序

(1) 承包人应在知道或应当知道索赔事件发生后28天内，向监理人递交索赔意向通知书，并说明发生索赔事件的事由；承包人未在前述28天内发出索赔意向通知书的，丧失要求追加付款和(或)延长工期的权利。

(2) 承包人应在发出索赔意向通知书后28天内，向监理人正式递交索赔报告；索赔报告应详细说明索赔理由以及要求追加的付款金额和(或)延长的工期，并附必要的记录和证明材料。

(3) 索赔事件具有持续影响的，承包人应按合理时间间隔继续递交延续索赔通知，说明持续影响的实际情况和记录，列出累计的追加付款金额和(或)工期延长天数。

(4) 在索赔事件影响结束后28天内，承包人应向监理人递交最终索赔报告，说明最终要求索赔的追加付款金额和(或)延长的工期，并附必要的记录和证明材料。

上述承包人认为有权得到追加付款和(或)延长工期的事件，可以是发包人的违约行为，如发包人未能按合同约定提供施工条件、未及时交付图纸、基础资料、施工现场等；也可以是不可归责于承包人的原因，如在施工过程中遭遇异常恶劣的气候条件、不利物质条件、化石文物等。

承包人应注意索赔意向通知书和索赔报告的内容区别。一般而言，索赔意向通知书仅需载明索赔事件的大致情况、有可能造成的后果及承包人索赔的意思表示即可，无须准确的数据和翔实的证明资料；而索赔报告除了详细说明索赔事件的发生过程和实际造成的影响外，还应详细列明承包人索赔的具体项目及依据，如索赔事件给承包人造成的损失总额、构成明细、计算依据以及相应的证明资料，必要时还应附具影音资料。

3) 对承包人索赔的处理

(1) 监理人应在收到索赔报告后14天内完成审查并报送发包人。监理人对索赔报告存在异议的，有权要求承包人提交全部原始记录副本。

(2) 发包人应在监理人收到索赔报告或有关索赔的进一步证明材料后的28天内，由监理人向承包人出具经发包人签认的索赔处理结果。发包人逾期答复的，则视为认可承包人的索赔要求。

(3) 承包人接受索赔处理结果的，索赔款项在当期进度款中进行支付；承包人不接受索赔处理结果的，按照争议解决条款规定处理。

(4) 若承包人的费用索赔与工期索赔要求相关联时，发包人应综合做出费用赔偿和工程延期的决定。

(5) 发包、承包双方在按合同约定办理了竣工结算后，应被认为承包人已无权再提出竣工结算前所发生的任何索赔。承包人在提交的最终结清申请中，只限于提出竣工结算后的索赔，提出索赔的期限自发包、承包双方最终结清时终止。

4）分项法计算索赔费用

分项法是指按每个索赔事件所引起损失的费用项目，分别分析计算索赔值的一种方法。分项法是工程索赔计算中最常用的方法。

5.1.2 工程价款结算

1. 工程价款结算方式

1）按月结算

按月结算的做法有两种：一是每个月发包方在旬末或月中预支部分进度款给承包商，到月底与承包商结算本月实际完成的工程进度款，等项目竣工后双方进行全部工程款的清算；二是发包方不给承包商预支款，每个月的月底直接与承包商结算本月实际完成的工程进度款，等项目竣工后双方进行全部工程款的清算。按月结算方式目前在我国工程建设中采用得较为广泛。

2）竣工后一次结算

若建设项目或单项工程的全部建筑安装工程建设期在12个月以内，或工程承包合同价在100万元以下，一般实行工程进度款每月月中预支、竣工后一次结算。即合同完成后承包商与发包方进行合同价款的结算，确认的工程价款即为承包、发包双方结算的总工程款。

3）分段结算

对于当年开工、当年不能竣工的单项工程或单位工程，承包商与发包方可以按照工程形象进度，划分出不同的阶段进行结算。对工程分阶段的标准，双方可以采用各地区或行业的规定，也可以自行约定。

4）目标结算方式

在工程合同中，将承包工程的内容分解成不同控制面（验收单元），当承包商完成单元工程内容并经监理工程师验收合格后，发包方支付单元工程内容的工程款。采用目标结算方式时，双方往往在合同中对控制面的设定有明确的描述。承包商要想获得工程款，必须按照合同约定的质量标准完成控制面工程内容，要想尽快获得工程款，承包商必须充分发挥自己的组织实施能力，在保证质量的前提下，加快施工进度。

5）双方约定的其他结算方式

（略）。

2. 工程预付款

工程预付款是指在实行包工包料的建筑工程承包中，按施工合同条款规定，在工程开工前由发包方拨付给承包商一定数额的预付备料款，作为施工单位的备料周转资金，所以也称为工程备料款。

工程预付款仅用于承包商支付施工开始时与本工程有关的动员费用，预付时间和数额在施工合同的专用条款中约定，工程开工后按合同约定的时间和比例逐次扣回。

1）工程预付款限额

（1）按公式计算预付款限额。因为决定工程预付款的因素有材料占工程造价比重、材料储备期、施工工期，因此可按式(5-1)计算工程预付款限额。

$$工程预付款限额=\frac{年度承包工程总值\times 主要材料所占比重}{年度施工日历天数}\times 材料储备天数 \tag{5-1}$$

(2) 按比例确定预付款限额。在许多工程中，工程预付款是在施工合同中由双方协商规定一个比例，然后按合同价款乘以该比例来确定工程预付款。具体算式为

$$工程预付款数额=年度建筑安装工程合同价\times 工程预付款比例 \tag{5-2}$$

工程预付款的比例可根据工程类型、合同工期、承包方式等不同而定。一般建筑工程不应超过当年建筑工作量(包括水、电、暖)的30%，安装工程按年安装工作量的10%计算，材料占比重较大的安装工程按年计划产值15%左右预付。

对于包工不包料的工程项目，可以不付工程预付款。

2) 工程预付款的扣回

由于工程预付款属于预支性质，因此在工程实施后随着工程所需材料储备的逐步减少，应以抵充工程款的方式，在承包商应得的工程进度款中陆续扣回。

工程预付款扣回的时间称为起扣点，起扣点的计算方法有两种。

(1) 按公式计算起扣点。这种方法是以未完工程所需材料的价值等于预付备料款时起扣，并从每次结算的工程款中按材料比重抵扣工程价款，竣工前全部扣清。

$$工程预付款起扣点=合同总价-\frac{工程预付款}{主要材料所占比重} \tag{5-3}$$

(2) 在合同中规定起扣点。在合同中规定起扣点是指在施工合同中，由承包、发包双方协商约定一个工程预付款的起扣点，当承包商完成工程款金额累计达到合同总价一定比例(即双方合同约定的数额)后，由发包方从每次应付给承包商的工程款中扣回工程预付款，在合同规定的完工期前将预付款扣完。例如，自承包商所获得工程进度款累计达到合同价的20%的当月开始起扣。

3. 工程进度款

工程进度款是指在施工过程中，根据合同约定的结算方式，承包商按月进度或形象进度将已完成的工程量和应该得到的工程款报给发包方，发包方支付给承包商部分工程款的行为。工程进度款的结算过程是：

承包商提交已完工程量报表和工程款结算单→监理工程师核对并确认工程量→造价工程师核对并确认工程款结算单→业主审批认可→向承包商支付工程进度款。

1) 工程量确认的规定

(1) 承包商应按合同条款约定的时间向监理工程师提交已完工程量报告，监理工程师接到报告后7天内按设计图纸核实已完工程量(这个过程称为计量)。监理工程师计量前24小时通知承包商，承包商为计量提供便利条件并派人参加。承包商收到通知不参加计量，计量结果有效，作为工程进度款支付的依据。

(2) 监理工程师收到承包商报告后7天内未计量，从第8天起，承包商报告中开列的工程量即视为被确认，作为工程价款支付的依据。监理工程师不按约定时间通知承包商，致使承包商未能参加计量，计量结果无效。

(3) 承包商超出设计图纸范围和因承包商原因造成返工的工程量，监理工程师不予计量。例如：在地基工程施工中，当地基底面处理到施工图所规定的处理范围边缘时，承包商为了保证夯击质量，将夯击范围比施工图纸规定范围适当扩大，此扩大部分不予计量。因为这部分的施工是承包商为保证质量而采取的技术措施，费用由施工单位自己承担。

2) 工程进度款支付的规定

(1) 在计量结果确认后14天内，发包方应向承包商支付工程进度款，并按约定将应扣回的预付款扣回。

(2) 工程变更调整的合同价款、承包商的索赔款和其他条款中约定追加的合同价款，应与工程进度款同期支付。

(3) 发包方超过约定时间不支付工程进度款，承包商可向发包方发出要求付款通知。发包方收到通知后仍不能按要求付款，可与承包商签订延期付款协议，经承包商同意后可延期支付。延期付款协议应明确延期支付的时间和从计量结果确认后第15天起计算应付款的贷款利息。

(4) 发包方不按合同约定支付工程进度款，双方又未达成延期付款协议，导致施工无法进行，承包商可停止施工，由发包方承担违约责任。

4. 工程保修金

工程保修金是指发包方为了保证工程在交付使用后的一定时间内，当出现质量问题时能得到承包商的及时服务而扣留的一笔工程尾款。工程保修金等工程项目保修期结束后再支付给承包商。工程保修金的扣留方法有两种。

(1) 当工程进度款拨付累计额达到合同的一定比例时停止支付，预留的工程价款作为工程保修金。

(2) 从第一次支付工程进度款时开始扣留，在每次承包商应得到的工程款中扣除合同规定的金额作为保修金，直至保修金总额达到合同规定的限额为止。如某工程项目的合同约定，保修金每月按进度款的5%扣留。若承包商第一月完成的产值是10万元，发包方实际支付给承包商的价款是：100－100×5%＝95(万元)。

5. 竣工结算款

竣工结算款是指承包商按合同规定的内容全部完成所承包的工程，经验收工程质量、工程内容符合合同要求规定，并要求发包方支付最终工程价款的行为。

竣工结算款支付的规定：

(1) 工程竣工验收报告经发包方认可后28天内，承包商向发包方递交竣工结算报告及完整的结算资料，双方按照约定的合同价款及专用条款约定的合同价款调整内容，进行工程竣工结算。

(2) 发包方收到承包商递交的竣工结算资料后28天内核实，给予确认或者提出修改意见。承包商收到竣工结算款后14天内将竣工工程交付发包方。

(3) 发包方收到竣工结算报告及结算资料后28天内，无正当理由不支付工程竣工结算价款，从第29天起按承包商同期向银行贷款利率支付拖欠工程款的利息，并承担违约责任。

(4) 发包方收到竣工结算报告及结算资料后28天内不支付工程竣工结算款，承包商可以催告发包方支付结算价款。发包方在收到竣工结算报告及结算资料56天内仍不支付竣工结算款，承包商可以与发包方协议将该工程折价，也可以由承包商申请法院将该工程拍卖，承包商就该工程折价或拍卖的价款中优先受偿。

(5) 工程竣工验收报告经发包方认可 28 天后，承包商未向发包方递交竣工结算报告及完整的结算资料，造成工程竣工结算不能正常进行或工程竣工结算款不能及时支付，发包方要求交付工程的，承包商应当交付，发包方不要求交付工程的，承包商承担保管责任。

6. 动态结算

由于工程项目建设周期长，在整个建设期内会受到物价浮动等因素的影响，其中主要是人工、材料、施工机械费用变化的影响，因此在工程价款结算中要把物价浮动这种动态因素纳入结算过程，使工程价款结算能反映工程项目的实际消耗费用。

工程价款动态结算的方法主要有：实际价格结算法、工程造价指数调整法、调值公式计算法。

1) 实际价格结算法

实际价格结算法也称票据法，即承包商可凭发票按实报销。这种方法会使承包商对降低成本兴趣不大，所以采用该方法时一般按地方主管部门定期公布的材料价格为最高结算限价，同时在施工合同文件中规定建设单位或监理单位有权要求承包商选择更廉价的材料供应来源。

2) 工程造价指数调整法

工程造价指数调整法是采取当时的预算或概算单价计算出承包合同价，待竣工时，根据合理的工期及当地工程造价管理部门所公布的该月度(或季度)的工程造价指数，对原承包合同价予以调整。

3) 调值公式计算法

调值公式计算法是指承包、发包双方在签订合同时就明确列出调值公式，结算时以调值公式计算的结果作为价差调整的依据。调值公式计算法是国际工程项目承包中广泛采用的方法。调值公式的表达式见式(5-4)。

$$P = P_0\left(a_0 + a_1 \times \frac{A}{A_0} + a_2 \times \frac{B}{B_0} + a_3 \times \frac{C}{C_0} + a_4 \times \frac{D}{D_0}\right) \tag{5-4}$$

式中：P——调值后的实际结算工程款；

P_0——合同中的工程款；

a_0——合同中规定不能调整的部分占合同工程款的比例；

a_1、a_2、a_3、a_4——可调整部分(指人工、钢材、水泥、运输等各项费用)在合同工程款中所占的比例；

A_0、B_0、C_0、D_0——基准日期对应的各项费用的基准价格指数或价格；

A、B、C、D——调整日期对应各项费用的现行价格指数或价格。

5.2　资金使用计划与投资控制

建设项目周期长、规模大、造价高，施工阶段是资金直接投入量最大的阶段。合理编制资金使用计划、科学管理施工不同阶段的资金投入，对控制工程造价意义重大。

5.2.1 资金使用计划

1. 按项目组成编制资金使用计划

一个建设项目往往由多个单项工程组成,每个单项工程可能由多个单位工程组成,而单位工程又由若干个分部、分项工程组成。如一所新建学校就是一个建设项目,其组成情况如图 5-1 所示。

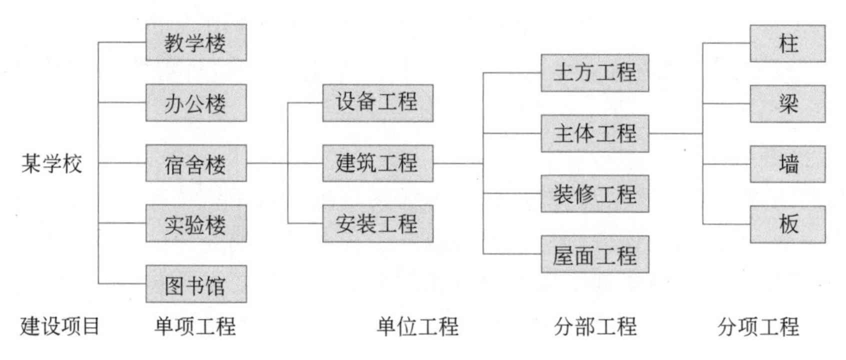

图 5-1 建设项目组成示意图

工程项目划分的粗细程度要根据实际需要而定。一般情况下,投资目标可分解到各单项工程、单位工程。

编制的资金使用计划在分解到单项工程、单位工程的同时,还应分解到建筑工程费、安装工程费、设备购置费、工程建设其他费,这样有助于检查各项具体投资支出对象落实的情况。

2. 按时间进度编制资金使用计划

工程建设项目的投资总是分阶段、分期支出的,按时间进度编制资金使用计划,是将总目标按使用时间分解,确定分目标值。

按时间进度编制资金使用计划,通常采用下面步骤。

(1) 确定工程进度计划。

(2) 根据每单位时间内完成的实物工程量或投入的资源计算单位时间投资。

(3) 累计单位时间投资。

(4) 根据累计单位时间投资绘制 S 形曲线。

通常情况下,每一条 S 形曲线都对应于某一特定的工程进度计划。由网络计划知识我们知道,一张工程网络图是由多个工作组成的,而工作又分为关键工作和非关键工作,非关键工作因时差的存在,就有最早开始时间与最迟开始时间。根据非关键工作的最早、最迟开始时间,可分别绘出两条 S 形曲线。对于同一个工程,无论是采用最早开始时间还是最迟开始时间安排进度计划,其开工时间与竣工时间均相同,因此两条曲线将形成香蕉形的曲线图,如图 5-2 所示。

若建设项目实施中实际形成的 S 形曲线落在事先编制的投资控制香蕉形曲线范围内,则表明工程进度与投资均没有突破计划。

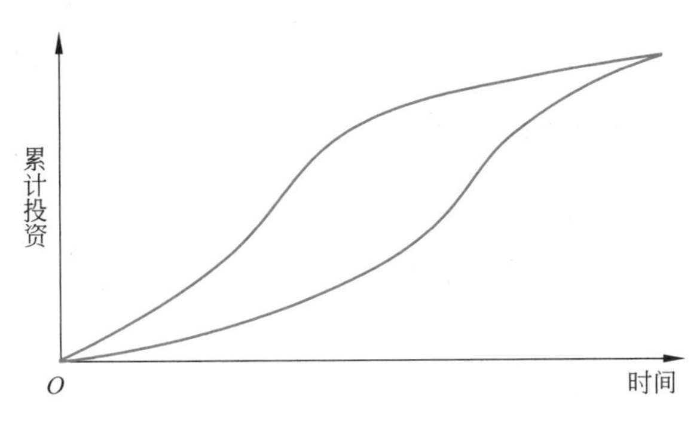

图 5-2　建设项目投资控制香蕉形曲线

5.2.2　投资控制

建设项目施工阶段的投资管理实质是对比计划与实际的投资额，检查是否存在偏差，分析偏差产生的原因，寻找控制或调整偏差的方法，使实际投资不突破计划投资。

1. 偏差

在项目实施过程中，由于各种因素的影响，实际情况往往会与计划出现差异。我们把投资的实际值与计划值的差异叫作投资偏差，把实际工程进度与计划工程进度的差异叫作进度偏差。

$$投资偏差 = 已完工程实际投资 - 已完工程计划投资 \tag{5-5}$$

$$进度偏差 = 已完工程实际时间 - 已完工程计划时间 \tag{5-6}$$

进度偏差也可表示为

$$进度偏差 = 拟完工程计划投资 - 已完工程计划投资 \tag{5-7}$$

式中：拟完工程计划投资——指按原进度计划工作内容的计划投资。

通俗地讲，拟完工程计划投资是指"计划进度下的计划投资"，已完工程计划投资是指"实际进度下的计划投资"，已完工程实际投资是指"实际进度下的实际投资"。

进度偏差为"正"表示进度拖延，进度偏差为"负"表示进度提前。投资偏差为"正"表示投资超支，投资偏差为"负"表示投资节约。

2. 偏差分析

偏差分析的目的是要找出工程实施中的偏差是多少。常用的偏差分析方法有横道图法、时标网络图法和曲线法。

1）横道图法

偏差分析横道图如图 5-3 所示。

在实际工程中有时需要根据拟完工程计划投资和已完工程实际投资确定已完工程计划投资后，再确定投资偏差、进度偏差。

2）时标网络图法

双代号时标网络图是以水平时间坐标为尺度来表示工作时间的，网络图中的时间单位根据实际需要可以是天、周、月等。在时标网络图中，实箭线表示工作，实箭线的长度表示工

项目编码	项目名称	横 道 图	投资偏差	进度偏差	原 因
011	土方工程	70 50 60	10	-10	
012	打桩工程	80 66 100	-20	-34	
013	基础工程	80 80 60	20	20	
	合 计		10	-24	

注：已完工程实际投资　已完工程计划投资　拟完工程计划投资

图 5-3 偏差分析横道图

作持续时间，虚箭线表示虚工作，波浪线表示所研究工作与其紧后工作的时间间隔。

用时标网络图法控制偏差的做法是：在建设项目实施的某个时间点，检查项目各分项工程完成的实际进度与投资情况，并将其标注在该项目的早时标网络图上，绘制出实施情况的前锋线。

对比各分项工程检查点处的计划投资与实际投资、计划进度与实际进度，计算各分项工程的投资偏差与进度偏差。根据各分项工程的投资与进度偏差情况，进而分析推断整个建设项目的进度情况和投资情况。

3）曲线法

曲线法是利用S形曲线进行偏差分析。实际的S形曲线通常有三条曲线，即已完工程实际投资曲线、已完工程计划投资曲线和拟完工程计划投资曲线，如图5-4所示。

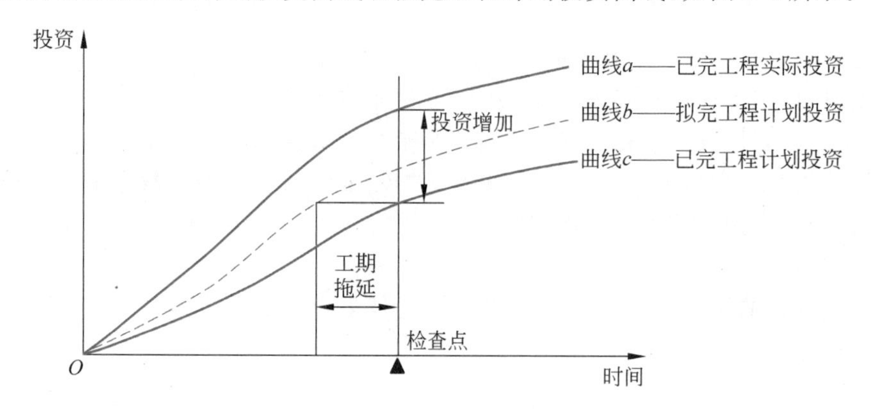

图 5-4 工程投资S形曲线

图5-4中已完工程实际投资与已完工程计划投资两条曲线之间的竖向距离表示投资偏差，拟完工程计划投资与已完工程计划投资曲线之间的水平距离表示进度偏差。

3. 偏差纠正

1）偏差产生的原因

（1）客观原因：包括人工、材料费涨价、自然条件变化、国家政策法规变化等。

(2) 业主原因：投资规划不当、建设手续不健全、业主未及时付款等。

(3) 设计原因：设计错误、设计变更、设计标准变化等。

(4) 施工原因：施工组织设计不合理、质量事故等。

2) 偏差类型

偏差可分为四种形式。

(1) 投资增加且工期拖延。这种类型是纠正偏差的主要对象。

(2) 投资增加但工期提前。这种情况下要适当考虑工期提前带来的效益。如果增加的投资值超过增加的效益时，要采取纠偏措施，若这种收益与增加的投资大致相当甚至高于投资增加额，则未必需要采取纠偏措施。

(3) 工期拖延但投资节约。这种情况下是否采取纠偏措施要根据实际需要决定。

(4) 工期提前且投资节约。这种情况是最理想的，不需要采取纠偏措施。

3) 纠偏措施

(1) 组织措施。组织措施是指从投资控制的组织管理方面采取的措施。例如，落实投资控制的组织机构和人员，明确各级投资控制人员的任务、职能分工、权利和责任，改善投资控制工作流程等。组织措施是其他措施的前提和保障，是基础性措施。

(2) 经济措施。经济措施即采用经济处罚或奖励，一般易为人们接受，但运用中要注意不可把经济措施简单地理解为审核工程量及相应支付价款，应从全局出发来考虑，如检查投资目标分解的合理性、资金使用计划的保障性、施工进度计划的协调性。另外，通过偏差分析和未完工程预测可以发现潜在的问题，及时采取预防措施，从而取得造价控制的主动权。

(3) 技术措施。技术措施是指从技术层面(如先进施工工艺的采用)来纠正偏差。不同的技术措施往往会有不同的经济效果。运用技术措施纠偏，对不同的技术方案需要进行技术经济分析后再加以选择。

(4) 合同措施。合同措施在纠偏方面主要是指索赔管理。在施工过程中，索赔事件的发生是难免的，发生索赔事件后要认真审查索赔依据是否符合合同规定，计算是否合理等，从主动控制的角度出发，加强日常的合同管理，落实合同规定的责任。

5.3 应用示例

【应用示例 5-1】 某土方工程施工为挖一类土，计划土方量 20 000m^3，合同约定挖土单价 21 元/m^3，在工程实施中，业主提出增加一项新的一类土挖土工程，土方量 7000m^3，施工方提出挖土单价为 25 元/m^3，需增加工程价款: 7000×25=175 000(元)。施工方的工程价款计算是否被监理工程师支持?

【解】

知识点：变更工程价款的确定。

分　析：不被支持。

因合同中已约定了挖土单价，且增加的挖土工程与合同规定的挖土工程性质一致，均为一类土，所以应按合同单价执行，正确的工程价款为

$$7000 \times 21 = 147\ 000(\text{元})$$

【应用示例 5-2】 某施工合同规定：人工费 90 元/工日、吊装机械费 360 元/台班、搅拌机费 170 元/台班、小机械费 105 元/台班。若非承包商原因造成窝工，则人工窝工费和机械停工费按合同工日费和台班费的 50% 结算支付。实际施工中出现了下列事件(同一工作由不同原因引起的停工时间，都不在同一时间)。

(1) 因修改的施工图纸提供不及时使工作 A(吊装机械 1 台、工人 18 人)延误 2 天，工作 B(小机械 3 台、工人 15 人)延误 3 天，工作 C(搅拌机 1 台、工人 10 人)延误 2 天。

(2) 因吊装机械发生故障检修使工作 A 延误 2 天，工作 C 延误 2 天。

(3) 因业主要求变更使工作 D(吊装机械 1 台、工人 12 人)延误 4 天。

(4) 因供水管网故障停水使工作 D 延误 1 天，工作 E(工人 22 人)延误 1 天。

试分析计算承包商的索赔费用。

【解】

知识点：分项法计算索赔费用的应用。

分　析：

(1) 责任分析

事件一：施工图纸提供不及时不属于承包商责任，承包商可要求工期和费用索赔。

事件二：吊装机械故障属于承包商责任，承包商不能索赔。

事件三：业主要求变更，承包商可要求工期和费用索赔。

事件四：供水管网故障停水属于业主风险，承包商可要求工期和费用索赔。

(2) 索赔费用计算

工作 A 索赔 2 天，工作 B 索赔 3 天，工作 C 索赔 2 天，工作 D 索赔 $4+1=5$(天)，工作 E 索赔 1 天。

① 机械费索赔计算

工作 A 吊装机械：　$1 \times 2 \times 360 \times 0.5 = 360$(元)

工作 B 小机械：　$3 \times 3 \times 105 \times 0.5 = 472.5$(元)

工作 C 搅拌机：　$1 \times 2 \times 170 \times 0.5 = 170$(元)

工作 D 吊装机械：　$1 \times 5 \times 360 \times 0.5 = 900$(元)

机械费索赔合计：　$360 + 472.5 + 170 + 900 = 1902.5$(元)

② 人工费计算

工作 A 人工：　$2 \times 18 \times 90 \times 0.5 = 1620$(元)

工作 B 人工：　$3 \times 15 \times 90 \times 0.5 = 2025$(元)

工作 C 人工：　$2 \times 10 \times 90 \times 0.5 = 900$(元)

工作 D 人工：　$5 \times 12 \times 90 \times 0.5 = 2700$(元)

工作 E 人工：　$1 \times 22 \times 90 \times 0.5 = 990$(元)

人工费索赔合计：　$1620 + 2025 + 900 + 2700 + 990 = 8235$(元)

③ 索赔总费用

$$1902.5 + 8235 = 10\ 137.5(\text{元})$$

【应用示例 5-3】 某工程合同总额 900 万元，材料、构件占合同总额比重 60%，按承包商的施工进度计划安排，该工程年度施工天数为 260 天，若材料储备天数为 40 天，求该工程的预付款限额和预付款的起扣点。

【解】

知识点：工程预付款限额和扣回的计算。

分　析：

(1) 工程预付款限额

$$工程预付款限额 = \frac{900 \times 60\%}{260} \times 40 = 83.077(万元)$$

(2) 工程预付款起扣点

$$工程预付款起扣点 = 900 - \frac{83.077}{60\%} = 761.5383(万元)$$

【应用示例 5-4】 某工程合同价款 800 万元，材料、构件费估计为合同价款的 55%。施工合同规定：工程预付备料款为合同价款的 25%；工程保修金在每月工程进度款中按 5% 的比例扣留。工程实施中每月实际完成工作量如表 5-1 所示。

表 5-1　每月实际完成工作量

月　份	3	4	5	6	7	8
完成工作量(万元)	80	120	170	190	160	80

要求：

(1) 工程预付款及起扣点。

(2) 该工程每月应结算的工程进度款。

(3) 该工程实际支付的工程款和扣留的工程保修金。

【解】

知识点：工程进度款的结算。

分　析：

(1) 工程预付款及起扣点

$$工程预付款 = 800 \times 25\% = 200(万元)$$

$$起扣点 = 800 - \frac{200}{55\%} = 436.36(万元)$$

(2) 工程每月应结算的进度款

3 月：累计完成工作量 80 万元

$$结算的进度款 = 80 - 80 \times 5\% = 76(万元)$$

4 月：累计完成工作量 200 万元

$$结算的进度款 = 120 - 120 \times 5\% = 114(万元)$$

5 月：累计完成工作量 370 万元

$$结算的进度款 = 170 - 170 \times 5\% = 161.5(万元)$$

6 月：累计完成工作量 560 万元，超过起扣点 436.36 万元

$$结算的进度款 = 190 - (560 - 436.36) \times 55\% - 190 \times 5\% = 112.5(万元)$$

7 月：累计完成工作量 720 万元

$$结算的进度款 = 160 - 160 \times 55\% - 160 \times 5\% = 64(万元)$$

8 月：累计完成 800 万元

$$结算的进度款 = 80 - 80 \times 55\% - 80 \times 5\% = 32(万元)$$

(3) 实际支付的工程款和扣留的保修金

$$实际支付的工程款 = 200 + 76 + 114 + 161.5 + 112.5 + 64 + 32 = 760(万元)$$

$$扣留的保修金 = 800 \times 5\% = 40(万元)$$

【应用示例 5-5】 某新建项目，业主与施工企业签订的施工合同中含有 A、B 两个子项工程，子项 A 估算工程量为 20 000m^3，子项 B 估算工程量为 28 000m^3。经双方协商，子项 A 合同价款为 240 元/m^3，子项 B 合同价款为 200 元/m^3，且双方在合同中约定:

(1) 开工前业主应向施工企业支付合同价款 20% 的预付备料款。

(2) 业主自支付的第 1 个月起，从承包商的工程款中按 5% 的比例扣留保修金。

(3) 当子项实际工程量超过估算工程量±10% 时可进行调价，调整系数分别为 0.9 和 1.1。

(4) 根据市场情况规定价格调整系数平均为 1.2，按月调整。

(5) 现场监理工程师签发月度付款最低金额为 170 万元。

(6) 预付款在最后两个月扣回，每月扣 50%。

施工企业每月实际完成并经监理工程师签证确认的工程量如表 5-2 所示，求:

表 5-2 每月实际完成并经监理工程师签证确认的工程量

子项 \ 月份	1	2	3	4
A(m^3)	3000	8600	5000	6800
B(m^3)	3000	10 000	6000	5000

(1) 工程预付款及起扣点。

(2) 该工程每月应结算的工程进度款。

(3) 该工程实际支付的工程款和扣留的工程保修金。

【解】

知识点：工程进度款的结算。

分　析：

(1) 工程预付款及起扣点

$$工程预付款 = (20\ 000 \times 240 + 28\ 000 \times 200) \times 20\% = 208(万元)$$

工程预付款在第 3 个月起扣，并在第 3、4 个月扣回。

(2) 每月应结算的工程款

第 1 个月：

$$工程量价款 = 3000 \times 240 + 3000 \times 200 = 132(万元)$$

$$应签证的工程款 = 132 \times 1.2 \times (1 - 5\%) = 150.48(万元)$$

由于工程师签发的最低金额为170万元，故本月工程师不予签发付款凭证。

第2个月：

工程量价款 = 8600 × 240 + 10 000 × 200 = 406.4(万元)
应签证工程款 = 406.4 × 1.2 × 0.95 = 463.296(万元)
本月工程师签发的付款凭证 = 150.48 + 463.296 = 613.776(万元)

第3个月：

工程量价款 = 5000 × 240 + 6000 × 200 = 240(万元)
应签证的工程款 = 240 × 1.2 × 0.95 − 208 × 50% = 169.6 (万元)

不予签发付款凭证。

第4个月：

子项A累计完成工程量23 400m^3，比估算工程量20 000m^3超出3400m^3，已超过估算工程量10%，超过部分的单价应进行调整。

超过估算工程量10%的部分 = 3400 − 20 000 × 10% = 1400(m^3)
其单价应调整 = 240 × 0.9 = 216(元/m^3)
子项A工程量价款 = (6800 − 1400) × 240 + 1400 × 216 = 159.84(万元)

子项B累计完成工程量24 000m^3，比估算工程量28 000m^3少了4000m^3，低于估算工程量10%，低于部分的单价应进行调整。

低于估算工程量10%的工程量 = 4000 − 28 000 × 10% = 1200(m^3)
其单价应调整 = 200 × 1.1 = 220(元/m^3)
子项B工程量价款 = (5000 − 1200) × 200 + 1200 × 220 = 102.4(万元)
本月工程量价款 = 159.84 + 102.4 = 262.24(万元)
本月应签证工程价款 = 262.24 × 1.2 × 0.95 − 208 × 50% = 194.9536(万元)
本月实际应签证工程价款 = 169.6 + 194.9536 = 364.5536(万元)

(3) 实际支付的工程款和扣留的保修金

实际支付的工程款 = 208 + 613.776 + 364.5536 = 1186.3296(万元)
扣留的保修金 = (132 + 406.4 + 240 + 262.24) × 1.2 × 5% = 62.4384(万元)

【应用示例5-6】 某工程的合同金额为800万元，承包、发包双方在合同中约定，采用调值公式调整施工期间的价差。工程实施中的调价因素为A、B、C三项，其占合同工程款的比例分别为15%、10%、20%，这三种因素的基期价格指数分别为1.05、1.02、1.10，结算期的价格指数分别为1.1、1.09、1.15。求：结算工程款。

【解】

知识点：工程进度款的动态结算。

分　析：

结算中不调整的部分 = 100% − (15% + 10% + 20%) = 55%

$$结算工程款 = 800 \times \left(55\% + 15\% \times \frac{1.1}{1.05} + 10\% \times \frac{1.09}{1.02} + 20\% \times \frac{1.15}{1.1}\right)$$
$$= 818.48(万元)$$
$$价差调整额 = 818.48 - 800 = 18.48(万元)$$

【应用示例 5-7】 某土建工程合同价款 1800 万元，双方约定采用调值公式调整价差。合同原始报价日期为 2017 年 10 月，工程于 2018 年 6 月建成交付使用。工程人工费、材料费构成比例以及有关造价指数如表 5-3 所示，求实际结算款。

表 5-3 工程人工费、材料费构成比例以及有关造价指数

项　　目	人工费	钢材	水泥	集料	红砖	砂	木材	不调值费用
比例	45%	11%	11%	5%	6%	3%	4%	15%
2017 年 10 月指数	100	100.8	102.0	93.6	100.2	95.4	93.4	
2018 年 6 月指数	110.1	98.0	112.9	95.9	98.9	91.1	117.9	

【解】

知识点：工程进度款的动态结算。

分　析：

$$实际结算款 = 1800 \times \left(0.15 + 0.45 \times \frac{110.1}{100} + 0.11 \times \frac{98}{100.08} + 0.11 \times \frac{112.9}{102.0}\right.$$
$$\left. + 0.05 \times \frac{95.9}{93.6} + 0.06 \times \frac{98.9}{100.2} + 0.03 \times \frac{91.1}{95.4} + 0.04 \times \frac{117.9}{93.4}\right)$$
$$= 1800 \times 1.064 = 1915.2(万元)$$

【应用示例 5-8】 某建设项目共有 A、B、C、D、E、F 六个分部工程，计划建设期 12 个月，计划总投资 5500 万元，具体为：A 投资 700 万元、B 投资 700 万元、C 投资 800 万元、D 投资 1200 万元、E 投资 700 万元、F 投资 1400 万元。试编制资金使用计划，并绘制投资控制的 S 形曲线图。

【解】

知识点：资金使用计划的编制及投资控制 S 形曲线图绘制。

分　析：

(1) 根据建设项目的工期与分部工程情况，本示例制订该项目的进度计划横道图如表 5-4 所示，进度横线上方的数字为各分部工程每月计划完成的投资额(单位：万元)。

表 5-4 制订该项目的进度计划横道图

分部工程	进度计划(月)											
	1	2	3	4	5	6	7	8	9	10	11	12
A	100	100	100	100	100	100	100					
B		100	100	100	100	100	100	100				

续表

分部工程	进度计划（月）											
	1	2	3	4	5	6	7	8	9	10	11	12
C			100	100	100	100	100	100	100	100		
D				200	200	200	200	200	200			
E					100	100	100	100	100	100	100	
F						200	200	200	200	200	200	200

（2）根据工程进度横道图，计算建设项目每月的计划投资额，结果如表 5-5 所示。

表 5-5　建设项目每月的计划投资额结果

时间（月）	1	2	3	4	5	6	7	8	9	10	11	12
计划投资（万元）	100	200	300	500	600	800	800	700	600	400	300	200

（3）累计表 5-5 中的计划投资额，得建设项目累计月计划投资，如表 5-6 所示。

表 5-6　建设项目累计月计划投资

时间（月）	1	2	3	4	5	6	7	8	9	10	11	12
计划投资（万元）	100	200	300	500	600	800	800	700	600	400	300	200
累计月计划投资（万元）	100	300	600	1100	1700	2500	3300	4000	4600	5000	5300	5500

（4）根据表 5-6 数据绘制 S 形曲线，如图 5-5 所示。

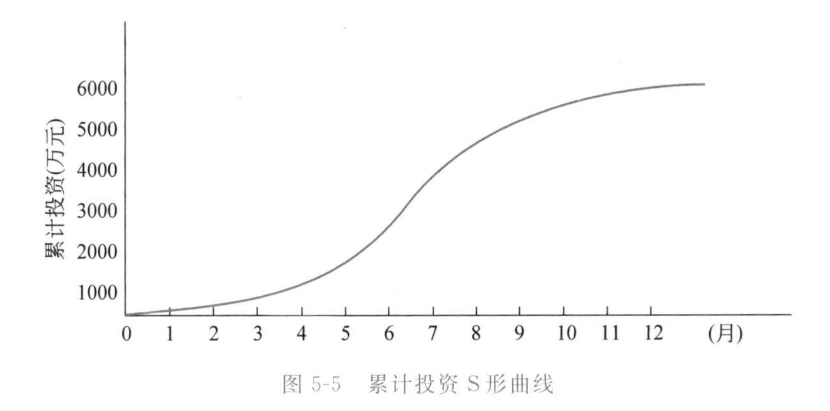

图 5-5　累计投资 S 形曲线

【应用示例 5-9】　某工作计划完成工作量 400m³，计划进度 50m³/天，计划投资 20 元/m³。工作进行到第四天时检查发现，实际完成了 180m³，实际投资了 3800 元。求：第四天的计划完成工作量、拟完工程计划投资、已完工程计划投资、投资偏差、进度偏差。

【解】

知识点：偏差的分析与计算。

分　析：第四天

计划完成工作量 $= 50 \times 4 = 200(\mathrm{m}^3)$

拟完工程计划投资 $= 200 \times 20 = 4000$(元)

已完工程计划投资 $= 180 \times 20 = 3600$(元)

已完工程实际投资：3800 元

投资偏差 $= 3800 - 3600 = 200$(元)，即投资超支了 200 元

进度偏差 $= 4000 - 3600 = 400$(元)，即进度拖延了 $\frac{400}{50 \times 20} = 0.4$(天)

【应用示例 5-10】 某拟建项目的地下工程由土方、打桩、基础三部分组成，项目建设期中检查时发现

土方：已完工程实际投资 90 万元，已完工程计划投资 80 万元，拟完工程计划投资 70 万元。

打桩：已完工程实际投资 70 万元，已完工程计划投资 90 万元，拟完工程计划投资 56 万元。

基础：已完工程实际投资 70 万元，已完工程计划投资 50 万元，拟完工程计划投资 20 万元。

试绘制土方、打桩、基础三个工程的偏差分析横道图，分别计算三者的投资偏差与进度偏差(用金额表示)。

【解】

知识点：偏差分析横道图法。

分　析：偏差分析横道图如图 5-6 所示。

编码	分项工程	横 道 图	投资偏差	进度偏差	原　因
011	土方工程	90 70 80	10	−10	
012	打桩工程	70 56 90	−20	−34	
013	基础工程	70 70 50	20	20	
	合计		10	−24	

注：已完工程实际投资（深色横道）　已完工程计划投资（斜线横道）　拟完工程计划投资（空白横道）

图 5-6　偏差分析横道图

【应用示例 5-11】 某工程的计划进度与实际进度横道图如表 5-7 所示，表中实线表示计划进度(上方数据表示每周计划投资)，波浪线表示实际进度(上方数据表示每周实

际投资)，假定各分项工程每周计划完成的工程量相等，分析工程第六周末的投资与进度偏差。

表 5-7　计划进度与实际进度横道图

分项工程	进度计划(周)											
	1	2	3	4	5	6	7	8	9	10	11	12
A	5	5	5									
	(5)	(5)	(5)									
	5	5	5									
B		4	4	4	4	4						
			(4)	(4)	(4)	(4)	(4)					
			4	4	4	4	4					
C				9	9	9	9					
						(9)	(9)	(9)	(9)			
						8	7	7	7			
D						5	5	5	5			
							(4)	(4)	(4)	(4)	(4)	
							4	4	4	5	5	
E								3	3	3		
										(3)	(3)	(3)
										3	3	3

【解】

知识点：工程投资偏差与进度偏差的分析计算。

分　析：由表 5-7 可知道各分项工程的拟完工程计划投资和已完工程实际投资。要想求工程的进度偏差，首先要求出工程的已完工程计划投资。

由于已完工程计划投资的进度应与已完工程实际投资一致，因此在表 5-7 中画出已完工程计划投资的进度线，其位置如表 5-7 中的虚线所示，其投资总额应与计划投资总额相同。例如 D 分项工程，其进度线同已完工程的实际进度应为 7～11 周，则拟完工程计划投资为 4×5＝20(万元)，已完工程计划投资为 20÷5＝4(万元/周)，如表 5-7 中的虚线所示，其余类推。

根据上述分析，将每周的拟完工程计划投资、已完工程计划投资、已完工程实际投资进行统计得到表 5-8。

表 5-8 投资数据表

项目 \ 进度(周)	投资数据											
	1	2	3	4	5	6	7	8	9	10	11	12
每周拟完工程计划投资	5	9	9	13	13	18	14	8	8	3		
累计拟完工程计划投资	5	14	23	36	49	67	81	89	97	100		
每周已完工程实际投资	5	5	9	4	4	12	15	11	11	8	8	3
累计已完工程实际投资	5	10	19	23	27	39	54	65	76	84	92	95
每周已完工程计划投资	5	5	9	4	4	13	17	13	13	7	7	3
累计已完工程计划投资	5	10	19	23	27	40	57	70	83	90	97	100

由表 5-8 可求出第 6 个周末的投资偏差和进度偏差。

$$
\begin{aligned}
\text{投资偏差} &= \text{累计已完工程实际投资} - \text{累计已完工程计划投资} \\
&= 39 - 40 \\
&= -1(\text{万元})
\end{aligned}
$$

即：投资节约 1 万元。

$$
\begin{aligned}
\text{进度偏差} &= \text{累计拟完工程计划投资} - \text{累计已完工程计划投资} \\
&= 67 - 40 \\
&= 27(\text{万元})
\end{aligned}
$$

即：进度拖后 27 万元。

【应用示例 5-12】 某工程的早时标网络图如图 5-7 所示，工程进展到第 5、10、15 个月底时，根据检查情况绘制了三条前锋线，见图 5-7 中的粗虚线。工程第 1～15 个月的实际投资情况如表 5-9 所示。试分析第 5 个月和第 10 个月底的投资偏差、进度偏差，并根据第 5 个月、第 10 个月的实际进度前锋线分析工程进度情况。

表 5-9 工程第 1～15 个月的实际投资情况表

时间(月)	1	2	3	4	5	6	7	8	9	10	11	12	13	14	15
已完工程实际投资	5	10	10	10	10	8	8	8	8	8	9	9	9	4	4

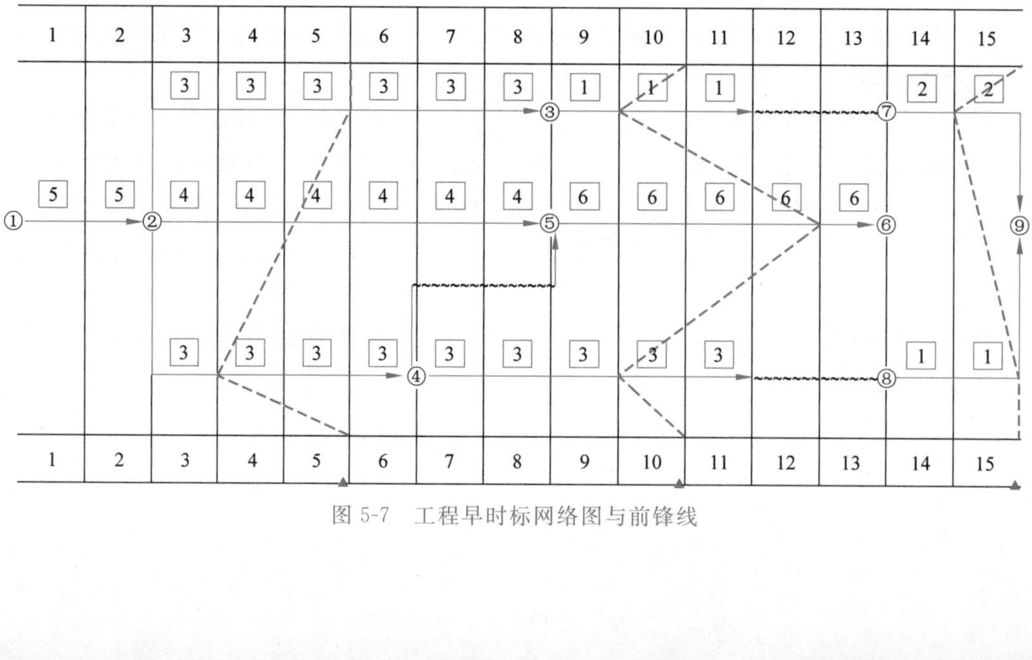

图 5-7 工程早时标网络图与前锋线

说明： 5 ——工作的月计划投资。

【解】

知识点：偏差分析时标网络图法。

分　析：

(1) 由早时标网络图计算拟完工程计划投资、累计拟完工程计划投资，由工程 1～15 个月的实际投资情况表中的“已完工程实际投资”计算累计已完工程实际投资，得具体数据如表 5-10 所示。

表 5-10　投资数据表

项目＼时间(月)	1	2	3	4	5	6	7	8	9	10	11	12	13	14	15
拟完工程计划投资	5	5	10	10	10	10	10	10	10	10	10	6	6	3	3
累计拟完工程计划投资	5	10	20	30	40	50	60	70	80	90	100	106	112	115	118
已完工程实际投资	5	10	10	10	10	8	8	8	8	8	9	9	9	4	4
累计已完工程实际投资	5	15	25	35	45	53	61	69	77	85	94	103	112	116	120

(2) 计算累计已完工程计划投资。

第 5 个月底：

$$\text{累计已完工程计划投资} = 2 \times 5 + 3 \times 3 + 2 \times 4 + 1 \times 3 = 30(\text{万元})$$

第 10 个月底：

$$\text{累计已完工程计划投资} = 5 \times 2 + 3 \times 6 + 4 \times 6 + 3 \times 4 + 1 + 6 \times 4 + 3 \times 3 = 98(\text{万元})$$

(3) 计算投资偏差与进度偏差，并进行分析。

第 5 个月底：

$$\begin{aligned}\text{投资偏差} &= \text{累计已完工程实际投资} - \text{累计已完工程计划投资} \\ &= 45 - 30 \\ &= 15(\text{万元})\end{aligned}$$

即：投资增加 15 万元。

$$\begin{aligned}\text{进度偏差} &= \text{累计拟完工程计划投资} - \text{累计已完工程计划投资} \\ &= 40 - 30 \\ &= 10(\text{万元})\end{aligned}$$

即：进度拖延 10 万元。

第 10 个月底：

$$\begin{aligned}\text{投资偏差} &= \text{累计已完工程实际投资} - \text{累计已完工程计划投资} \\ &= 85 - 98 \\ &= -13(\text{万元})\end{aligned}$$

即：投资节约 13 万元。

$$
\begin{aligned}
\text{进度偏差} &= \text{累计拟完工程计划投资} - \text{累计已完工程计划投资} \\
&= 90 - 98 \\
&= -8(\text{万元})
\end{aligned}
$$

即：进度提前 8 万元。

习　题

一、单项选择题

1. 根据工程变更的规定，工程变更价款通常由(　　)提出，报(　　)批准。

A. 工程师、业主　　B. 承包商、工程师　　C. 承包商、业主　　D. 业主、承包商

2. 2010 年 3 月实际完成的某土方工程在 2010 年 1 月签约时的工作量 10 万元，该工程的固定系数为 0.2，各参加调值的因素 A、B、C 分别占比例 20%、45%、15%，价格指数除 A 增长了 10%外，都未发生变化，按调值公式计算的应结算工程款为(　　)万元。

A. 10.5　　B. 10.4　　C. 10.3　　D. 10.2

3. 某土方工程合同承包价格为 20 元/m^3，其中人工费标准 50 元/工日，窝工则按 70%计算。估计工程量 20 000m^3，在开挖中，由于发包方原因造成施工方 10 人窝工 5 天，由于施工方原因造成 15 人窝工 2 天，施工方合理的人工费索赔(　　)元。

A. 900　　B. 1750　　C. 2450　　D. 2700

4. 钢门窗安装工程，5 月份拟完工程计划投资 10 万元，已完工程计划投资 8 万元，已完工程实际投资 12 万元，则进度偏差(　　)。

A. －2　　B. 4　　C. 2　　D. －4

5. 某分项工程发包方提供的估计工程量为 1500m^3，合同中规定单价 16 元/m^3，实际工程量超过估计工程量 10%时，调整单价，单价调为 15 元/m^3，实际完成工程量 1800m^3，工程款(　　)元。

A. 28 650　　B. 27 000　　C. 28 800　　D. 28 500

6. 在纠偏措施中，合同措施主要是指(　　)。

A. 投资管理　　B. 施工管理　　C. 监督管理　　D. 索赔管理

7. 某市建筑工程公司承建一办公楼，工程合同价款 900 万元，2002 年 2 月签订合同，2002 年 12 月竣工，2002 年 2 月的造价指数 100.04，2002 年 12 月造价指数 100.36，则工程价差调整额为(　　)万元。

A. 4.66　　B. 2.65　　C. 3.02　　D. 2.79

8. 如甲方不按合同约定支付工程进度款，双方又未达成延期付款协议，致使施工无法进行，则(　　)。

A. 乙方仍应设法继续施工

B. 乙方如停止施工则应承担违约责任

C. 乙方可停止施工，甲方承担违约责任

D. 乙方可停止施工，由双方共同承担责任

9. 在工程量验收确认时，监理工程师对承包商超出设计图纸范围施工的工程量应当(　　)。

A. 不予计量　　B. 予以计量

C. 征得发包方同意后进行计量　　D. 与承包商协商后再进行计量

10. 在建设项目施工阶段，经常会发生工程变更。对于施工中的工程变更指令，通常应该由(　　)发出。

A. 项目经理　　B. 本工程的总设计师

C. 现场监理工程师　　D. 承包商

11. 某工程合同价款 950 万元，主要材料款估计为 600 万元。该工程计划年度施工天数为 240 天，若材料储备天数 50 天，则本工程的预付款限额(　　)万元。

A. 210.24　　B. 200.14　　C. 125　　D. 197.92

12. 背景资料同习题 11，该工程预付款的起扣点约为(　　)。

A. 646　　B. 708　　C. 637　　D. 752

13. 承包商按合同约定时间向监理工程师提交已完工程量报告，监理工程师接到报告后(　　)天内按设计图纸完成计量。

A. 6　　B. 7　　C. 8　　D. 9

14. 发包方收到承包商递交的竣工结算资料后(　　)天内核实，给予确认或者提出修改意见，承包商收到竣工结算款后(　　)天内将竣工工程交付发包方。

A. 7、14　　B. 14、7　　C. 28、14　　D. 14、28

15. 进行工程价款动态结算的目的是(　　)。

A. 把物价浮动因素纳入结算过程　　B. 把工程量变化因素纳入结算过程

C. 把设计变更因素纳入结算过程　　D. 把造价超资因素纳入结算过程

16. 关于工程项目构成的划分，下面说法不正确的是(　　)。

A. 建设项目所指的范围最广泛

B. 可以把砌墙看成一个分项工程

C. 一栋可以使用的住宅是一个单项工程

D. 单项工程是单位工程的组成部分

17. 投资控制香蕉曲线是(　　)形成的。

A. 根据网络图中的关键工作、非关键工作

B. 根据网络图中关键工作的最早、最迟开始时间

C. 根据网络图中非关键工作的最早、最迟开始时间

D. 根据网络图中的时差

18. 某工程的投资偏差为－50 万元，进度偏差为 2 周，这表明该工程的(　　)。

A. 投资增加，进度拖延　　B. 投资增加，进度提前

C. 投资减少，进度拖延　　D. 投资减少，进度提前

19. 拟完工程计划投资是指(　　)。

A. 计划进度下的计划投资　　B. 计划进度下的实际投资

C. 实际进度下的计划投资　　D. 实际进度下的实际投资

20. 在投资控制中,明确各级投资控制人员的任务、职能分工、权利和责任,改善投资控制的工作流程,属于投资控制的(　　)。

A. 经济措施　　B. 合同措施　　C. 组织措施　　D. 技术措施

二、多项选择题

1. 由于业主原因设计变更,导致工程停工1个月,则承包商可索赔的费用(　　)。

A. 利润　　B. 人工窝工　　C. 机械设备闲置费

D. 增加的现场管理费　　E. 税金

2. 在建设项目施工期间,承包商可根据合同规定提出付款申请,付款申请的主要内容包括(　　)。

A. 已完工程量进度款　　B. 工程变更费

C. 返工损失费　　D. 恶劣气候造成的窝工损失费

E. 索赔

3. 工程师对承包商提出的变更价款进行审核和处理时,下列说法正确的有(　　)。

A. 承包商在工程变更确定后的规定时限内,向工程师提出变更价款报告,经工程师确认后调整合同价款

B. 承包商在规定时限内不向工程师提出变更价款报告,则视为该项变更不涉及价款变更

C. 工程师收到变更价款报告,在规定时限内无正当理由不确认,一旦超过时限,该价款报告失效

D. 工程师不同意承包商提出的变更价款,可以和解或要求工程造价管理部门调解

E. 工程师确认增加的工程变更价款作为追加合同款,与工程款同期支付

4. 工程保修金的扣法正确的是(　　)。

A. 累计拨款额达到建安工程造价的一定比例停止支付,预留部分作为保修金

B. 在第一次结算工程款中一次扣留

C. 在施工前预交保修金

D. 在竣工结算时一次扣留

E. 从发包方向承包商第一次支付工程款开始,在每次承包商应得的工程款中扣留

5. 进度偏差可以表示为(　　)。

A. 已完工程计划投资－已完工程实际投资

B. 拟完工程计划投资－已完工程实际投资

C. 拟完工程计划投资－已完工程计划投资

D. 拟完工程计划进度－已完工程计划进度

E. 已完工程实际进度－已完工程计划进度

6. 当利用S形曲线进行工程控制时,通过比较计划S形曲线和实际S形曲线,可以获得的信息有(　　)。

A. 工程项目实际投资比计划投资增加或减少的数量

B. 工程项目中各项工作实际完成的任务量

C. 工程项目实际进度比计划进度超前或拖后的时间

D. 工程项目中各项工作实际进度比计划进度超前或拖后的时间

E. 预测后期工程进度

7. 关于工程进度款的结算，下面正确的选项是(　　)。

A. 发包方应按照承包商的要求支付工程进度款

B. 监理工程师可以不通知承包商自行进行工程量计量

C. 因承包商原因造成返工的工程量监理工程师不予计量

D. 承包商的索赔款应与工程进度款同期支付

E. 在计量结果确认后 14 天内，发包方应向承包商支付工程进度款

8. 发包方在收到竣工结算报告及结算资料 56 天内仍不支付竣工结算款，承包商可以(　　)，优先受偿。

A. 扣压并拍卖发包方的固定资产　　B. 拍卖发包方的车辆

C. 与发包方协议将该工程折价　　D. 申请法院将该工程拍卖

E. 将竣工工程据为己有

9. 偏差分析的目的是要找出工程实施中的偏差是多少，常用的偏差分析方法有(　　)。

A. 横道图分析法　　B. 综合分析法　　C. 时标网络图法

D. 工期检验法　　E. S 形曲线法

10. 偏差产生的原因有(　　)。

A. 客观原因　　B. 业主原因　　C. 设计原因

D. 施工原因　　E. 统计原因

第6章 竣工阶段造价控制

主要内容

1. 竣工验收的概念、条件、标准、依据，特殊情况的竣工验收。
2. 竣工验收中的工程资料验收、工程内容验收。
3. 竣工验收的方式、程序、备案。
4. 竣工决算的概念、竣工财务决算说明书、竣工财务决算报表、建设工程竣工图。
5. 竣工决算的编制条件、依据、要求、程序，竣工决算的审核。
6. 新增固定资产、流动资产、无形资产、其他资产价值的确定。
7. 缺陷责任期与保修期的概念、期限，质量保证金的处理。

6.1 竣工验收

建设项目竣工验收是指由发包方、承包商和项目验收委员会，以项目批准的设计任务书和设计文件，以及国家或部门颁发的施工验收规范和质量检验标准为依据，按照一定的程序和手续，在项目建成并试生产合格后(工业生产性项目)，对工程项目的总体进行检验、认证、综合评价和鉴定的活动。

竣工验收是项目建设全过程的最后一个程序，是施工阶段和保修阶段的中间过程，是检查施工质量和内容是否符合设计要求与检验标准的重要环节，是投资转化为生产或使用成果的标志。

工业生产性建设项目，须经试生产合格，形成了生产能力才能进行验收。非生产性项目应能正常使用才可验收。

建设项目竣工验收，按被验收的对象不同可分为：单位工程验收、单项工程验收(也称交工验收)、工程整体验收(也称动用验收)。通常说的竣工验收指的是“动用验收”，即发包方在建设项目按批准的设计文件所规定的内容全部建成后，向使用单位(国有资金建设的工程向国家)交工的过程。

“动用验收”的程序是：整个建设项目按设计要求全部建成，经过第一阶段的交工验收符合设计要求，并具备竣工图、竣工结算、竣工决算等必要的文件资料，由建设项目主管部门或发包方，按照《建设项目竣工验收办法》的规定向负责验收的单位提出申请报告，接受由银行、物资、环保、劳动、统计、消防及其他有关部门组成的验收委员会或验收组的验收，并办理固定资产移交手续。验收委员会或验收组听取有关单位的工作报告，审阅工程技术档案资料，并实地查验建筑工程和设备安装情况，对工程设计、施工和设备质量等方面做出全面的评价。

6.1.1 竣工验收概述

1. 竣工验收条件

根据《建设工程质量管理条例》规定,建设工程竣工验收应当具备以下条件。

(1) 完成设计和合同约定的各项内容。

(2) 有完整的技术档案和施工管理资料。

(3) 有工程使用的主要建筑材料、建筑构配件和设备的进场试验报告。

(4) 有勘察、设计、施工、工程监理等单位分别签署的质量合格文件。

(5) 发包方已按合同约定支付了工程款。

(6) 有承包商签署的工程质量保修书。

(7) 建设行政主管部门和质量监督部门责令整改的问题(若有)已经全部整改完毕。

(8) 工程项目前期审批手续齐全。

2. 竣工验收标准

1) 工业生产性项目验收标准

(1) 生产性项目和辅助性公用设施已按设计要求完成,能满足生产使用。

(2) 主要工艺设备、动力设备均已安装配套,经无负荷联动试车和有负荷联动试车合格,已形成生产能力并能够生产出设计文件规定的产品。

(3) 必要的生产设施已按设计要求建成。

(4) 生产准备工作能适应投产的需要。

(5) 环境保护设施、劳动安全卫生设施、消防设施已按设计要求与主体工程同时建成并能使用。

(6) 土建、安装、人防、管道、通信等工程的施工和竣工验收,必须按照国家和行业施工及验收规范执行。

2) 民用建设项目验收标准

(1) 建设项目的各单位工程和单项工程均已符合项目竣工验收标准。

(2) 建设项目配套工程和附属工程均已施工结束,达到了设计规定的质量要求,并具备正常使用条件。

3. 竣工验收依据

(1) 上级主管部门对该项目批准的各种文件。

(2) 可行性研究报告。

(3) 施工图设计文件及设计变更洽商记录。

(4) 国家颁布的各种标准和现行的施工验收规范。

(5) 工程承包合同文件。

(6) 技术设备说明书。

(7) 建筑安装工程统一规定及主管部门关于工程竣工的规定。

从国外引进的新技术和成套设备的项目以及中外合资建设项目,要按照签订的合同和进口国提供的设计文件等进行验收;利用世界银行等国际金融机构贷款的建设项目,应按世界银行规定按时编制项目完成报告。

4. 特殊情况的竣工验收

(1) 工期较长、设备装置较多的大型工程，为能及时发挥投资效益，对能够独立生产的单项工程，可分期分批地组织竣工验收；对能生产中间产品的单项工程，若不能提前投料试车，可与生产最终产品的工程同步建成后，再进行全部验收。

(2) 某些工程虽未全部按设计要求完成，但情况特殊的也应进行验收。主要有：

① 因少数非主要设备或某些特殊材料短期内不能解决，虽然工程施工内容尚未全部完成，但已可投产或使用的项目。

② 规定要求的建设内容已完成，但因外部条件制约(如流动资金不足、生产所需原材料不能满足等)，而使已建工程不能投入使用的项目。

③ 已形成部分生产能力，但近期内不能按原设计规模续建的项目，应从实际情况出发，经主管部门批准后可缩小规模，对已完成的工程和设备组织竣工验收。

6.1.2 竣工验收内容

1. 工程资料验收

工程资料验收包括技术资料、综合资料和财务资料验收三个方面。

1) 工程技术资料验收

(1) 工程地质、水文、气象、地形、地貌、建筑物、构筑物及重要设备安装位置、勘察报告与记录。

(2) 初步设计、技术设计或扩大初步设计、关键的技术试验、总体规划设计。

(3) 土质试验报告、地基处理。

(4) 建筑工程施工记录、单位工程质量检验记录、管线强度、密封性试验报告、设备及管线安装施工记录及质量检查、仪表安装施工记录。

(5) 设备试车、验收运转、维修记录。

(6) 产品的技术参数、性能、图纸、工艺说明、工艺规程、技术总结、产品检验与包装、工艺图。

(7) 设备的图纸、说明书。

(8) 涉外合同、谈判协议、意向书。

(9) 各单项工程及全部管网竣工图等资料。

2) 工程综合资料验收

(1) 项目建议书及批件、可行性研究报告及批件、项目评估报告、环境影响评估报告书、设计任务书。

(2) 土地征用申报及批准文件，招标、投标文件，合同文件，施工执照，竣工验收报告，验收鉴定书。

3) 工程财务资料验收

(1) 历年建设资金供应(拨、贷)情况和应用情况。

(2) 历年批准的年度财务决算。

(3) 历年年度投资计划、财务收支计划。

(4) 建设成本资料。

(5) 设计概算、预算资料。

(6) 施工决算资料。

2. 工程内容验收

工程内容验收包括建筑工程验收、安装工程验收两部分。

1) 建筑工程验收

(1) 建筑物的位置、标高、轴线是否符合设计要求。

(2) 对基础工程的土石方工程、垫层工程、砌筑工程等资料的审查。

(3) 对结构工程的砖木结构、砖混结构、内浇外砌结构、钢筋混凝土结构的审查。

(4) 对屋面工程的屋面瓦、保温层、防水层等的审查。

(5) 对门窗工程的审查。

(6) 对装修工程(抹灰、油漆等工程)的审查。

2) 安装工程验收

(1) 建筑设备安装工程(指民用建筑中的上下水管道、暖气、煤气、通风、电气照明等设备安装)。检查设备的规格、型号、数量、质量是否符合设计要求,检查安装时的材料、材质、材种,进行试压、闭水试验,检查照明。

(2) 工艺设备安装工程(指生产、起重、传动、实验等设备的安装及附属管线敷设和油漆、保温等)。检查设备的规格、型号、数量、质量;检查设备安装的位置、标高、机座尺寸;进行单机试车、无负荷联动试车、有负荷联动试车;检查管道的焊接质量、各种阀门,进行试压、试漏。

(3) 动力设备安装工程[指有自备电厂的项目或变配电室(所)及动力配电线路等]的验收。

6.1.3 竣工验收方式、程序和备案

1. 竣工验收方式

1) 单位工程竣工验收

单位工程竣工验收(也称中间验收)是以独立签订施工合同的单位工程或专业工程(如大型土方工程)为对象,当单位工程达到竣工条件后,承包商可单独交工。单位工程竣工验收由监理单位组织,发包方和承包商派人参加,单位工程竣工验收资料是建设项目最终验收的依据。

2) 单项工程竣工验收

单项工程竣工验收是一个单项工程完成设计图纸规定的工程内容,能满足生产要求或具备使用条件,承包商向监理单位提交"工程竣工报告"和"工程竣工报验单",经确认后向发包方提出"交付竣工验收通知书",说明工程完工情况、竣工验收准备情况、设备无负荷单机试车情况,具体约定验收的有关工作。单项工程竣工验收由发包方组织,承包商、监理单位、设计单位和使用单位参加。

3) 全部工程竣工验收

全部工程竣工验收是建设项目按设计要求全部建成、达到竣工验收条件,由发包方组织设计、施工、监理等单位和档案部门进行全部工程的竣工验收。

2. 竣工验收程序

1）承包商自验

承包商自验是指承包商在完成承包的工程后，自行对所完成的项目进行检查的过程，也称交工预验。承包商自验一般分基层施工单位自验、项目经理自验、公司级预验三个层次，目的是为正式的交工验收做好准备。

2）承包商申请交工验收

承包商在完成了交工预验工作和准备好竣工资料后，即可向监理工程师提交“工程竣工报验单”，申请交工验收。交工验收一般为单项工程，也可是特殊情况的单位工程（如特殊基础处理工程、发电站单机机组完成后的移交等）。

3）监理工程师现场初验

监理工程师收到“工程竣工报验单”后，由监理工程师组成验收组，对竣工工程项目的竣工资料和专业工程质量进行初验。初验中发现质量问题，要及时书面通知承包商，令其修理甚至返工。承包商整改合格后监理工程师签署“工程竣工报验单”，并向发包方提出质量评估报告。

4）正式验收

（1）单项工程正式验收

单项工程正式验收由发包方组织，监理、设计、承包商、工程质量监督等单位参加，依据合同和国家标准，对以下几方面进行检查。

① 检查、核实竣工项目准备移交给发包方的所有技术资料的完整性、准确性。

② 检查已完工程是否有漏项。

③ 检查工程质量、隐蔽工程验收资料、关键部位的施工记录等，考察施工质量是否达到合同要求。

④ 对工业生产性项目，检查试车记录及试车中所发现的问题是否得到改正。

⑤ 明确规定需要返工、修补工程的完成期限。

⑥ 其他相关问题。

单项工程验收合格后，发包方和承包商共同签署“交工验收证书”。然后由发包方将有关技术资料和试车记录、试车报告及交工验收报告一并上报主管部门。主管部门批准后，该单项工程即可投入使用。对于验收合格的单项工程，在全部工程验收时，原则上不再办理验收手续。

（2）建设项目（即全部工程）正式验收

建设项目全部施工完成后，由国家主管部门组织竣工验收（也称动用验收），发包方参与全部工程的竣工验收。建设项目的正式验收分为：验收准备、预验收和正式验收三个阶段。

验收准备阶段主要做好以下工作。

① 整理技术资料，分类装订成册。

② 列出已交工工程和未完工工程一览表。

③ 提交财务决算分析。

④ 进行预申报工程质量等级的评定，做好相关材料的准备工作。

⑤ 汇总项目档案资料，绘制工程竣工图。

⑥ 登载固定资产，编制固定资产构成分析表。

⑦ 提出试车检查情况报告，总结试车考评情况。

⑧ 编写竣工结算分析报告和竣工验收报告。

预验收是在验收准备工作完成后，由发包方或上级主管部门会同监理、设计、承包商及有关单位组成预验收组进行预验收。预验收主要做好以下工作。

① 核实竣工准备工作，确认竣工项目档案资料的完整性、准确性。

② 对验收准备过程中有争议的问题及遗留问题提出处理意见。

③ 检查财务账表是否齐全、数据是否准确真实。

④ 检查试车情况和生产准备情况。

⑤ 编写竣工验收报告和移交生产准备情况报告。

大型项目正式验收由投资主管部门或地方政府组织，小型项目正式验收由项目主管部门组织。正式验收将成立由银行、物资、环保、劳动、统计、消防及其他有关部门人员组成的项目验收小组或项目验收委员会，发包方、监理、设计、承包商、使用单位共同参加验收工作。正式验收程序如下：

① 发包方与设计单位分别汇报工程合同履行情况，执行国家法律法规、工程建设强制性标准情况。

② 承包商汇报建设项目的施工情况、自验情况和竣工情况。

③ 监理单位汇报监理内容、监理情况及对项目竣工的意见。

④ 验收小组进行现场检查，查验项目质量与合同履约情况。

⑤ 验收小组审查档案资料。

⑥ 验收小组评审、鉴定设计水平与工程质量，在确认符合竣工标准和合同规定后，签发竣工验收合格证书。

⑦ 验收小组对项目整体做出验收鉴定，签署竣工验收签证书，如表 6-1 所示。

表 6-1 竣工验收签证书

工程名称		工程地点	
工程范围		建筑面积	
开工日期		竣工日期	
日历工作天		实际工作天	
工程造价			
验收意见			
验收人			

建设项目正式验收后，发包方应及时办理固定资产交付使用手续。在进行竣工验收时，已验收过的单项工程可以不再办理验收手续，但应将单项工程交工验收证书作为最终验收的附件而加以说明。

3. 竣工验收备案

(1) 国务院建设行政主管部门负责全国房屋建筑工程和市政基础设施工程的竣工验收备案管理工作。县级以上地方人民政府建设行政主管部门负责本行政区域内工程的竣工验收备案管理工作。

(2) 依照《房屋建筑工程和市政基础设施工程竣工验收备案管理暂行办法》的规定，建设单位应当自工程竣工验收合格之日起 15 日内,向工程所在地的县级以上地方人民政府建设行政主管部门备案。

(3) 建设单位办理工程竣工验收备案应当提交下列文件。

① 工程竣工验收备案表。

② 工程竣工验收报告。

③ 法律、行政法规规定应当由规划、公安消防、环保等部门出具的认可文件或准许使用文件。

④ 施工单位签署的工程质量保修书,商品住宅还应当提交《住宅质量保证书》和《住宅使用说明书》。

⑤ 法规、规章规定必须提供的其他文件。

(4) 备案机关收到建设单位报送的竣工验收备案文件,验证文件齐全后,应当在工程竣工验收备案表上签署文件收讫。工程竣工验收备案表一式二份,一份由建设单位保存,一份留备案机关存档。

(5) 工程质量监督机构应当在工程竣工验收之日起 5 日内,向备案机关提交工程质量监督报告。

(6) 备案机关发现建设单位在竣工验收过程中有违反国家有关建设工程质量管理规定行为的,应当在收讫竣工验收备案文件 15 日内,责令停止使用,重新组织竣工验收。

6.2 竣工决算

竣工决算是指项目竣工后,建设单位编制的以实物数量和货币指标为计量单位的、综合反映项目从筹建起到竣工交付使用止的全部建设费用、建设成果和财务情况的总结性文件。竣工决算是竣工验收报告的重要组成部分。

竣工决算反映了竣工项目计划和实际的建设规模、建设工期、生产能力,反映了计划投资和实际建设成本,反映了竣工项目所达到的主要技术经济指标。

项目竣工时,应编制建设项目竣工财务决算。建设周期长、建设内容多的项目,单项工程竣工,具备交付使用条件的,可编制单项工程竣工财务决算。建设项目全部竣工后应编制竣工财务总决算。

6.2.1 竣工决算的内容

建设项目竣工决算应包括从筹集到竣工投产全过程的全部实际费用。

根据财政部、国家发改委和住房城乡建设部的有关文件规定,竣工决算是由竣工财务决算说明书、竣工财务决算报表、工程竣工图和工程竣工造价对比分析四部分组成。其中竣工财务决算说明书和竣工财务决算报表两部分又称建设项目竣工财务决算,是竣工决算的核心内容。竣工财务决算是正确核定项目资产价值、反映竣工项目建设成果的文件,是办理资产移交和产权登记的依据。

1. 竣工财务决算说明书

竣工财务决算说明书是分析工程投资与造价的书面总结，主要内容如下：

(1) 项目概况。项目概况一般从进度、质量、安全、造价方面进行分析说明。进度方面主要说明开工、竣工时间，说明项目建设工期是提前还是延期；质量方面主要根据竣工验收小组（委员会）或质量监督部门的验收评定等级、合格率和优良率进行说明；安全方面主要根据承包商、监理单位的记录，对有无设备和安全事故进行说明；造价方面主要对照概算造价、资金使用计划，说明项目是节约还是超支。

(2) 会计账务的处理、财产物资清理及债权债务的清偿情况。

(3) 项目建设资金计划及到位情况，财政资金支出预算、投资计划及到位情况。

(4) 项目建设资金使用、项目结余资金分配情况。

(5) 项目概（预）算执行情况，竣工实际完成投资与概算差异及原因分析。

(6) 尾工工程情况。项目一般不得预留尾工工程，确需预留尾工工程的，尾工工程投资不得超过批准的项目概（预）算总投资的 5%。

(7) 历次审计、检查、审核、稽查意见及整改落实情况。

(8) 主要技术经济指标分析。概算执行情况分析，根据实际投资完成额与概算进行对比分析；新增生产能力的效益分析，说明交付使用财产占总投资额的比例，不增加固定资产的造价占投资总额的比例；项目建设成果分析。

(9) 项目管理经验、主要问题和建议。

(10) 预备费动用情况说明。

(11) 项目建设管理制度执行情况、政府采购情况、合同履行情况说明。

(12) 征地拆迁补偿情况、移民安置情况说明。

(13) 其他事项说明。

2. 竣工财务决算报表

建设项目的竣工财务决算报表包括：建设项目概况表、建设项目竣工财务决算表、建设项目资金情况明细表、建设项目交付使用资产总表、建设项目交付使用资产明细表、待摊投资明细表、待核销基建支出明细表、转出投资明细表等。

1) 建设项目概况表

建设项目概况表如表 6-2 所示。该表综合反映了建设项目的基本概况，内容有项目总投资、建设起止时间、新增生产能力、主要材料消耗、建设成本、完成主要工程量和主要技术经济指标，为全面考核和分析投资效果提供依据。

(1) 建设项目名称、建设地址、主要设计单位和主要施工企业要按全称填列。

(2) 表中各项目的设计、概算等指标，根据批准的设计文件和概算等确定的数字填列。

(3) 表中所列新增生产能力、完成主要工程量的实际数据，根据建设单位统计资料和施工企业提供的有关成本核算资料填列。

(4) 表中基本建设支出是指建设项目从开工起至竣工止发生的全部建设支出，包括形成资产价值的交付使用资产，如固定资产、流动资产、无形资产、其他资产等，还包括不形成资产价值按照规定应核销的非经营项目的待核销基建支出和转出投资。上述支出，应根据财政部门历年批准的“基建投资表”中的有关数据填列。按照《基本建设财务规则》（财政部第 81 号令）的规定，需要注意以下几点。

表 6-2　建设项目概况表

<table>
<tr><td>建设项目名称</td><td colspan="2"></td><td>建设地址</td><td colspan="2"></td><td rowspan="8">基本建设支出</td><td>项　　目</td><td>概算批准金额(元)</td><td>实际完成金额(元)</td><td>备注</td></tr>
<tr><td>主要设计单位</td><td colspan="2"></td><td>主要施工企业</td><td colspan="2"></td><td>建筑安装工程投资</td><td></td><td></td><td></td></tr>
<tr><td rowspan="2">占地面积</td><td>设计</td><td>实际</td><td rowspan="2">总投资(万元)</td><td>设计</td><td>实际</td><td>设备、工具、器具投资</td><td></td><td></td><td></td></tr>
<tr><td></td><td></td><td></td><td></td><td>待摊投资
其中：建设单位管理费</td><td></td><td></td><td></td></tr>
<tr><td rowspan="2">新增生产能力</td><td colspan="3">能力(效益)名称</td><td>设计</td><td>实际</td><td>其他投资</td><td></td><td></td><td></td></tr>
<tr><td colspan="3"></td><td></td><td></td><td>待核销基建支出</td><td></td><td></td><td></td></tr>
<tr><td rowspan="2">建设起止时间</td><td>设计</td><td colspan="4">从　年　月开工至　年　月竣工</td><td>非经营项目转出投资</td><td></td><td></td><td></td></tr>
<tr><td>实际</td><td colspan="4">从　年　月开工至　年　月竣工</td><td>合　计</td><td></td><td></td><td></td></tr>
<tr><td>设计概算批准文号</td><td colspan="10"></td></tr>
<tr><td rowspan="3">完成主要工程量</td><td colspan="5">建筑面积(m^2)</td><td colspan="5">设备(台、套、吨)</td></tr>
<tr><td colspan="2">设计</td><td colspan="3">实际</td><td colspan="3">设计</td><td colspan="2">实际</td></tr>
<tr><td colspan="2"></td><td colspan="3"></td><td colspan="3"></td><td colspan="2"></td></tr>
<tr><td rowspan="3">收尾工程</td><td colspan="2">项目及内容</td><td colspan="3">批准概算</td><td colspan="2">未完部分投资额</td><td colspan="2">已完成投资额</td><td>预计完成时间</td></tr>
<tr><td colspan="2"></td><td colspan="3"></td><td colspan="2"></td><td colspan="2"></td><td></td></tr>
<tr><td colspan="2">小计</td><td colspan="3"></td><td colspan="2"></td><td colspan="2"></td><td></td></tr>
</table>

① 建筑安装工程投资支出，设备及工、器具投资支出，待摊投资支出和其他投资支出构成建设项目的建设成本。

② 待核销基建支出包括的内容：非经营性项目发生的江河清障、航道清淤、飞播造林、补助群众造林、退耕还林(草)、封山(沙)育林(草)、水土保持、城市绿化、毁损道路修复、护坡及清理等不能形成资产的支出，以及项目未被批准、项目取消和项目报废前已发生的支出；非经营性项目发生的农村沼气工程、农村安全饮水工程、农村危房改造工程、游牧民定居工程、渔民上岸工程等涉及家庭或者个人的支出，形成资产产权归属家庭或者个人的，也作为待核销基建支出处理。

上述待核销基建支出，若形成资产产权归属本单位的，计入交付使用资产价值；形成产权不归属本单位的，作为转出投资处理。

③ 非经营性项目转出投资支出是指非经营项目为项目配套的专用设施投资，包括专用道路、专用通信设施、送变电站、地下管道等，且其产权不属于本单位的投资支出。对于产权归属本单位的，应计入交付使用资产价值。

(5) 表中“设计概算批准文号”按最后经批准的文件号填列。

(6) 表中收尾工程是指全部工程项目验收后尚遗留的少量收尾工程，在表中应明确填写收尾工程内容、完成时间、投资额等，可根据实际情况进行估算并加以说明，完工后不再编制竣工决算。

2) 建设项目竣工财务决算表

建设项目竣工财务决算表如表 6-3 所示。该表反映竣工的建设项目从开工起到竣工止的全部资金来源和资金占用情况，是考核、分析投资效果，落实结余资金，并作为报告上级核销基本建设支出和基本建设拨款的依据。在编制该表前，应先编制出项目竣工年度财务决算，根据竣工年度财务决算和历年的财务决算数据来编制此表，表中的资金来源合计应等于资金占用合计。

表 6-3　建设项目竣工财务决算表

资 金 来 源	金额(元)	资 金 占 用	金额(元)
1. 基建拨款		1. 基建支出	
1.1 中央财政资金		1.1 交付使用资产	
其中：一般公共预算资金		1.1.1 固定资产	
中央基建投资		1.1.2 流动资产	
财政专项资金		1.1.3 无形资产	
政府性基金		1.2 在建工程	
国有资本经营预算安排的基建资金		1.2.1 建筑安装工程投资	
1.2 地方财政资金		1.2.2 设备投资	
其中：一般公共预算资金		1.2.3 待摊投资	
地方基建投资		1.2.4 其他投资	
财政专项资金		1.3 待核销基建支出	
政府性基金		1.4 转出投资	
国有资本经营预算安排的基建资金		2. 货币资金合计	
2. 部门自筹资金(非负债性资金)		其中：银行存款	
3. 项目资本金		财政应返还额度	
3.1 国家资本		其中：直接支付	
3.2 法人资本		授权支付	
3.3 个人资本		现金	
3.4 外商资本		有价证券	
4. 项目资本公积金		3. 预付及应收款合计	
5. 基建借款		3.1 预付备料款	
其中：企业债券资金		3.2 预付工程款	
6. 待冲基建支出		3.3 预付设备款	
7. 应付款合计		3.4 应收票据	
7.1 应付工程款		3.5 其他应收款	
7.2 应付设备款		4. 固定资产合计	
7.3 应付票据		4.1 固定资产原价	
7.4 应付工资及福利		减：累计折旧	
7.5 其他应付款		4.2 固定资产净值	
8. 未交款合计		4.3 固定资产清理	
8.1 未交税金		4.4 待处理固定资产损失	
8.2 未交结余财政资金			
8.3 未交基建收入			
8.4 其他未交税款			
合　计		合　计	

（1）表 6-3 中资金来源中的项目资本金和项目资本公积金。

① 项目资本金是指经营性项目投资者按国家有关项目资本金的规定，筹集并投入项目的非负债资金，在项目竣工后，相应转为生产经营企业的国家资本金、法人资本金、个人资本金和外商资本金。

② 项目资本公积金是指经营性项目对投资者实际缴付的出资额超过其资金的差额（包括发行股票的溢价净收入）、资产评估确认价值或者合同协议约定价值与原账面净值的差额、接收捐赠的财产、资本汇率折算差额，在项目建设期间作为资本公积金、项目建成交付使用并办理竣工决算后，转为生产经营企业的资本公积金。

（2）表中“交付使用资产”“中央财政资金”“地方财政资金”“部门自筹资金”“项目资本金”“基建借款”等项目，是指自开工建设至竣工的累计数，上述有关指标应根据历年批复的年度基本建设财务决算和竣工年度的基本建设财务决算中资金平衡表相应项目的数字进行汇总填写。

（3）表中其余各项目的费用数据，为办理竣工验收时的结余数，根据竣工年度财务决算中资金平衡表的有关项目期末数填写。

（4）资金支出反映建设项目从开工准备到竣工全过程资金支出的情况，资金支出总额应等于资金来源总额。

3）建设项目交付使用资产总表

建设项目交付使用资产总表如表 6-4 所示。该表反映了建设项目建成后新增固定资产、流动资产、无形资产的情况和价值作为财产交接、检查投资计划完成情况和分析投资效果的依据。

表 6-4　建设项目交付使用资产总表

序号	单项工程名称	总计	固定资产				流动资产	无形资产
			合计	建筑物及构筑物	设备	其他		

交付单位：　　　　负责人：　　　　接收单位：　　　　负责人：

表中各栏目数据根据“交付使用资产明细表”中的固定资产、流动资产、无形资产各相应项目的汇总数分别填写，表中总计栏的总计数应与竣工财务决算表中的交付使用资产的金额一致。

4）建设项目交付使用资产明细表

建设项目交付使用资产明细表如表 6-5 所示。该表反映了交付使用的固定资产、流动资产、无形资产价值的明细情况，是办理资产交接的依据和接收单位登记资产账目的依据，也是使用单位建立资产明细账和登记新增资产价值的依据。编制时要做到齐全完整，数字准确，各栏目价值应与会计账目中相应科目的数据保持一致。

（1）表中“建筑工程”项目应按单项工程名称填列其结构、面积和价值。其中结构是指项目按钢结构、钢筋混凝土结构、混合结构等结构形式填写；面积则按各项目实际完成面积填写；金额按交付使用资产的实际价值填写。

表 6-5　建设项目交付使用资产明细表

<table>
<tr><td rowspan="3">序号</td><td rowspan="3">单项工程名称</td><td colspan="9">固定资产</td><td colspan="2" rowspan="2">流动资产</td><td colspan="2" rowspan="2">无形资产</td></tr>
<tr><td colspan="3">建筑工程</td><td colspan="6">设备、工具、器具、家具</td></tr>
<tr><td>结构</td><td>面积(m^2)</td><td>金额(元)</td><td>名称</td><td>规格型号</td><td>数量</td><td>金额(元)</td><td>其中：设备安装费(元)</td><td>其中：分摊待摊投资(元)</td><td>名称</td><td>金额(元)</td><td>名称</td><td>金额(元)</td></tr>
<tr><td></td><td></td><td></td><td></td><td></td><td></td><td></td><td></td><td></td><td></td><td></td><td></td><td></td><td></td><td></td></tr>
<tr><td></td><td></td><td></td><td></td><td></td><td></td><td></td><td></td><td></td><td></td><td></td><td></td><td></td><td></td><td></td></tr>
<tr><td></td><td>合　计</td><td></td><td></td><td></td><td></td><td></td><td></td><td></td><td></td><td></td><td></td><td></td><td></td><td></td></tr>
</table>

交付单位：　　　　负责人：　　　　接收单位：　　　　负责人：

(2) 表中“设备、工具、器具、家具”部分要在逐项盘点后，根据盘点实际情况填写，工具、器具和家具等低值易耗品可分类填写。

(3) 表中“流动资产”“无形资产”项目应根据建设单位实际交付的名称和价值分别填写。

3. 建设工程竣工图

建设工程竣工图是真实记录各种地上、地下建筑物和构筑物情况的技术文件，是工程交工验收、维护和扩建的依据，是国家的重要技术档案。国家规定：各项新建、扩建、改建的工程项目，特别是基础、地下建筑、管线、结构、井巷、桥梁、隧道、港口、水坝以及设备安装等隐蔽部位，都要编制竣工图。为确保竣工图质量，必须在施工过程中(不能在竣工后)及时做好隐蔽工程检查记录，整理好设计变更文件。

(1) 凡按图竣工没有变动的，由承包商(包括总包、分包，下同)在原施工图加盖“竣工图”标志后，即作为竣工图。

(2) 凡在施工过程中有一般性设计变更，但能将原施工图加以修改补充作为竣工图，可不重新绘制，由承包商负责在原施工图(必须是新蓝图)上注明修改的部分，并附以设计变更通知单和施工说明，加盖“竣工图”标志后，作为竣工图。

(3) 凡结构形式改变、施工工艺改变、平面布置改变、项目改变以及有其他重大改变，不宜再在原施工图上修改、补充时，应重新绘制改变后的竣工图。由设计原因造成的，由设计单位负责重新绘制；由施工原因造成的，由承包商负责重新绘图；由其他原因造成的，由发包方自行绘制或委托设计单位绘制。承包商负责在新图上加盖“竣工图”标志，并附以有关记录和说明，作为竣工图。

(4) 为了满足竣工验收和竣工决算需要，还应绘制反映竣工工程全部内容的工程设计平面示意图。

(5) 重大的改建、扩建工程项目涉及原有的工程项目变更时，应将相关项目的竣工图资料统一整理归档，并在原图案卷内增补必要的说明一起归档。

4. 工程造价比较分析

工程造价比较分析的目的是确定竣工项目总造价是节约还是超支，总结先进经验，找出节约和超支的内容和原因，提出改进措施。

工程造价比较分析是通过对比竣工决算表中的实际数据与批准的概算、预算指标值进行的。实际分析时，可先对比整个项目的总概算，然后逐一对比建筑安装工程费，设备及工、器具购置费，工程建设其他费和其他费用，主要分析以下内容。

(1) 主要实物工程量。对于实物工程量出入比较大的情况，必须查明原因。

(2) 主要材料消耗量。可按照竣工决算表中所列明的三大材料实际超概算的消耗量，查明是在工程的哪个环节超出量最大，再进一步查明超耗的原因。

(3) 建设单位管理费、措施费和间接费的取费标准。建设单位管理费、措施费和间接费的取费标准要按照国家和各地的有关规定，根据竣工决算报表中所列的费用与概预算所列的费用数额进行比较，查明费用项目是否准确，确定节约超支数额，并查明原因。

6.2.2 竣工决算的编制

1. 编制竣工决算应具备的条件

(1) 经批准的初步设计所确定的工程内容已完成。

(2) 单项工程或建设项目竣工结算已完成。

(3) 收尾工程投资和预留费用不超过规定的比例。

(4) 涉及法律诉讼、工程质量纠纷的事项已处理完毕。

(5) 其他影响工程竣工决算编制的重大问题已解决。

2. 竣工决算编制依据

(1)《基本建设财务规则》(财政部第 81 号令)等法律、法规和规范性文件。

(2) 项目计划任务书及立项批复文件。

(3) 项目总概算书和单项工程概算书文件。

(4) 经批准的设计文件及设计交底、图纸会审资料。

(5) 招标文件和最高投标限价。

(6) 工程合同文件。

(7) 项目竣工结算文件。

(8) 工程签证、工程索赔等合同价款调整文件。

(9) 设备、材料调价文件记录。

(10) 会计核算及财务管理资料。

(11) 其他有关项目管理的文件。

3. 竣工决算编制要求

(1) 按规定及时组织竣工验收，保证竣工决算的及时性。

(2) 积累、整理竣工项目资料，特别是项目的造价资料，保证竣工决算的完整性。

(3) 清理、核对各项账目，保证竣工决算的正确性。

竣工决算应在竣工项目办理验收交付手续后一个月内编好，并上报主管部门，有关财务成本部分还应送经办银行审查签证。主管部门和财政部门对报送的竣工决算审批后，建设单位即可办理决算调整和结束有关工作。

4. 竣工决算编制程序

(1) 收集、整理和分析资料。在编制竣工决算文件之前，要系统地整理所有的技术资料、工程结算文件、施工图纸和各种变更与签证资料，并分析资料的准确性。

(2) 清理项目财务和结余物资。清理建设项目从筹建到竣工投产(或使用)的全部债权和债务，做到工程完毕账目清晰。要核对账目，查点库有实物的数量，做到账与物相等，账与账相符。对结余的各种材料、工器具和设备，要逐项清点核实，妥善管理，并按规定及时处理，收回资金。对各种往来款项要及时清理，为编制竣工决算提供准确的数据。

(3) 填写竣工决算报表。按照前面工程决算报表的内容，统计或计算各个项目和数量，并将其结果填到相应表格的栏目内，完成所有报表的填写。

(4) 编制竣工决算说明。按照建设工程竣工决算说明的要求，编写文字说明。

(5) 完成工程造价对比分析。

(6) 清理、装订竣工图。

(7) 上报主管部门审查。

上述的文字说明和表格经核对无误，装订成册，即成为建设项目竣工决算文件。建设项目竣工决算文件需上报主管部门审查，其财务成本部分需送交开户银行签证。竣工决算文件在上报主管部门的同时，还应抄送有关设计单位。

建设项目竣工决算的文件由建设单位负责组织人员编写。

6.2.3 竣工决算的审核

建设项目完工可投入使用或者试运行合格后，应当在3个月内编报竣工财务决算，特殊情况确需延长的，中、小型项目不得超过2个月，大型项目不得超过6个月。

中央项目竣工财务决算由财政部制定统一的审核批复管理制度和操作规程。中央项目主管部门本级以及不向财政部报送年度部门决算的中央单位的项目竣工财务决算由财政部批复；其他中央项目竣工财务决算由中央项目主管部门负责批复，报财政部备案；国家另有规定的，从其规定。地方项目竣工财务决算审核批复管理职责和程序要求由同级财政部门确定。

竣工决算审核的内容如下：

(1) 工程价款结算是否准确，是否按照合同约定和国家有关规定进行，有无多算和重复计算工程量、高估冒算建筑材料价格现象。

(2) 待摊费用支出及其分摊是否合理、正确。

(3) 项目是否按照批准的概(预)算内容实施，有无超标准、超规模、超概(预)算建设现象。

(4) 项目资金是否全部到位，核算是否规范，资金使用是否合理，有无挤占、挪用现象。

(5) 项目形成资产是否全面反映，计价是否准确，资产接收单位是否落实。

(6) 项目在建设过程中历次检查和审计所提的重大问题是否已经整改落实。

(7) 待核销基建支出和转出投资有无依据，是否合理。

(8) 竣工财务决算报表所填列的数据是否完整，表间钩稽关系是否清晰、明确。

(9) 尾工工程及预留费用是否控制在概算确定的范围内，预留的金额和比例是否合理。

(10) 项目建设是否履行基本建设程序、是否符合国家有关建设管理制度要求等。

(11) 决算的内容和格式是否符合国家有关规定。

(12) 决算资料报送是否完整、决算数据间是否存在错误。

(13) 相关主管部门或者第三方专业机构是否出具审核意见。

6.2.4 新增资产价值的确定

建设项目竣工投入运营(或使用)后，所花费的总投资形成了相应的资产。按照财务制度和会计准则,新增资产按资产性质可分为固定资产、流动资产、无形资产和其他资产四大类。

1. 新增固定资产价值的确定

新增固定资产价值是以独立发挥生产能力的单项工程为对象确定的。单项工程建成经有关部门验收鉴定合格,正式移交生产或使用,即应计算新增固定资产价值。一次交付生产或使用的工程一次计算新增固定资产价值,分期分批交付生产或使用的工程,应分期分批计算新增固定资产价值。计算新增固定资产价值时应注意以下几点。

(1) 对于为了提高产品质量、改善劳动条件、节约材料、保护环境而建设的辅助工程,只要全部建成,正式验收交付使用后就要计入新增固定资产价值。

(2) 对于单项工程中不构成生产系统,但能独立发挥效益的非生产性项目,如住宅、食堂、医务所、托儿所、生活服务网点等,在建成并交付使用后,也要计算新增固定资产价值。

(3) 凡购置达到固定资产标准不需安装的设备、工具、器具,应在交付使用后计入新增固定资产价值。

(4) 属于新增固定资产价值的其他投资,随同受益工程交付使用的,应同时一并计入受益工程。

(5) 交付使用财产的成本应按下列内容计算。

① 房屋、建筑物、管道、线路等固定资产的成本包括:建筑工程成本和应分摊的待摊投资。

② 动力设备和生产设备等固定资产的成本包括:需要安装设备的采购成本,安装工程成本,设备基础、支柱等建筑工程成本或砌筑锅炉及各种特殊炉的建筑工程成本,应分摊的待摊投资。

③ 运输设备及其他不需要安装的设备、工具、器具、家具等固定资产一般仅计算采购成本,不计分摊。

(6) 共同费用的分摊方法。

新增固定资产的其他费用,如果是属于整个建设项目或两个以上单项工程的,在计算新增固定资产价值时,应在各单项工程中按比例分摊。分摊时,什么费用应由什么工程负担应按具体规定进行。一般情况下,建设单位管理费按建筑工程、安装工程、需安装设备价值总额按比例分摊;而土地征用费、勘察设计费则按建筑工程造价分摊。

例如,某工业建设项目及其总装车间的建筑工程费、安装工程费、需安装设备费以及应摊入费用如表 6-6 所示,计算总装车间新增固定资产价值。

表 6-6　建筑工程费、安装工程费、需安装设备费以及应摊入费用表　单位:万元

项目名称	建筑工程	安装工程	需安装设备	建设单位管理费	土地征用费	勘察设计费
建设项目竣工结算	2000	400	800	60	70	50
总装车间竣工决算	500	180	320			

$$总装车间应分摊的建设单位管理费=\frac{500+180+320}{2000+400+800}\times 60$$
$$=18.75(万元)$$

$$总装车间应分摊的土地征用费=\frac{500}{2000}\times 70$$
$$=17.5(万元)$$

$$总装车间应分摊的勘察设计费=\frac{500}{2000}\times 50$$
$$=12.5(万元)$$

$$总装车间新增固定资产价值=(500+180+320)+(18.75+17.5+12.5)$$
$$=1048.75(万元)$$

2. 新增流动资产价值的确定

流动资产是指可以在一年或者超过一年的营业周期内变现或者耗用的资产，包括：现金、银行存款、应收账款及预付账款、短期投资、存货等。

1）货币性资金

货币性资金是指现金、各种银行存款及其他货币资金。其中现金是指企业的库存现金，包括企业内部各部门用于周转使用的备用金；各种银行存款是指企业的各种不同类型的银行存款；其他货币资金是指除现金和银行存款以外的其他货币资金。货币性资金根据实际入账价值核定。

2）应收及预付款项

应收款项是指企业因销售商品、提供劳务等应向购货单位或受益单位收取的款项。预付款项是指企业按照购货合同预付给供货单位的购货定金或部分货款。应收及预付款项包括应收票据、应收款项、其他应收款、预付货款和待摊费用。一般情况下，应收及预付款项按企业销售商品、产品或提供劳务时的成交金额入账核算。

3）短期投资

短期投资包括股票、债券、基金。股票和债券根据是否可以上市流通分别采用市场法和收益法确定其价值。

4）存货

存货是指企业的库存材料、在产品、产成品、商品等。各种存货应当按照取得时的实际成本计价。存货的形成主要有外购和自制两个途径，外购的存货按照买价加运输费，装卸费，保险费，途中合理损耗，入库加工、整理及挑选费用，缴纳的税金等计价；自制的存货按照制造过程中的各项支出计价。

3. 新增无形资产价值的确定

1）专利权的计价

专利权分为自创和外购两类。自创专利权的价值为开发过程中的实际支出，主要包括专利的研制成本和交易成本。研制成本包括直接成本和间接成本。直接成本是指研制过程中直接投入发生的费用（主要包括材料、工资、专用设备、资料、咨询鉴定、协作、培训和差旅等费用）；间接成本是指与研制开发有关的费用（主要包括管理费、非专用设备折旧费、应分摊的公共费用及能源费用）。交易成本是指在交易过程中的费用支出（主要包括技术服务费、交易过程中的差旅费及管理费、手续费、税金)。由于专利权是具有独占性并能带来超额利润的生产要素,因此专利权的转让价格不按成本估价,而是按照其所能带来的超额收益计价。

2) 专有技术的计价

专有技术(又称非专利技术)的价值是其所具有的使用价值。使用价值是指通过使用专有技术能够产生超额获利,应在分析其直接和间接获利能力的基础上计算其价值。如果非专利技术是自创的,一般不作为无形资产入账,自创过程中发生费用,按当期费用处理。对于外购非专利技术,应由法定评估机构确认后再进行估价,一般采用收益法估价。

3) 商标权的计价

如果商标权是自创的,一般不作为无形资产入账,而将商标设计、制作、注册、广告宣传等发生的费用直接作为销售费用计入当期损益。只有当企业购入或转入商标时,才需要对商标权计价。商标权的计价一般根据被许可方新增的收益确定。

4) 土地使用权的计价

根据取得土地使用权的方式不同,土地使用权可有以下几种计价方式:当建设单位向土地管理部门申请土地使用权并为之支付一笔出让金时,土地使用权作为无形资产核算;当建设单位获得土地使用权是通过行政划拨的,这时土地使用权就不能作为无形资产核算;在将土地使用权有偿转让、出租、抵押、作价入股和投资,按规定补交土地出让价款时,才作为无形资产核算。

4. 新增其他资产价值的确定

其他资产是指不能全部计入当年损益,应当在以后年度分期摊销的各种费用,包括开办费、租入固定资产改良支出等。

1) 开办费的计价

开办费是指筹建期间建设单位管理费中未计入固定资产的其他各项费用,如建设单位经费,包括筹建期间工作人员工资、办公费、差旅费、印刷费、生产职工培训费、样品样机购置费、农业开荒费、注册登记费等以及不计入固定资产和无形资产购建成本的汇兑损益、利息支出。按照财务制度规定,除了筹建期间不计入资产价值的汇兑净损失外,开办费从企业开始生产经营月份的次月起,按照不短于 5 年的期限平均摊入管理费用中。

2) 租入固定资产改良支出的计价

租入固定资产改良支出是企业从其他单位或个人租入的固定资产,所有权属于出租人,但企业依合同享有使用权。通常双方在协议中规定,租入企业应按照规定的用途使用,并承担对租入固定资产进行修理和改良的责任,即发生的修理和改良支出全部由承租方负担。对租入固定资产的大修理支出,不构成固定资产价值,其会计处理与自有固定资产的大修理支出无区别。对租入固定资产实施改良,因有助于提高固定资产的效用和功能,应当另外确认为一项资产。由于租入固定资产的所有权不属于租入企业,所以租入固定资产改良及大修理支出应当在租赁期内分期平均摊入制造费用或管理费用中。

6.2.5 质量保证金

1. 缺陷责任期与保修期

1) 缺陷责任期

缺陷是指建设工程质量不符合工程建设强制标准、设计文件,以及承包合同的约定。缺陷责任期是指承包人对已交付使用的工程承担合同约定的缺陷修复责任的期限。

2）保修期

保修期是指在正常使用条件下建设工程的最低保修期限，其期限长短执行《建设工程质量管理条例》的规定。

2. 缺陷责任期与保修期的期限

1）缺陷责任期的期限

缺陷责任期从工程通过竣工验收之日起计。由于承包人原因导致工程无法按规定期限进行竣工验收的，缺陷责任期从实际通过竣工验收之日起计。由于发包人原因导致工程无法按规定期限进行竣工验收的，在承包人提交竣工验收报告90天后，工程自动进入缺陷责任期。缺陷责任期一般为1年，最长不超过2年，由发包、承包双方在合同中约定。

2）保修期的期限

保修期自实际竣工日起计算，按照《建设工程质量管理条例》的规定，保修期限如下：

（1）地基基础工程和主体结构工程，为设计文件规定的该工程的合理使用年限。

（2）屋面防水工程、有防水要求的卫生间、房间和外墙面的防渗漏为5年。

（3）供热与供冷系统为2个采暖期和供热期。

（4）电气管线、给排水管道、设备安装和装修工程为2年。

3. 质量保证金的处理

1）质量保证金的含义

根据《建设工程质量保证金管理办法》的规定，建设工程质量保证金是指发包人与承包人在建设工程承包合同中约定，从应付的工程款中预留，用以保证承包人在缺陷责任期内对建设工程出现的缺陷进行维修的资金。

2）质量保证金的预留

发包人应按照合同约定方式预留质量保证金，质量保证金总预留比例不得高于工程价款结算总额的5%。合同约定由承包人以银行保函替代预留质量保证金的，保函金额不得高于工程价款结算总额的5%。在工程项目竣工前，已经缴纳履约保证金的，发包人不得同时预留工程质量保证金。采用工程质量保证担保、工程质量保险等其他方式的，发包人不得再预留质量保证金。

3）质量保证金的管理

缺陷责任期内，实行国库集中支付的政府投资项目，质量保证金的管理按国库集中支付的有关规定执行；其他政府投资项目，质量保证金可以预留在财政部门或发包方。缺陷责任期内，如发包方被撤销，质量保证金随交付使用资产一并移交使用单位，由使用单位代行发包人职责。社会投资项目采用预留质量保证金方式的，发包、承包双方可以约定将质量保证金交由金融机构托管。

4）质量保证金的使用

缺陷责任期内，由承包人原因造成的缺陷，承包人应负责维修，并承担鉴定及维修费用。如承包人不维修也不承担费用，发包人可按合同约定从质量保证金或银行保函中扣除，费用超出质量保证金额的，发包人可按合同约定向承包人进行索赔。承包人维修并承担相应费用后，不免除对工程的损失赔偿责任。由他人及不可抗力原因造成的缺陷，发包人负责组织维修，承包人不承担费用，且发包人不得从质量保证金中扣除费用。发包、承包双方就缺陷责任有争议时，可以请有资质的单位进行鉴定，责任方承担鉴定费用并承担维修费用。

5）质量保证金的返还

缺陷责任期内，承包人认真履行合同约定的责任，到期后，承包人向发包人申请返还质量保证金。

发包人在接到承包人返还质量保证金申请后，应于14天内会同承包人按照合同约定的内容进行核实。如无异议，发包人应当按照约定将质量保证金返还给承包人。对返还期限没有约定或者约定不明确的，发包人应当在核实后14天内将质量保证金返还承包人，逾期未返还的，依法承担违约责任。发包人在接到承包人返还质量保证金申请后14天内不予答复，经催告后14天内仍不予答复，视同认可承包人的返还保证金申请。

习　题

一、单项选择题

1. 下列建设项目，还不具备竣工验收条件的是(　　)。

A. 工业项目经负荷试车，试生产期间能正常生产出合格产品形成生产能力的

B. 非工业项目符合设计要求，能够正常使用的

C. 工业项目虽可使用，但少数设备短期不能安装，工程内容未全部完成的

D. 工业项目已完成某些单项工程，但不能提前投料试车的

2. 可以进行竣工验收工程的最小单位是(　　)。

A. 分部分项工程　B. 单位工程　C. 单项工程　D. 工程项目

3. 竣工决算的计量单位是(　　)。

A. 实物数量和货币指标

B. 建设费用和建设成果

C. 固定资产价值、流动资产价值、无形资产价值、递延和其他资产价值

D. 建设工期和各种技术经济指标

4. 某住宅在保修期限及保修范围内，由于洪水造成了该住宅的质量问题，其保修费用应由(　　)承担。

A. 施工单位　B. 设计单位　C. 使用单位　D. 建设单位

5. 在建设工程竣工验收步骤中，施工单位自验后应由(　　)。

A. 建设单位组织设计、监理、施工等单位对工程等级进行评审

B. 质量监督机构进行审核

C. 施工单位组织设计、监理等单位对工程等级进行评审

D. 若经质量监督机构审定不合格，责任单位需返修

6. 承包商自验是指承包商在完成承包的工程后，自行对所完成的项目进行检查的过程，自验不包括(　　)。

A. 基层施工单位自验　B. 项目经理自验

C. 监理工程师预验　D. 公司级预验

7. 单项工程验收的组织方是(　　)。

A. 建设单位　　B. 施工单位　　C. 监理工程师　　D. 质检部门

8. 关于竣工决算说法正确的是(　　)。

A. 建设项目竣工决算应包括从筹划到竣工投产全过程的直接工程费用

B. 建设项目竣工决算应包括从动工到竣工投产全过程的全部费用

C. 新增固定资产价值的计算应以单项工程为对象

D. 已具备竣工验收条件的项目,如两个月内不办理竣工验收和固定资产移交手续则视同项目已正式投产

9. 质量保证金一般按照建筑安装工程造价和承包工程合同价的一定比例提取,该提取比例是(　　)。

A. 10%　　B. 5%　　C. 15%　　D. 20%

10. 土地征用费和勘察设计费等费用应按(　　)比例分摊。

A. 建筑工程造价　　B. 安装工程造价

C. 需安装设备价值　　D. 建设单位其他新增固定资产价值

11. 按下表所给数据计算总装车间应分摊的建设单位管理费(　　)万元。

项目名称	建筑工程造价	安装工程造价	需安装设备费用	建设单位管理费	土地征用费
建设项目决算	2000	800	700	60	80
总装车间决算	500	180	300		

A. 15　　B. 16.8　　C. 14.57　　D. 19.2

12. 按照11题表所给数据计算总装车间应分摊的土地征用费(　　)万元。

A. 25.6　　B. 22.4　　C. 19.42　　D. 20

13. 下列关于保修责任承担问题的说法不正确的是(　　)。

A. 由于设计方面原因造成质量缺陷,由设计单位承担经济责任

B. 由于建筑材料等原因造成缺陷的,由承包商承担责任

C. 因使用不当造成损害的,使用单位负责

D. 因不可抗力造成损失的,建设单位负责

14. 建设项目的“动用验收”是由(　　)按照《建设项目竣工验收办法》的规定向负责验收的单位提出申请报告。

A. 负责施工的承包商　　B. 负责工程监理的监理公司

C. 发包方或建设项目主管部门　　D. 动用验收委员会

15. 单项工程正式验收需要按照合同和国家标准进行检查,下面不属于验收中检查的项目是(　　)。

A. 进度是否满足工期要求　　B. 已完工程是否有漏项

C. 隐蔽工程验收资料　　D. 关键部位的施工记录

16. 建设项目全部施工完成后,在正式验收前需要进行预验收。不需要参加预验收的单位是(　　)。

A. 监理单位　　B. 设计单位　　C. 承包单位　　D. 贷款银行

17. 竣工决算是项目竣工后,由(　　)编制的综合反映项目从筹建起到竣工交付使用止的全部建设费用、建设成果和财务情况的总结性文件。

A. 施工单位　　　　　　　　　　B. 建设单位

C. 监理单位　　　　　　　　　　D. 工程造价咨询单位

18. 建设项目完工可投入使用或者试运行合格后，应当在(　　)个月内编报竣工财务决算。

A. 1　　　　B. 2　　　　C. 3　　　　D. 6

19. 建设工程竣工图是真实记录各种地上、地下建筑物和构筑物情况的技术文件，是国家的重要技术档案。凡按图竣工没有变动的，由(　　)在原施工图加盖“竣工图”标志作为竣工图。

A. 发包方　　　　B. 承包商　　　　C. 设计单位　　　　D. 监理公司

20. (　　)建成经有关部门验收鉴定合格，正式移交生产或使用即应计算新增固定资产价值。

A. 分部工程　　　　B. 单位工程　　　　C. 单项工程　　　　D. 建设项目

二、多项选择题

1. 建设项目竣工验收的主要依据包括(　　)。

A. 可行性研究报告　　B. 设计文件　　　　C. 招标文件

D. 合同文件　　　　　E. 技术设备说明书

2. 建设项目竣工验收的内容可分为(　　)。

A. 建设工程项目验收　　B. 工程资料验收　　C. 工程财务报表验收

D. 工程内容验收　　　　E. 工程材料验收

3. 关于竣工决算的概念，下面正确的是(　　)。

A. 竣工决算是竣工验收报告的重要组成部分

B. 竣工决算是核定新增固定资产价值的依据

C. 竣工决算是反映建设项目实际造价和投资效果的文件

D. 竣工决算在竣工验收之前进行

E. 竣工决算是考核分析工程建设质量的依据

4. 竣工决算的内容包括(　　)。

A. 竣工决算报表　　B. 竣工情况说明书　　C. 竣工工程概况表

D. 竣工工程预算表　　E. 交付使用的财产表

5. 因变更需要重新绘制竣工图，下面关于重新绘制竣工图的说法正确的是(　　)。

A. 由设计原因造成的，由设计单位负责重新绘制

B. 由施工原因造成的，由施工单位负责重新绘制

C. 由其他原因造成的，由设计单位负责重新绘制

D. 由其他原因造成的，由建设单位或建设单位委托设计单位负责重新绘制

E. 由其他原因造成的，由施工单位负责重新绘制

6. 工程造价比较分析的内容有(　　)。

A. 主要实物工程量

B. 主要材料消耗量

C. 主要工程的质量

D. 建设单位管理费、措施费取费标准

E. 考核间接费总额是否超标

7. 建设项目竣工投入使用后，所花费的总投资形成了相应的资产，按照规定需要计入新增资产。新增资产包括(　　)。

A. 固定资产　　B. 流动资产　　C. 债权资产

D. 无形资产　　E. 其他资产

8. 建设项目的竣工决算文件包括(　　)等方面的内容。

A. 竣工工程进度表　　B. 竣工财务决算说明书

C. 竣工财务决算报表　　D. 建设工程竣工图

E. 工程造价比较分析

9. 按照国务院《建设工程质量管理条例》第四十条的规定，下面正确的保修期限选项是(　　)。

A. 房屋建筑的主体结构工程为设计文件规定的该工程合理使用年限

B. 屋面防水工程的防渗漏为5年

C. 有防水要求卫生间的防渗漏为3年

D. 电气管线、给排水管道为2年

E. 装修工程为1年

10. 关于建设工程的缺陷责任期与保修期，下面说法正确的是(　　)。

A. 缺陷责任期实际上就是保修期，二者无区别

B. 缺陷责任期的期限长短执行《建设工程质量管理条例》的规定

C. 保修期的期限长短执行《建设工程质量管理条例》的规定

D. 缺陷责任期一般为1年，最长不超过2年

E. 缺陷责任期为设计文件规定的该工程的合理使用年限

第7章 案例分析

本章的案例分析，是在掌握前六章基础知识的前提下，对问题的深入理解而设计的。学生在学习的过程中，重点应放在对各章知识的灵活应用上，最好是在每章学完之后，认真研究该章所对应的案例，以加深对所学知识的理解与应用能力。

7.1 案例一

7.1.1 背景资料

甲企业拟建一工厂，计划建设期3年，第4年工厂投产，投产当年的生产负荷达到设计生产能力的60%，第5年达到设计生产能力的85%，第6年达到设计生产能力。项目运营期20年。

该项目所需设备分为进口设备与国产设备两部分。

进口设备重1000t，其装运港船上交货价为900万美元，海运费为300美元/t，海运保险费和银行手续费分别为货价的2‰和5‰，外贸手续费率为1.5%，增值税率为17%，关税税率为25%，美元对人民币汇率为1∶6。设备从到货口岸至安装现场500km，运输费为1元人民币/(t·km)，装卸费为50元人民币/t，国内运输保险费率为抵岸价的1‰，设备的现场保管费率为抵岸价的2‰。

国产设备均为标准设备，其带有备件的订货合同价为9500万元人民币。国产标准设备的设备运杂费率为3‰。

该项目的工具、器具及生产家具购置费率为4%。

该项目建筑安装工程费用估计为8000万元人民币，工程建设其他费用估计为5000万元人民币。建设期间的基本预备费率为5%，价差预备费率为3%。流动资金估计为5000万元人民币。

项目的资金来源分为自有资金与贷款。项目的贷款计划为：建设期第1年贷款3000万元人民币、350万美元；建设期第2年贷款4000万元人民币、400万美元；建设期第3年贷款2000万元人民币。贷款的人民币部分从中国建设银行获得，年利率10%(每半年计息一次)，贷款的外汇部分从中国银行获得，年利率为8%(按年计息)。

项目的投资计划为：建设期第1年投入静态投资的40%；建设期第2年投入静态投资的40%；建设期第3年投入静态投资的20%。

7.1.2 问题

(1) 估算设备及工、器具购置费用。
(2) 估算建设期贷款利息。
(3) 估算预备费。
(4) 估算工厂建设的总投资。

7.1.3 知识点

(1) 设备购置费的概念与计算。
(2) 名义利率与有效(实际)利率的概念与计算。
(3) 年度均衡贷款的含义。
(4) 建设期贷款利息的计算。
(5) 基本预备费与价差预备费的计算。
(6) 建设项目总投资的构成与计算。

7.1.4 分析思路与参考答案

问题1 进行设备与工、器具购置费的估算,首先要搞清楚设备与工、器具购置费的概念与计算方法。我们知道:

设备购置费 = 设备原价 + 设备运杂费

工、器具及生产家具购置费 = 设备购置费 × 定额费率

设备与工、器具购置费 = 设备购置费 + 工、器具及生产家具购置费

设备按来源可分为国产设备与进口设备。国产设备又分为标准设备与非标准设备。根据背景资料知,本案例仅涉及国产标准设备与进口设备。因此,需要确定国产标准设备与进口设备的原价。

(1) 国产标准设备的原价有带备件与不带备件两种,本案例中给的是带备件的订货合同价(即原价),所以:

国产标准设备原价 = 9500 万元人民币

(2) 进口设备原价为进口设备的抵岸价,其具体计算公式为

进口设备原价 =FOB价 + 国际运费 + 运输保险费 + 银行财务费 + 外贸手续费 + 关税 + 增值税 + 消费税 + 车辆购置税

由背景资料知:

① FOB价=装运港船上交货价=900×6=5400(万元人民币)

② 国际运费=1000×0.03×6=180(万元人民币)

③ 依题意，本案例运输保险费＝FOB价×2‰＝5400×2‰＝10.8(万元人民币)

④ 银行财务费＝FOB价×5‰＝5400×5‰＝27(万元人民币)

⑤ 外贸手续费＝(FOB价＋国际运费＋运输保险费)×1.5%

＝(5400＋180＋10.8)×1.5%＝83.862(万元人民币)

⑥ 关税＝(FOB价＋国际运费＋运输保险费)×25%

＝(5400＋180＋10.8)×25%＝1397.7(万元人民币)

⑦ 消费税、车辆购置税由题意知不考虑。

⑧ 增值税＝(FOB价＋国际运费＋运输保险费＋关税＋消费税)×17%

＝(5400＋180＋10.8＋1397.7)×17% ＝ 1188.045(万元人民币)

进口设备原价＝FOB＋国际运费＋运输保险费＋银行财务费＋外贸手续费＋关税＋增值税

＝5400＋180＋10.8＋27＋83.862＋1397.7＋1188.045

＝8287.407(万元人民币)

(3) 进口设备运杂费＝运输费＋装卸费＋国内运输保险费＋设备现场保管费

＝1000×500×0.0001＋1000×0.005＋8287.407×1‰＋8287.407×2‰

＝79.8622(万元人民币)

(4) 国产标准设备运杂费＝设备原价×设备运杂费率

＝9500×3‰＝28.5(万元人民币)

(5) 设备购置费＝设备原价＋设备运杂费

＝8287.407＋9500＋79.8622＋28.5＝17 895.7692(万元人民币)

(6) 工、器具及生产家具购置费＝设备购置费×定额费率

＝17 895.7692×4%＝715.8308(万元人民币)

(7) 设备与工、器具购置费＝设备购置费＋工、器具及生产家具购置费

＝17 895.7692＋715.8308＝18 611.6(万元人民币)

问题2　建设期贷款利息指的是项目从动工兴建起至建成投产为止这段时间内，用于项目建设而贷款所产生的利息，不包括项目建成投产后的贷款利息。在计算贷款利息时，要把握两点：一是各年的贷款均是按年度均衡发放考虑的；二是要注意年贷款的计息次数，将名义利率转化为有效利率。

(1) 人民币贷款部分利息

人民币贷款所给的计息方式是每半年计息一次，所以年利率10%实际是名义利率，因此要先将其转化成有效年利率，然后以有效年利率计算各年的贷款利息。

① 求有效年利率

$$\text{有效年利率} = \left(1+\frac{\text{名义年利率}}{\text{年计息次数}}\right)^{\text{年计息次数}} - 1$$

$$= \left(1+\frac{10\%}{2}\right)^{2} - 1 = 10.25\%$$

② 建设期各年贷款利息

建设期各年的贷款均按年度均衡贷出考虑，如第 1 年在建行贷款总额是 3000 万元人民币，但并不是在年初一次性贷出的，而是在这一年的每个月都平均贷出$\frac{3000}{12}$万元人民币。这是因为在年初一次性贷出，将会使建设单位付出过多的利息。因此计算贷款当年的利息时要注意这一点。

$$第1年贷款利息 = 3000 \times \frac{1}{2} \times 10.25\% = 153.75(万元人民币)$$

$$\begin{aligned}第2年贷款利息 &= \left(3000 + 153.75 + 4000 \times \frac{1}{2}\right) \times 10.25\% \\ &= 528.2594(万元人民币)\end{aligned}$$

$$\begin{aligned}第3年贷款利息 &= \left(3000 + 153.75 + 4000 + 528.2594 + 2000 \times \frac{1}{2}\right) \times 10.25\% \\ &= 889.906(万元人民币)\end{aligned}$$

$$建设期贷款利息 = 153.75 + 528.2594 + 889.906 = 1571.9154(万元人民币)$$

(2) 外汇贷款部分利息

本案例中的外汇贷款计息次数是每年计息一次，因此所给的年利率 8%是实际年利率。利息计算时也按年度均衡贷款考虑。

$$第1年贷款利息 = 350 \times 6 \times \frac{1}{2} \times 8\% = 84(万元人民币)$$

$$\begin{aligned}第2年贷款利息 &= \left(350 \times 6 + 84 + 400 \times 6 \times \frac{1}{2}\right) \times 8\% \\ &= 270.72(万元人民币)\end{aligned}$$

$$\begin{aligned}第3年贷款利息 &= (350 \times 6 + 84 + 400 \times 6 + 270.72) \times 8\% \\ &= 388.3776(万元人民币)\end{aligned}$$

$$建设期贷款利息 = 84 + 270.72 + 388.3776 = 743.0976(万元人民币)$$

计算时注意：①货币单位的转化；②第 3 年尽管没有贷款，但第 1、2 年的贷款本金与利息并没有还银行，因此产生利息。

(3) 建设期贷款总利息

$$\begin{aligned}建设期贷款总利息 &= 人民币贷款利息 + 外汇贷款利息 \\ &= 1571.9154 + 743.0976 = 2315.013(万元人民币)\end{aligned}$$

问题 3　预备费包括基本预备费和价差预备费两方面。

(1) 基本预备费是指在初步设计及概算内难以预料的工程费用。如设计变更、局部地基处理增加的费用，预防自然灾害所采取的措施费用，为鉴定工程质量对隐蔽工程进行必要的挖掘和修复费用等。

$$\begin{aligned}基本预备费 &= (设备及工、器具购置费 + 建安工程费 + 工程建设其他费) \times 基本预备费率 \\ &= (18\,611.6 + 8000 + 5000) \times 5\% = 1580.58(万元人民币)\end{aligned}$$

(2) 价差预备费是指工程项目在建设期间内由于价格等变化引起工程造价变化的预测预留费用。价差预备费的计算基数是“设备及工、器具购置费＋建筑安装工程费＋工程建设其他费＋基本预备费”，即静态投资。价差预备费按公式(1-17)计算。

本案例中的：设备及工、器具购置费＋建筑安装工程费＋工程建设其他费＋基本预备费

＝18 611.6＋8000＋5000＋1580.58＝33 192.18(万元人民币)

第1年价差预备费为：33 192.18×40%×[(1＋3%)－1]＝398.3062(万元人民币)

第2年价差预备费为：33 192.18×40%×[$(1＋3\%)^2$－1]＝808.5615(万元人民币)

第3年价差预备费为：33 192.18×20%×[$(1＋3\%)^3$－1]＝615.5623(万元人民币)

价差预备费＝398.3062＋808.5615＋615.5623＝1822.43(万元人民币)

(3) 预备费＝基本预备费＋价差预备费

＝1580.58＋1822.43＝3403.01(万元人民币)

问题4

建设项目总投资 ＝ 固定资产投资 ＋ 流动资产投资

固定资产投资 ＝设备及工、器具购置费 ＋ 建筑安装工程费 ＋ 工程建设其他费 ＋ 预备费 ＋ 建设期贷款利息

流动资产投资 ＝ 流动资金

(1) 固定资产投资

① 设备及工、器具购置费＝18 611.6万元人民币

② 建筑安装工程费＝8000万元人民币

③ 工程建设其他费＝5000万元人民币

④ 预备费＝3403.01万元人民币

⑤ 建设期贷款利息＝2315.013万元人民币

固定资产投资＝18 611.6＋8000＋5000＋3403.01＋2315.013

＝37 329.623(万元人民币)

(2) 流动资产投资

5000万元人民币

(3) 建设项目总投资

建设项目总投资＝37 329.623＋5000＝42 329.623(万元人民币)

7.2 案例二

7.2.1 背景资料

一北方地区某砖混住宅楼施工采用37砖墙(标准红砖，规格：240mm×115mm×53mm)，经测定得技术资料如下：

完成1m^3砖砌体需要的基本工作时间为14h，辅助工作时间占工作延续时间的2.5%，准备与结束时间占工作延续时间的3%，不可避免中断时间占工作延续时间的3%，休息时

间占工作延续时间的10%。人工幅度差系数为12%，超运距运砖每千砖需要2h。

砖墙采用M5水泥砂浆砌筑，实体积与虚体积之间的折算系数为1.07，砖与砂浆的损耗率为1.2%，完成$1m^3$砖砌体需用水$0.85m^3$。砂浆采用400L搅拌机现场搅拌，水泥在搅拌机附近堆放，砂堆场距搅拌机200m，需用推车运至搅拌机处。推车在砂堆场处装砂子时间20s，从砂堆场运至搅拌机的单程时间125s，卸砂时间10s。往搅拌机装填各种材料的时间60s，搅拌时间80s，从搅拌机卸下搅拌好的材料30s，不可避免的中断时间15s，机械利用系数0.85，机械幅度差率15%。

若人工日工资单价40元/工日，M5水泥砂浆单价为150元/m^3，砖单价210元/千块，水价0.75元/m^3，400L砂浆搅拌机台班单价150元/台班。

7.2.2 问题

(1) 确定砌筑$1m^3$ 37砖墙的施工定额。
(2) 确定$10m^3$砖墙的预算定额与预算单价。

7.2.3 知识点

(1) 施工定额的概念。
(2) 施工定额中人工、材料、机械台班消耗量的计算。
(3) 预算定额的概念。
(4) 预算定额中人工、材料、机械台班消耗量的计算。
(5) 预算单价的计算。

7.2.4 分析思路与参考答案

问题1　确定砌筑$1m^3$ 37砖墙的施工定额实际上是确定砌筑$1m^3$砖墙施工定额中人工、材料、机械的消耗量。因此应搞清楚施工定额中的人工、材料、机械台班消耗量计算时需要算什么、怎么算。

(1) 人工消耗量

施工定额中的人工消耗量可从两个角度表述，时间定额、产量定额。在人工消耗量计算中所用的基本概念是：

砌$1m^3$ 37砖所需工作延续时间＝准备与结束时间＋基本工作时间＋辅助工作时间＋休息时间＋不可避免中断时间

设砌$1m^3$ 37墙所需工作延续时间为xh，则根据背景资料可列出算式：

$$x = 3\%x + 14 + 2.5\%x + 10\%x + 3\%x$$

根据上式可求出：

$$x = \frac{14}{1-3\%-2.5\%-10\%-3\%} = 17.18(\text{h})$$

① 时间定额是指生产单位产品所需消耗的时间。在砖墙砌筑中时间定额的计量单位是：工日/m³，因此有：

$$时间定额 = \frac{17.18}{8^{注}} = 2.15(工日/m^3)$$

② 产量定额是指单位时间内生产产品的数量。产量定额为时间定额的倒数，因此有：

$$产量定额 = \frac{1}{时间定额} = 0.47(m^3/工日)$$

(2) 材料消耗量

施工定额中砖墙砌筑的材料消耗主要有：砖、砂浆、水。因此要分别计算砌 1m³ 37 墙这三种材料的消耗量。

$$\begin{aligned}
砖的净用量 &= \left[\frac{1}{(砖长+灰缝)(砖厚+灰缝)} + \frac{1}{(砖宽+灰缝)(砖厚+灰缝)}\right] \\
&\quad \times \frac{1}{砖长+砖宽+灰缝} \\
&= \left[\frac{1}{(0.24+0.01)(0.053+0.01)} + \frac{1}{(0.115+0.01)(0.053+0.01)}\right] \\
&\quad \times \frac{1}{0.24+0.115+0.01} \\
&= 522(块)
\end{aligned}$$

$$砖的消耗量 = 522 \times (1+1.2\%) = 529(块)$$

$$\begin{aligned}
砂浆净用量 &= 砖砌体的体积 - 砌体中砖所占的体积 \\
&= (1 - 522 \times 0.24 \times 0.115 \times 0.053) \times 1.07 \\
&= 0.253(m^3)
\end{aligned}$$

$$砂浆消耗量 = 0.253 \times (1+1.2\%) = 0.256(m^3)$$

$$水的耗用量 = 0.85m^3$$

(3) 机械消耗量

机械消耗量可以从两个角度描述，即：时间定额、产量定额。这是因为对于某一项工作，有些可由人来做，而有些也可由机械来做。所以机械消耗的表述方式与人工消耗的类似，其差别在于：人工用工日来表示，机械用台班来表示。

根据背景资料所给条件，本案例应先求产量定额。

机械消耗产量定额的概念与人工消耗产量定额类似。求机械消耗产量定额的关键是要搞清楚砂浆搅拌的整个工作运作过程。砂浆搅拌运作过程见图 7-1。

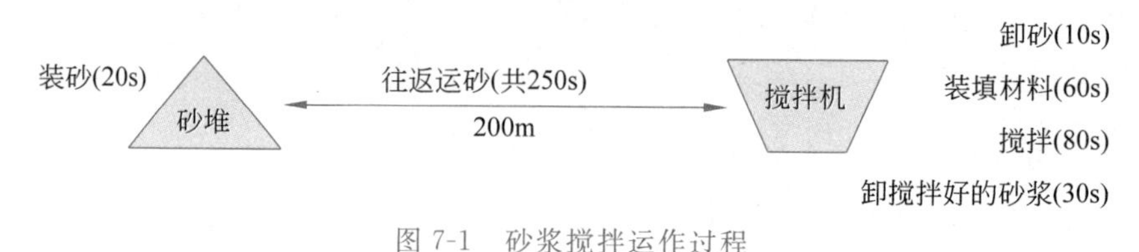

图 7-1 砂浆搅拌运作过程

注：8h 为一个工日。

搅拌一罐砂浆一个完整的循环程序是：从搅拌机处去砂堆→装砂→运砂至搅拌机处→往搅拌机里装填材料→搅拌→卸搅拌好的砂浆。

详细观察图7-1及上面的循环程序，知砂浆搅拌全过程的时间消耗可分为两大部分：第一部分是往返运砂及装卸砂，共280s；第二部分是装填材料、搅拌、卸搅拌好的砂浆，共170s。这是因为在做第一部分工作时，第二部分工作可同时进行。因此，搅拌一罐砂浆实际消耗的时间是280s(即取两个独立部分时间组合中的大者)。

如果一台班按8h、1h按60min、1min按60s考虑，则一台班可搅拌砂浆：

$$\text{产量定额} = \frac{8 \times 60 \times 60}{280} \times 0.4 \times 0.85 = 34.97(\text{m}^3/\text{台班})$$

搅拌 1m^3 砂浆所需要的台班数量：

$$\text{时间定额} = \frac{1}{\text{产量定额}} = \frac{1}{34.97} = 0.0286(\text{台班}/\text{m}^3)$$

由于本案例所要求的是砌筑 1m^3 37砖墙所需消耗的机械消耗定额，而 1m^3 37砖墙所需消耗的砂浆是 0.256m^3，所以：

$$\text{砌筑 } 1\text{m}^3 \text{ 37 砖墙的机械消耗量} = 0.0286 \times 0.256 = 0.0073(\text{台班})$$

问题2 根据案例要求，预算定额中的单位是 10m^3。确定预算定额实际上是以 10m^3 为单位，综合考虑预算定额与施工定额的差异确定人工、材料、机械消耗量。确定预算单价也是以 10m^3 为单位，确定人工费、材料费、机械费与预算定额基价。

(1) 预算定额

预算定额中的人工消耗量是在施工定额基础上，增加人工幅度差与超运距用工而形成的。其计算式为

$$\begin{aligned}\text{预算人工消耗量} &= \left(2.15 + 0.529 \times \frac{2}{8}\right) \times (1 + 12\%) \times 10 \\ &= 25.56(\text{工日}/10\text{m}^3)\end{aligned}$$

$$\begin{aligned}\text{预算材料消耗量：砖} &= 529 \times 10 = 5290(\text{块}) \\ \text{砂浆} &= 0.256 \times 10 = 2.56(\text{m}^3) \\ \text{水} &= 0.85 \times 10 = 8.5(\text{m}^3)\end{aligned}$$

$$\text{预算机械消耗量} = 0.0073 \times (1 + 15\%) \times 10 = 0.08395(\text{台班}/10\text{m}^3)$$

(2) 预算单价

预算定额单价包括：人工费单价、材料费单价、机械费单价和预算定额基价。砌筑 10m^3 37砖墙的上述单价分别为

$$\begin{aligned}\text{人工费} &= 25.56 \times 40 = 1022.4(\text{元}) \\ \text{材料费} &= 5.29 \times 210 + 2.56 \times 150 + 8.5 \times 0.75 = 1501.28(\text{元}) \\ \text{机械费} &= 0.08395 \times 150 = 12.59(\text{元}) \\ \text{预算定额基价} &= 1022.4 + 1501.28 + 12.59 = 2536.27(\text{元})\end{aligned}$$

7.3 案 例 三

7.3.1 背景资料

某市现有的图书馆由于不适合该市发展的需要,拟投资兴建一座新的市图书馆。经过市人民代表大会的充分讨论,投资兴建新图书馆的意向已经通过,但对建设规模、建筑形式等细节还没有确定。市政府通过招投标的方式最终选择了兴业咨询公司来做该工程的可行性研究工作。市政府筹建办在与兴业咨询公司进行了广泛协商后,双方签订了咨询合同。

兴业咨询公司是一家著名的甲级资质工程咨询公司,在公司的867名工作人员中,有注册造价工程师32人,公司曾经承担过多项大型工程项目的咨询工作,有着丰富的经验。在承揽到市新建图书馆的咨询任务时,公司正处于年检阶段,工作较紧张。加上公司还有许多其他的工程项目正在做,人手显得不足。

公司为了保证信誉,也为以后新建的市图书馆工程在实施期间承揽到该工程的监理任务做准备,抽调了有经验的和素质好的老、中、青人员7人组成了市图书馆工程咨询组,张超也在这个咨询组。张超是今年刚毕业的工程管理专业的硕士研究生,能加入这个咨询组,张超感到既兴奋又有压力。兴奋的是自己一走上工作岗位就遇到了这么一个大工程,对积累经验和以后更好地开展工作肯定会有帮助,有压力的是因为他想在明年报考国家注册造价工程师,担心因工作紧张会影响复习。经过一番考虑,张超决定边工作边复习,好在这个组里面有两名注册造价工程师,有问题可向他们请教。

市图书馆工程咨询组的全体成员经过一段时间的磨合后,各项工作已经理顺了关系,步入正轨。

7.3.2 问题

(1) 一项工程从有建设意向起到竣工验收止的整个过程应进行哪些方面的计价工作?本项目的计价工作是什么?

(2) 举例说明兴业咨询公司可以从事哪些业务?

(3) 兴业咨询公司应具备的资质条件有哪些?

(4) 政府对兴业咨询公司这类企业在承揽业务范围、出具成果文件、跨地区承揽业务方面是如何管理的?

(5) 在注册造价工程师应具备的报考条件方面政府是如何规定的? 张超是否具有报考资格?

(6) 若张超可以报考,他应该考哪些课程? 若他通过了考试,他将怎么注册? 注册时提供哪些材料?

7.3.3 知识点

(1) 工程造价的分阶段计价。

（2）工程造价咨询企业资质标准。

（3）政府对工程造价咨询企业的管理。

（4）造价工程师的报考与注册。

7.3.4 分析思路与参考答案

问题1 讨论建设项目从有建设意向起到竣工验收止的整个过程应进行的计价工作，首先应搞清楚项目的建设程序。

无论是工业项目还是民用项目，其从有意向建设起至竣工验收止所经历的程序是：项目立项、可行性研究→项目初步设计→项目技术设计→项目施工图设计→项目施工招投标→项目施工→项目竣工验收。计价工作与项目建设程序的对应关系是：

项目立项、可行性研究——投资估算价。

项目初步设计——概算造价。

项目技术设计——修正概算造价(小项目没有该部分)。

项目施工图设计——预算造价。

项目施工招投标——施工合同价。

项目施工——工程结算价。

项目竣工验收——工程实际造价。

兴业咨询公司承担的市新建图书馆工程的咨询工作属于项目的可行性研究阶段，因此对应的是投资估算价。

问题2 因为兴业咨询公司是一家工程咨询公司，按照国家规定，该公司可以从事：

（1）工程项目建设的可行性研究与经济评价工作。

（2）工程项目的投资估算、设计概算、工程预算、工程结算、竣工决算等工作。

（3）工程招标标底、投标报价的编制和审核工作。

（4）对工程施工各阶段的监理工作。

（5）对工程造价进行监控以及提供有关工程造价信息资料等工作。

问题3 兴业咨询公司是甲级资质企业，政府对甲级工程造价咨询企业规定的资质标准是：

（1）企业出资人中，注册造价工程师人数不低于出资人总人数的60%，且其出资额不低于企业注册资本总额的60%。

（2）技术负责人已取得造价工程师注册证书，并具有工程或工程经济类高级专业技术职称，且从事工程造价专业工作15年以上。

（3）专职专业人员不少于20人，其中，具有工程或者工程经济类中级以上专业技术职称的人员不少于16人；取得造价工程师注册证书的人员不少于10人，其他人员具有从事工程造价专业工作的经历。

（4）企业与专职专业人员签订劳动合同，且专职专业人员符合国家规定的职业年龄(出资人除外)。

（5）专职专业人员人事档案关系由国家认可的人事代理机构代为管理。

（6）企业注册资本不少于人民币100万元。

(7) 企业近 3 年工程造价咨询营业收入累计不低于人民币 500 万元。

(8) 具有固定的办公场所,人均办公建筑面积不少于 $10m^2$。

(9) 技术档案管理制度、质量控制制度、财务管理制度齐全。

(10) 企业为本单位专职专业人员办理的社会基本养老保险手续齐全。

(11) 在申请核定资质等级之日前 3 年内无违规行为。

问题 **4** 政府对兴业咨询公司这类企业承揽业务范围的管理是:

(1) 可以从事各类建设项目的工程造价咨询业务。

(2) 可以进行项目建议书及可行性研究阶段的投资估算、项目经济评价报告的编制和审核。

(3) 可以进行项目概预算的编制与审核,并配合设计方案比选、优化设计、限额设计等工作进行工程造价分析与控制。

(4) 可以进行项目合同价款的确定(包括招标工程工程量清单和标底、投标报价的编制和审核);合同价款的签订与调整(包括工程变更、工程洽商和索赔费用的计算)及工程款支付;工程结算及竣工结(决)算报告的编制与审核等。

(5) 可以进行工程造价经济纠纷鉴定和仲裁的咨询。

(6) 可以提供工程造价信息服务等。

政府在出具成果文件方面的管理是:成果文件应由企业加盖有企业名称、资质等级及证书编号的执业印章,并由执行咨询业务的注册造价工程师签字、加盖执业印章。

政府在跨地区承揽业务方面的管理是:企业跨省、自治区、直辖市承接工程造价咨询业务的,应当自承接业务之日起 30 日内到建设工程所在地省、自治区、直辖市人民政府建设主管部门备案。

问题 **5** 政府对报考注册造价工程师人员的规定如下:

(1) 工程造价专业大专毕业后,从事工程造价业务工作满 5 年;工程或工程经济类大专毕业后,从事工程造价业务工作满 6 年。

(2) 工程造价专业本科毕业后,从事工程造价业务工作满 4 年;工程或工程经济类本科毕业后,从事工程造价业务工作满 5 年。

(3) 获上述专业第二学士学位或研究生毕业和获硕士学位后,从事工程造价业务工作满 3 年。

(4) 获上述专业博士学位后,从事工程造价业务工作满 2 年。

张超是刚毕业的硕士研究生,从事工程造价业务工作不到一年,按规定他在第 2 年不具备报考条件,不能报考。

问题 **6**

(1) 若张超可以报考注册造价工程师,他必须考下面的四门课程。

① 建设工程造价管理。

② 建设工程计价。

③ 建设工程技术与计量(分土建和安装)。

④ 建设工程造价案例分析。

(2) 若张超通过了注册造价工程师考试,他可按下面程序注册。

① 张超本人向兴业咨询公司提出申请。

② 兴业咨询公司审核同意、签署意见后，连同张超提交的申报材料一并报该公司所在省的注册机构。

③ 省注册机构对张超申请注册的有关材料进行初审，签署初审意见后，报住建部主管部门。

④ 住建部主管部门对初审意见进行审核，若张超符合注册条件，则准予注册，并颁发"造价工程师注册证"和造价工程师执业专用章。

(3) 张超在初始注册时应提交的申报材料有：

① 张超的"造价工程师初始注册申请表"。

② 张超的造价工程师资格证书和身份证复印件。

③ 张超与聘用单位签订的聘用劳动合同复印件。

④ 张超的工程造价岗位工作证明。

⑤ 张超的社会养老保险证明。

7.4 案 例 四

7.4.1 背景资料

某公司拟建一年生产能力 40 万 t 的生产性项目以生产 A 产品。与其同类型的某已建项目年生产能力 20 万 t，设备投资额为 400 万元，经测算设备投资的综合调价系数为 1.2。该已建项目中建筑工程、安装工程及其他工程费用占设备投资的百分比分别为 60%、30%、6%，相应的综合调价系数为 1.2、1.1、1.05，生产能力指数为 0.5。

拟建项目计划建设期 2 年，运营期 10 年，运营期第 1 年的生产能力达到设计生产能力的 80%、第 2 年达 100%。

项目建设期第 1 年投入静态投资的 40%(其中贷款 200 万元)，第 2 年投入静态投资的 60%(其中贷款 300 万元)，建设期间不考虑价格上涨因素。建设投资全部形成固定资产，固定资产使用寿命 12 年，残值 100 万元，按直线折旧法计提折旧。流动资金分别在建设期第 2 年与运营期第 1 年投入 100 万元、250 万元(全部为银行贷款)。项目建设资金贷款年利率 6%(按年计息)，贷款合同规定的还款方式为：投产后的前 4 年等额本金偿还。流动资金贷款年利率 4%(按年计息)。

项目运营期第 1 年的销售收入为 600 万元，经营成本为 250 万元，总成本为 330 万元。第 2 年以后各年的销售收入均为 800 万元，经营成本均为 300 万元，总成本均为 410 万元。产品销售税金及附加税率为 6%，所得税税率为 33%，行业基准收益率为 10%、平均投资利润率 12%，平均投资利税率 17%。

7.4.2 问题

(1) 估算拟建项目的设备投资额。

(2) 估算拟建项目固定资产静态投资。

(3) 计算贷款利息，编制项目建设资金贷款还本付息表。
(4) 计算运营期各年的所得税。
(5) 编制项目全部投资现金流量表。
(6) 计算项目的静态投资回收期与动态投资回收期。
(7) 计算项目的财务净现值。
(8) 计算项目的财务内部收益率。
(9) 编制项目损益表。
(10) 计算项目的投资利润率、投资利税率、资本金利润率。
(11) 根据计算出的评价指标，分析拟建项目的可行性。
(注：计算结果均按四舍五入原则保留至整数。)

7.4.3 知识点

(1) 生产能力指数估算法的概念及公式运用。
(2) 静态投资的概念与设备系数估算法的运用。
(3) 还本付息表的编制。
(4) 固定资产余值的概念与所得税的计算。
(5) 全部投资现金流量表的编制。
(6) 损益表的编制。
(7) 投资利润率、投资利税率、资本金利润率的概念与计算。
(8) 从财务角度评价拟建项目的可行性。

7.4.4 分析思路与参考答案

问题1 生产能力指数法是根据已建成的、性质类似的建设项目或生产装置的投资额和生产能力及拟建项目或生产装置的生产能力估算拟建项目的投资额。该方法既可用于估算整个项目的静态投资，也可用于估算静态投资中的设备投资。本题是用于估算设备投资，其基本算式为

$$C_2 = C_1\left(\frac{Q_2}{Q_1}\right)^n f$$

式中：C_1——已建类似项目或生产装置的投资额；
C_2——拟建项目或生产装置的投资额；
Q_1——已建类似项目或生产装置的生产能力；
Q_2——拟建项目或生产装置的生产能力；
n——生产能力指数；
f——考虑已建项目与拟建项目因建设时期、建设地点不同引起的费用变化而设的综合调整系数。

根据背景资料知：

$C_1=400$ 万元；$Q_1=20$ 万 t；$Q_2=40$ 万 t；$n=0.5$；$f=1.2$
则拟建项目的设备投资估算值为

$$C_2=400\times\left(\frac{40}{20}\right)^{0.5}\times1.2=679(\text{万元})$$

问题 2　固定资产静态投资的估算方法有很多种，但从本案例所给的背景条件分析，这里只能采用设备系数法进行估算。设备系数法的计算公式为

$$C=E(f+f_1P_1+f_2P_2+f_3P_3+\cdots)+I$$

式中：C——拟建项目的静态投资；

E——根据拟建项目的设备清单按已建项目当时的价格计算的设备费；

P_1、P_2、P_3、…——已建项目中建筑、安装及其他工程费用等占设备费的百分比；

f、f_1、f_2、f_3、…——因时间因素引起的定额、价格、费用标准等变化的综合调整系数；

I——拟建项目的其他费用。

根据背景资料知：

$E=400\times\left(\frac{40}{20}\right)^{0.5}=566(\text{万元})$；　$f=1.2$；　$f_1=1.2$；　$f_2=1.1$；

$f_3=1.05$；　$P_1=60\%$；　$P_2=30\%$；　$P_3=6\%$；　$I=0$

所以，拟建项目静态投资的估算值为

$$566\times(1.2+1.2\times60\%+1.1\times30\%+1.05\times6\%)=1308(\text{万元})$$

问题 3　本案例的贷款分为建设资金贷款与流动资金贷款两部分。

(1) 建设资金贷款利息计算

建设资金贷款利息指的是项目从动工兴建起至建成投产为止这段时间内，用于项目建设而贷款所产生的利息。在计算利息时，要注意贷款均是按年度均衡发放考虑的，因此贷款利息的计算为

$$\text{第 1 年贷款利息}=200\times\frac{1}{2}\times6\%=6(\text{万元})$$

$$\text{第 2 年贷款利息}=\left(200+6+300\times\frac{1}{2}\right)\times6\%=21(\text{万元})$$

(2) 流动资金贷款利息计算

流动资金是企业的周转资金，企业流动资金贷款的一般做法是：年初一次性全额贷出，年末还清本年贷款产生的利息，本金保留在企业里继续周转，直到项目运营期结束才全额还清银行流动资金贷款的本金。因此贷款利息的计算为

建设期第 2 年贷入 100 万元，利息：

$$100\times4\%=4(\text{万元})$$

运营期第 1 年又贷入 250 万元，加上上一年的贷款 100 万元，共 350 万元，利息：

$$350\times4\%=14(\text{万元})$$

(3) 建设资金贷款还本付息表编制

因贷款合同规定的还款方式是投产后的前4年等额本金偿还,因此采用每年等额还本利息照付方式编制建设资金贷款还本付息表,如表7-1所示。

表7-1 建设资金贷款还本付息表 单位:万元

项目＼年份	建设期		运营期			
	1	2	3	4	5	6
年初累计借款		206	527	395	263	132
本年新增借款	200	300				
本年应计利息	6	21	32	24	16	8
本年归还本金			132	132	132	132
本年支付利息			32	24	16	8

表7-1中的"本年归还本金"项计算:

$$\frac{527}{4}=132(\text{万元})$$

问题4 计算所得税的关键是要搞清楚纳税基数的概念。所得税的纳税基数是产品销售收入减总成本再减销售税金及附加,也被称为税前利润。所得税必须按年计算,且只是在企业具有税前利润的前提下才缴纳。

$$\text{所得税}=(\text{销售收入}-\text{总成本}-\text{销售税金及附加})\times\text{所得税率}$$

所以,运营期第1年的所得税为

$$(600-330-600\times6\%)\times33\%=77(\text{万元})$$

运营期第2年至第10年每年的所得税为

$$(800-410-800\times6\%)\times33\%=113(\text{万元})$$

建设期两年因无收入,所以不交所得税。

问题5 项目全部投资现金流量表的形式可参照表2-5,编制全部投资现金流量表时要注意以下几点。

(1) 销售收入发生在运营期的各年。

(2) 回收固定资产余值发生在运营期的最后一年。填写该值时需要注意,固定资产余值并不是残值,它是固定资产原值减去已提折旧的剩余值,即:

$$\text{固定资产余值}=\text{固定资产原值}-\text{已提折旧}$$

本案例的折旧采用直线折旧法,因此:

$$\begin{aligned}\text{年折旧额}&=\frac{\text{固定资产原值}-\text{残值}}{\text{折旧年限}}\\&=\frac{529+806-100}{12}=103(\text{万元})\end{aligned}$$

则固定资产余值为

$$(529+806)-103\times10=305(\text{万元})$$

(3) 回收流动资金发生在运营期的最后一年，流动资金应全额回收。

(4) 现金流入=销售收入+回收固定资产余值+回收流动资金。

(5) 固定资产投资发生在建设期的各年。

固定资产投资 = 固定资产静态投资 + 价差预备费 + 建设资金贷款利息

建设期第1年年末： $1308 \times 40\% + 6 = 529$(万元)

建设期第2年年末： $1308 \times 60\% + 21 = 806$(万元)

(6) 流动资金发生在投入年。

(7) 经营成本发生在运营期的各年。

(8) 销售税金及附加发生在运营期的各年，等于销售收入×6%。

(9) 所得税发生在运营期的盈利年。

(10) 现金流出=固定资产投资+流动资金+经营成本+销售税金及附加+所得税。

(11) 净现金流量=现金流入-现金流出。

本项目全部投资现金流量表如表7-2所示。

表7-2 投资现金流量表

序号	项 目	建设期		运 营 期									
		1	2	3	4	5	6	7	8	9	10	11	12
	生产负荷(%)			80	100	100	100	100	100	100	100	100	100
1	现金流入(万元)			600	800	800	800	800	800	800	800	800	1455
1.1	销售收入(万元)			600	800	800	800	800	800	800	800	800	800
1.2	回收固定资产余值(万元)												305
1.3	回收流动资金(万元)												350
2	现金流出(万元)	529	906	613	461	461	461	461	461	461	461	461	461
2.1	固定资产投资(万元)	529	806										
2.2	流动资金(万元)		100	250									
2.3	经营成本(万元)			250	300	300	300	300	300	300	300	300	300
2.4	销售税金及附加(万元)			36	48	48	48	48	48	48	48	48	48
2.5	所得税(万元)			77	113	113	113	113	113	113	113	113	113
3	净现金流量(1-2)(万元)	-529	-906	-13	339	339	339	339	339	339	339	339	994

问题6 在计算投资回收期时，主要是用现金流量表中的净现金流量，只不过计算静态投资回收期时不考虑资金的时间价值，而计算动态投资回收期时需要考虑资金的时间价值。

(1) 静态投资回收期

计算静态投资回收期时，需要用“现金流量表”中的净现金流量构造一个具有累计净现金流量的表，如表7-3所示。

表7-3 累计净现金流量 单位：万元

1	年	1	2	3	4	5	6	7	8	9	10	11	12
2	净现金流量	-529	-906	-13	339	339	339	339	339	339	339	339	994
3	累计净现金流量	-529	-1435	-1448	-1109	-770	-431	-92	247				

从表 7-3 中找出累计净现金流量由负值变为正值的年份，如表 7-3 中的第 7 年为 −92 万元，第 8 年则为 247 万元。显然静态投资回期在第 7 年与第 8 年之间，这时可用插入法求得具体的数值。静态投资回期的计算公式为

$$\left(\begin{matrix}\text{累计净现金流量开}\\\text{始出现正值年份}\end{matrix}-1\right)+\frac{\text{上年累计净现金流量的绝对值}}{\text{当年净现金流量}}$$

本案例的静态投资回期为

$$(8-1)+\frac{92}{339}=7.27(\text{年})$$

（2）动态投资回收期

计算动态投资回收期时，需要用“现金流量表”中的净现金流量构造一个具有折现净现金流量和累计折现净现金流量的表。均按基准收益率进行折现，将发生在各年的净现金流量折至第 0 年，如表 7-4 所示。

表 7-4　净现金流量折至第 0 年　　单位：万元

1	年	1	2	3	4	5	6	7	8	9	10	11	12
2	净现金流量	−529	−906	−13	339	339	339	339	339	339	339	339	994
3	折现净现金流量(i_c=10%)	−481	−785	−10	232	210	191	174	158	144	131	119	317
4	累计折现净现金流量	−481	−1266	−1276	−1044	−834	−643	−469	−311	−167	−36	83	400

从表 7-4 中找出累计折现净现金流量由负值变为正值的年份，如表 7-4 中的第 10 年为 −36 万元，第 11 年则为 83 万元。显然动态投资回期在第 10 年与第 11 年之间，模仿静态投资回收期的求法，用插入法求出具体的数值：

$$(11-1)+\frac{36}{119}=10.3(\text{年})$$

问题 7　财务净现值(FNPV)实际是将发生在“现金流量表”中各年的净现金流量按基准收益率折到第 0 年的代数和，也就是表 7-4 中累计折现净现金流量对应于第 12 年的值。即：

$$\text{财务净现值 FNPV}=400\text{ 万元}$$

问题 8　财务内部收益率(FIRR)是指按“现金流量表”中各年的净现金流量，求净现值为 0 时对应的折现率。财务内部收益率的求解通过三步实现。

（1）列算式

算式实际上是求财务净现值 FNPV 的表达式，是根据“现金流量表”中净现金流量“行”的数值，设财务内部收益率 FIRR=x 来列。本案例的算式为

$$\text{FNPV}=-\frac{529}{(1+x)^1}-\frac{906}{(1+x)^2}-\frac{13}{(1+x)^3}+339\times\frac{(1+x)^8-1}{x}\times\frac{1}{(1+x)^{11}}+994\times\frac{1}{(1+x)^{12}}=0 \quad (7\text{-}1)$$

(2) 试算

试算是任设一个 x 值,代入式(7-1)中,观察求出的 FNPV 是大于 0 还是小于 0。若大于 0,表明所设的 x 值小了,可以再设一个大一些的 x 值;若小于 0 则表明 x 值设大了。

设 $x=12\%$,代入式(7-1)中,得:

$$FNPV_{12\%} \approx 95$$

再设 $x=13\%$,代入式(7-1)中,得:

$$FNPV_{13\%} \approx 12$$

再设 $x=14\%$,代入式(7-1)中,得:

$$FNPV_{14\%} \approx -59$$

显然,要求的财务内部收益率 FIRR 在 13%与 14%之间。

(3) 插入

通过 $FNPV_{13\%} \approx 12$ 与 $FNPV_{14\%} \approx -59$,在 13%与 14%之间用插入法求解财务内部收益率(FIRR)。

$$FIRR = 13\% + \frac{12}{12-(-59)} \times (14\% - 13\%) = 13.17\%$$

问题 **9** 编制项目损益表时要注意两点。

(1) 公积金按税后利润的 10%计提。

(2) 公益金按税后利润的 5%计提。

本案例的损益表编制如表 7-5 所示。

表 7-5 损益表

序号	项目	投产期	达产期									合计
		3	4	5	6	7	8	9	10	11	12	
	生产负荷(%)	80	100	100	100	100	100	100	100	100	100	
1	销售收入(万元)	600	800	800	800	800	800	800	800	800	800	7800
2	销售税金及附加(万元)	36	48	48	48	48	48	48	48	48	48	468
3	总成本(万元)	330	410	410	410	410	410	410	410	410	410	4020
4	利润总额(1−2−3)(万元)	234	342	342	342	342	342	342	342	342	342	3312
5	所得税(33%)(万元)	77	113	113	113	113	113	113	113	113	113	1094
6	税后利润(4−5)(万元)	157	229	229	229	229	229	229	229	229	229	2218
7	计提公积金(10%)(万元)	16	23	23	23	23	23	23	23	23	23	223
8	累计计提公积金(万元)	16	39	62	85	108	131	154	177	200	223	223
9	计提公益金(5%)(万元)	8	11	11	11	11	11	11	11	11	11	107
10	应付利润(6−7−9)(万元)	133	179	179	179	179	179	179	179	179	179	1744

问题 **10**

$$投资利润率 = \frac{年均利润总额}{投资总额} \times 100\% = \frac{3312/10}{529+806+100+250} \times 100\% = 20\%$$

$$投资利税率=\frac{年均利润总额+年均销售税金及附加}{投资总额}\times 100\%$$

$$=\frac{(3312+468)/10}{529+806+100+250}\times 100\%=22\%$$

$$资本金利润率=\frac{年均税后利润额}{资本金}\times 100\%=\frac{2218/10}{1308-500}\times 100\%=27\%$$

问题 11 计算出的评价指标共有 7 个：静态投资回收期、动态投资回期、财务净现值、内部收益率、投资利润率、投资利税率、资本金利润率。

因为财务净现值大于 0，所以项目可行；内部收益率 13.17%大于行业基准收益率 10%，所以项目可行；投资利润率 20%大于行业平均投资利润率 12%，所以项目可行；投资利税率 22%大于行业平均投资利税率 17%，所以项目可行。

因为背景资料没给基准回收期和基准资本金利润率，所以无法从静态投资回收期、动态投资回收期和资本金利润率角度对项目进行评价。

7.5 案例五

7.5.1 背景资料

某房地产开发公司拟开发一大型住宅建设项目，为了保证项目建成后能够畅销，该公司采用设计方案竞选方式共获得了 13 个设计方案。通过初步筛选，拟在以下 4 个方案中做最后选择，各方案的基本资料如下。

方案 A：框架结构，层高 3m，钢筋混凝土灌注桩，外装饰较好，内装饰一般，卫生设施较好，单方造价 1850 元/m^2。

方案 B：框架剪力墙结构，层高 3m，钢筋混凝土带型基础，外装饰一般，内装饰较好，卫生设施一般，单方造价 2050 元/m^2。

方案 C：剪力墙结构，层高 2.9m，钢筋混凝土箱型基础，外装饰一般，内装饰一般，卫生设施较好，单方造价 2250 元/m^2。

方案 D：钢筋混凝土装配式结构，层高 3m，钢筋混凝土带型基础，外装饰较好，内装饰较好，卫生设施较好，单方造价 2000 元/m^2。

为了使方案的选择更科学、合理，公司聘请专家对住宅工程的功能进行了梳理，归纳出住宅建筑 10 个方面的功能，即：平面布置、采光通风、层高与层数、牢固耐久、“三防”设施、建筑造型、内外装饰、环境设计、技术参数(使用面积系数、每户平均用地指标)、便于施工。

为了确定不同功能的重要性程度，公司邀请了用户代表、设计人员代表、施工人员代表分别根据自己的认识对 10 项功能按合计分 100 分进行打分，并规定用户代表意见的权重为 55%、设计人员代表意见的权重为 30%、施工人员代表意见的权重为 15%。

用户代表、设计人员代表、施工人员代表三方打分结果如表 7-6 所示。

表 7-6 用户代表、设计人员代表、施工人员代表三方打分结果

项目	平面布置	采光通风	层高层数	牢固耐久	三防设施	建筑造型	内外装饰	环境设计	技术参数	便于施工
用户代表	40	16	2	22	4	2	3	4	6	1
设计人员代表	30	14	4	15	5	10	8	6	3	5
施工人员代表	35	15	3	20	3	2	1	6	2	13

针对住宅建筑的 10 项功能，专家对 A、B、C、D 4 个设计方案分别的打分值如表 7-7 所示。

表 7-7 4 个设计方案打分值

项目	平面布置	采光通风	层高层数	牢固耐久	三防设施	建筑造型	内外装饰	环境设计	技术参数	便于施工
方案 A	10	10	8	10	10	9	9	9	9	8
方案 B	10	9	9	8	10	8	9	9	9	10
方案 C	8	10	10	9	9	10	10	9	8	8
方案 D	9	10	8	9	10	8	8	9	8	9

7.5.2 问题

(1) 分析计算 4 个方案的功能总得分。
(2) 运用价值工程对 4 个方案优选。

7.5.3 知识点

(1) 价值工程的概念与运用程序。
(2) 功能系数、成本系数、价值系数的计算。
(3) 价值工程的方案优选。

7.5.4 分析思路与参考答案

运用价值工程对不同的设计方案进行优选，需要分别计算出各设计方案的功能系数、成本系数与价值系数，并根据价值系数的大小进行方案的优选。

问题 1

(1) 由背景资料知，住宅建筑 10 个方面功能的得分值是用户代表、设计人员代表、施工人员代表三方分别打分得出的，需根据三方权重对分值进行综合，过程如下：

平面布置综合得分 $= 40 \times 55\% + 30 \times 30\% + 35 \times 15\% = 36.25$
采光通风综合得分 $= 16 \times 55\% + 14 \times 30\% + 15 \times 15\% = 15.25$
层高层数综合得分 $= 2 \times 55\% + 4 \times 30\% + 3 \times 15\% = 2.75$
牢固耐久综合得分 $= 22 \times 55\% + 15 \times 30\% + 20 \times 15\% = 19.6$

三防设施综合得分 = 4 × 55% + 5 × 30% + 3 × 15% = 4.15
建筑造型综合得分 = 2 × 55% + 10 × 30% + 2 × 15% = 4.4
内外装饰综合得分 = 3 × 55% + 8 × 30% + 1 × 15% = 4.2
环境设计综合得分 = 4 × 55% + 6 × 30% + 6 × 15% = 4.9
技术参数综合得分 = 6 × 55% + 3 × 30% + 2 × 15% = 4.5
便于施工综合得分 = 1 × 55% + 5 × 30% + 13 × 15% = 4
十项功能综合总分= 36.25 + 15.25 + 2.75 + 19.6 + 4.15 + 4.4 + 4.2 + 4.9 + 4.5 + 4
= 100

(2) 求各功能综合得分占综合总分比例。

平面布置：$\frac{36.25}{100}=0.3625$

采光通风：0.1525

层高层数：0.0275

牢固耐久：0.196

三防设施：0.0415

建筑造型：0.044

内外装饰：0.042

环境设计：0.049

技术参数：0.045

便于施工：0.04

(3) 求各设计方案功能满足程度总分。

A 方案功能满足程度总分= 0.3625 × 10 + 0.1525 × 10 + 0.0275 × 8 + 0.196 × 10
+ 0.0415 × 10 + 0.044 × 9 + 0.042 × 9 + 0.049 × 9
+ 0.045 × 9 + 0.04 × 8
= 9.685

B 方案功能满足程度总分= 0.3625 × 10 + 0.1525 × 9 + 0.0275 × 9 + 0.196 × 8
+ 0.0415 × 10 + 0.044 × 8 + 0.042 × 9 + 0.049 × 9
+ 0.045 × 9 + 0.04 × 10
= 9.204

C 方案功能满足程度总分= 0.3625 × 8 + 0.1525 × 10 + 0.0275 × 10 + 0.196 × 9
+ 0.0415 × 9 + 0.044 × 10 + 0.042 × 10 + 0.049 × 9
+ 0.045 × 8 + 0.04 × 8
= 8.819

D 方案功能满足程度总分= 0.3625 × 9 + 0.1525 × 10 + 0.0275 × 8 + 0.196 × 9
+ 0.0415 × 10 + 0.044 × 8 + 0.042 × 8 + 0.049 × 9
+ 0.045 × 8 + 0.04 × 9
= 9.071

问题 2

（1）求各设计方案功能系数

$$\text{功能系数} = \frac{\text{某设计方案功能满足程度总分}}{\text{所有参评方案功能满足程度总分之和}}$$

$$\text{A 方案功能系数} = \frac{9.685}{9.685 + 9.204 + 8.819 + 9.071} = 0.2633$$

$$\text{B 方案功能系数} = \frac{9.204}{9.685 + 9.204 + 8.819 + 9.071} = 0.2503$$

$$\text{C 方案功能系数} = \frac{8.819}{9.685 + 9.204 + 8.819 + 9.071} = 0.2398$$

$$\text{D 方案功能系数} = \frac{9.071}{9.685 + 9.204 + 8.819 + 9.071} = 0.2466$$

（2）求各设计方案成本系数

$$\text{成本系数} = \frac{\text{某设计方案平方米造价}}{\text{所有参评方案平方米造价之和}}$$

$$\text{A 方案成本系数} = \frac{1850}{1850 + 2050 + 2250 + 2000} = 0.227$$

$$\text{B 方案成本系数} = \frac{2050}{1850 + 2050 + 2250 + 2000} = 0.2515$$

$$\text{C 方案成本系数} = \frac{2250}{1850 + 2050 + 2250 + 2000} = 0.2761$$

$$\text{D 方案成本系数} = \frac{2000}{1850 + 2050 + 2250 + 2000} = 0.2454$$

（3）求各设计方案价值系数

$$\text{价值系数} = \frac{\text{功能系数}}{\text{成本系数}}$$

$$\text{A 方案价值系数} = \frac{0.2633}{0.227} = 1.16$$

$$\text{B 方案价值系数} = \frac{0.2503}{0.2515} = 0.9952$$

$$\text{C 方案价值系数} = \frac{0.2398}{0.2761} = 0.8685$$

$$\text{D 方案价值系数} = \frac{0.2466}{0.2454} = 1.0049$$

（4）方案优选

A 方案价值系数最大，为最优方案。

7.6 案 例 六

7.6.1 背景资料

某综合楼工程建筑面积1360m²，根据初步设计图纸计算出的土建单位工程各扩大分项工程的工程量清单和由概算定额查出的扩大单价，见表7-8。

表7-8 扩大单价

定额号	扩大分项工程名称	单位	工程量	扩大单价(元)
3-1	土方及砖基础	$10m^3$	1.96	1614.16
3-27	砖外墙	$100m^2$	2.184	4035.03
3-29	砖内墙	$100m^2$	2.292	4885.22
4-21	土方及无筋混凝土带基	m^3	206.024	559.24
4-24	混凝土满堂基础	m^3	169.47	542.74
4-26	混凝土设备基础	m^3	1.58	382.7
4-33	现浇混凝土矩形梁	m^3	37.86	786.86
4-38	现浇混凝土墙	m^3	470.12	670.74
4-40	现浇混凝土有梁板	m^3	134.82	786.86
4-44	现浇整体楼梯	$10m^2$	4.44	1310.26
5-42	铝合金地弹门	樘	2	1725.69
5-45	铝合金推拉窗	樘	15	653.54
7-23	双面夹板门	樘	18	314.36
8-81	防滑砖地面	$100m^2$	2.72	9920.94
8-82	防滑砖楼面	$100m^2$	10.88	8935.81
8-83	防滑砖楼梯	$100m^2$	0.444	10064.39
9-23	珍珠岩找坡保温层	$10m^3$	2.72	3634.34
9-70	二毡三油一砂防水层	$100m^2$	2.72	5428.8

工程所在地现行费用定额规定：零星工程费为清单费用的8%，措施费为分部分项工程费的10%，其他项目费为分部分项工程费与措施费之和的15%，规费为分部分项工程费、措施费与其他项目费之和的2%，综合税率3.4%。根据统计资料，同类工程各专业单位工程造价占单项工程的比例为：土建40%，采暖1.4%，通风空调13.5%，电气2.5%，给排水1%，设备购置38%，设备安装3%，工、器具0.5%。

7.6.2 问题

(1) 编制综合楼土建单位工程概算。

(2) 编制综合楼单项工程综合概算。

7.6.3 知识点

(1) 用概算定额法编制概算文件的程序。
(2) 工程费、措施费、其他项目费的计算。
(3) 规费、税金的计算。
(4) 工程含税造价的计算。

7.6.4 分析思路与参考答案

问题 1 根据背景资料，该综合楼的土建单位工程概算可采用概算定额法编制，具体编制程序是：根据扩大初步图纸与概算定额计算出扩大分项工程量→套用概算定额的扩大单价计算出工程量清单费用→考虑零星工程费用计算工程费→根据计算出的工程费与相关费率计算其他各项费用→汇总出总造价。

因为背景资料的表中给出了扩大分项工程量和扩大单价，所以可直接计算清单费用，计算结果见表 7-9。

概算编制过程中需注意以下几点。

(1) 分部分项工程费＝工程量清单费用＋零星工程费用
(2) 零星工程费用＝工程量清单费用×零星工程费率
(3) 措施费＝分部分项工程费×措施费率
(4) 其他项目费＝(分部分项工程费＋措施费)×其他项目费率
(5) 规费＝(分部分项工程费＋措施费＋其他项目费)×规费费率
(6) 税金＝(分部分项工程费＋措施费＋其他项目费＋规费)×综合税率

综合楼土建单位工程工程量清单费用计算如表 7-9 所示。

表 7-9 综合楼土建单位工程工程量清单费用计算

定额号	扩大分项工程名称	单位	工程量	清单费用(元)	
				扩大单价	合 计
3-1	土方及砖基础	$10m^3$	1.96	1614.16	3163.75
3-27	砖外墙	$100m^2$	2.184	4035.03	8812.5
3-29	砖内墙	$100m^2$	2.292	4885.22	11 196.92
4-21	土方及无筋混凝土带基	m^3	206.024	559.24	115 216.86
4-24	混凝土满堂基础	m^3	169.47	542.74	91 978.14
4-26	混凝土设备基础	m^3	1.58	382.7	604.66
4-33	现浇混凝土矩形梁	m^3	37.86	786.86	36 062.03
4-38	现浇混凝土墙	m^3	470.12	670.74	315 328.29
4-40	现浇混凝土有梁板	m^3	134.82	786.86	106 084.47
4-44	现浇整体楼梯	$10m^2$	4.44	1310.26	5817.55
5-42	铝合金地弹门	樘	2	1725.69	3451.38
5-45	铝合金推拉窗	樘	15	653.54	9803.1

续表

定额号	扩大分项工程名称	单位	工程量	清单费用(元)	
				扩大单价	合 计
7-23	双面夹板门	樘	18	314.36	5658.48
8-81	防滑砖地面	$100m^2$	2.72	9920.94	26 984.96
8-82	防滑砖楼面	$100m^2$	10.88	8935.81	97 221.61
8-83	防滑砖楼梯	$100m^2$	0.444	10 064.39	4468.59
9-23	珍珠岩找坡保温层	$10m^3$	2.72	3634.34	9885.4
9-70	二毡三油一砂防水层	$100m^2$	2.72	5428.8	14 766.33
	工程量清单费用合计				866 505.02

分部分项工程费 = 866 505.02 + 866 505.02 × 8% = 935 825.42(元)

措施费 = 935 825.42 × 10% = 93 582.54(元)

其他项目费 = (935 825.42 + 93 582.54) × 15% = 154 411.194(元)

规费 = (935 825.42 + 93 582.54 + 154 411.194) × 2% = 23 676.383(元)

税金 = (935 825.42 + 93 582.54 + 154 411.194 + 23 676.383) × 3.4% = 41 054.85(元)

综合楼土建单位工程概算造价 = 935 825.42 + 93 582.54 + 154 411.19 + 23 676.38 + 41 054.85
= 1 248 550.39(元)

问题 2　由同类工程各专业单位工程造价占单项工程造价的比例知：

综合楼单项工程概算总造价 = 综合楼土建单位工程概算造价 ÷ 40%
= 1 248 550.39 ÷ 40% = 3 121 375.98(元)

由背景资料所给的各专业单位工程造价占单项工程造价的比例，分别计算出各单位工程概算造价：

采暖单位工程概算造价 = 3 121 375.98 × 1.4% = 43 699.26(元)

通风空调单位工程概算造价 = 3 121 375.98 × 13.5% = 421 385.76(元)

电气单位工程概算造价 = 3 121 375.98 × 2.5% = 78 034.4(元)

给排水单位工程概算造价 = 3 121 375.98 × 1% = 31 213.76(元)

设备购置概算造价 = 3 121 375.98 × 38% = 1 186 122.87(元)

设备安装工程概算造价 = 3 121 375.98 × 3% = 93 641.28(元)

工、器具概算造价 = 3 121 375.98 × 0.5% = 15 606.88(元)

综合楼单项工程综合概算表见表 7-10。

表 7-10　综合楼单项工程综合概算表

序号	单位工程和费用名称	概算价值(万元)				技术经济指标			占单项工程投资百分比(%)
		建安工程费	设备购置费	工程建设其他费	合计	单位	数量	单位造价(元/m^2)	
1	建筑工程	182.29			182.29	m^2	1360	1340.37	58.46
1.1	土建工程	124.86			124.86				

续表

序号	单位工程和费用名称	概算价值(万元)				技术经济指标			占单项工程投资百分比(%)
		建安工程费	设备购置费	工程建设其他费	合计	单位	数量	单位造价(元/m^2)	
1.2	采暖工程	4.37			4.37				
1.3	通风、空调工程	42.14			42.14				
1.4	电气工程	7.80			7.80				
1.5	给排水工程	3.12			3.12				
2	设备及设备安装工程	9.36	118.61		127.97	m^2	1360	940.96	41.04
2.1	设备购置		118.61		118.61				
2.2	设备安装	9.36			9.39				
3	工器具购置		1.56		1.56	m^2	1360	11.47	0.5
	合　　计	191.65	120.17		311.82	m^2	1360	2292.80	100
4	占单项工程投资比例(%)	61.46	38.54						

注：表中数值均按四舍五入原则保留两位小数。

7.7 案　例　七

7.7.1 背景资料

某中学拟建一电教实验楼，建设投资由市教育局拨款。在设计方案完成之后，教育局委托市招标投标中心对该楼的施工进行公开招标。有八家施工企业报名参加投标，经过资格预审，只有甲、乙、丙、丁四家施工企业符合条件，参加了最终的投标。各投标企业按技术标与商务标分别装订报送。市招标投标中心规定的施工评标定标办法如下。

1. 商务标：82分

(1) 投标报价：50分。

评分办法：满分50分。最终报价比评标价每增加0.5%扣2分，每减少0.5%扣1分(不足0.5%不计)。

(2) 质量：10分。

评分办法：质量目标符合招标单位要求者得1分。上年度施工企业工程质量一次验收合格率达100%者，得2分，达不到100%的不得分。优良率在40%以上且优良工程面积10 000m^2以上者的得2分。以40%、10 000m^2为基数，优良率每增加10%且优良工程面积每增加5000m^2加1分，不足10%、5000m^2不计，加分最高不超过5分。

(3) 项目经理：15分。

① 业绩：8分。

评分办法：该项目经理上两年度完成的工程，获国家优良工程每100m^2加0.04分；获省级优良工程每100m^2加0.03分；获市优良工程每100m^2加0.02分。不足100m^2不计分，其他优良工程参照市优良工程打分，但所得分数乘以80%。同一工程获多个奖项，只计最高级别奖项的分数，不重复计分，最高计至 8 分。

② 安全文明施工：4 分。

评分办法：该项目经理上两年度施工的工程，获国家级安全文明工地的工程每 $100m^2$ 加 0.02 分；获省级安全文明工地的工程每 $100m^2$ 加 0.01 分；不足 $100m^2$ 的不计分。同一工程获多个奖项，只计最高级别奖项的分数，不重复计分，最高计至 4 分。

③ 答辩：3 分。

评分办法：由项目经理从题库中抽取 3 个题目回答，每个一分，根据答辩情况酌情给分。

(4) 社会信誉：5 分。

① 类似工程经验：2 分。

评分办法：企业两年来承建过同类项目一座且达到合同目标得 2 分，否则不得分。

② 质量体系认证：2 分。

评分办法：企业通过 ISO 国际认证体系得 2 分，否则不得分。

③ 投标情况：1 分。

评分办法：近一年来投标中未发生任何违纪、违规者得 1 分，否则不得分。

(5) 工期：2 分。

评分办法：工期在定额工期的 75%～100%范围内得 2 分，否则不得分。

2. 技术标：18 分

评分办法：工期安排合理得 1 分；工序衔接合理得 1 分；进度控制点设置合适得 1 分；施工方案合理先进得 4 分；施工平面布置合理、机械设备满足工程需要得 4 分；管理人员及专业技术人员配备齐全、劳动力组织均衡得 4 分；质量安全管理体系可靠，文明施工管理措施得力得 3 分。不足之处由评委根据标书酌情扣分。

施工单位最终得分＝商务标得分＋技术标得分，得分最高者中标。

该电教实验楼工程的评标委员由教育局的两名代表与从专家库中抽出的 5 名专家共 7 人组成。商务标中的投标报价不设标底，以投标单位报价的平均值作为评标价。商务标中的相关项目以投标单位提供的原件为准计分。技术标以各评委评分去掉一个最高分和最低分后的算术平均数计分。

各投标单位的技术标得分汇总见表 7-11。

表 7-11　各投标单位的技术标得分汇总

评委 投标单位	一	二	三	四	五	六	七
甲	13.0	11.5	12.0	11.0	12.3	12.5	12.5
乙	14.5	13.5	14.5	13.0	13.5	14.5	14.5
丙	14.0	13.5	13.5	13.0	13.5	14.0	14.5
丁	12.5	11.5	12.5	11.0	11.5	12.5	13.5

各投标单位的商务标得分汇总如表 7-12 所示。

表 7-12　各投标单位的商务标得分汇总

投标单位	报价(万元)	质量(分)	项目经理(分)	社会信誉(分)	工期(分)
甲	3278	8.0	13.5	5	2
乙	3320	8.0	14.3	3	2
丙	3361	9.0	12.4	4	2
丁	2726	8.0	12.6	4	2

7.7.2　问题

(1) 若由你负责本工程的招标,你将按照什么思路进行什么工作?

(2) 请选择中标单位。

7.7.3　知识点

(1) 招标投标的规定及招标程序。

(2) 评价方法及中标单位的选择。

7.7.4　分析思路与参考答案

问题 1

1) 招标程序

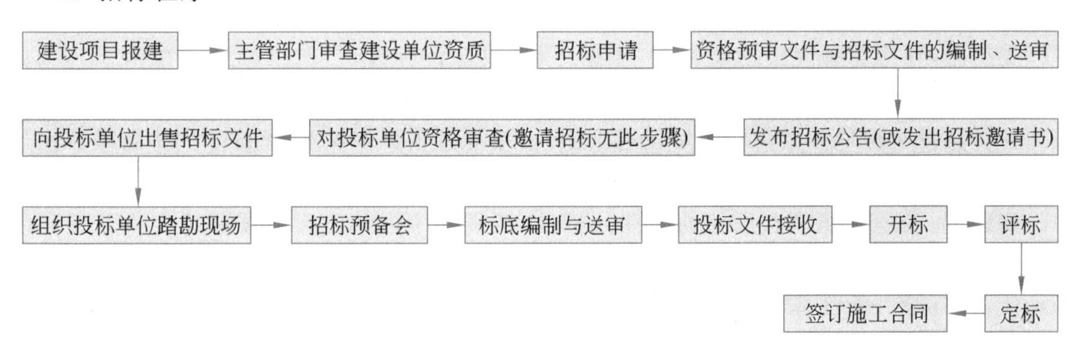

2) 招标过程中具体做的工作

(1) 进行招标准备工作。在本工程项目正式招标前,组建招标管理组织机构,办理有关的审批手续。

① 填写“建设工程招标申请表”,申请表的主要内容包括:工程名称、建设地点、招标建设规模、结构类型、招标范围、招标方式、要求施工企业等级、施工前期准备情况(土地征用、拆迁情况、勘察设计情况、施工现场条件等)、招标机构组织情况。并经上级主管部门批准后,连同“工程建设项目报建审查登记表”一起报招标管理机构审批。

② 编制资格预审文件和招标文件,送交招标管理机构审查。

(2) 发布招标公告。当“建设工程招标申请表”、资格预审文件和招标文件通过招标管理机构的审批后，在报纸、杂志或其他传播媒介上公开发布招标公告。公告主要内容包括：

① 招标单位名称与地址。

② 招标项目的性质、数量、实施地点、实施时间。

③ 获取招标文件的办法。

(3) 进行投标单位的资格预审。按资格预审文件的要求，对申请参加投标的投标人进行资质条件、业绩、信誉、技术、资金等方面评比分析，确定出合格的投标人的名单，并报招标管理机构核准。资格预审的具体做法是：

① 发布资格预审通报。

② 发出资格预审文件。

③ 对潜在投标人资格的审查与评定。

④ 发出资格预审合格通知书。

(4) 向投标单位出售招标文件。将招标文件、图纸和有关技术资料出售给通过资格预审获得投标资格的投标单位。并要求投标单位认真核对，无误后以书面形式确认。

(5) 组织投标单位踏勘现场。组织通过资格预审的投标单位进行勘察现场，投标单位了解工程场地和周围环境情况，以获取他们认为有必要的信息。

(6) 召开招标预备会。组织建设单位、设计单位、施工单位参加招标预备会。在会上澄清招标文件中出现的问题，解答投标单位对招标文件和勘察现场中所提出的疑问。

(7) 编制标底并送审。如果本工程需要编制标底，则组织有关人员或委托相应的单位编制标底，标底编制完后将必要的资料报送招标管理机构审定。

(8) 接收投标单位送交的投标文件。

(9) 开标、评标、定标。在投标截止日期后，按规定时间、地点，在投标单位法定代表人或授权代理人在场的情况下举行开标会议，按规定的议程进行开标。由按有关规定成立的评标委员会，在招标管理机构监督下，依据评标原则、评标方法，对投标单位报价、工期、质量、施工方案或施工组织设计、以往业绩、社会信誉、优惠条件等方面进行综合评价，公正合理地择优选择中标单位。在中标单位选定后，由招标管理机构核准，获准后向中标单位发出“中标通知书”。

问题 2　根据背景资料所给的条件分析，本工程的中标单位应该按照综合得分最高的原则选择，因此需要计算各投标单位的综合得分。由于该工程不设标底，以投标单位报价的平均值为评标价，所以需要先求出评标价。

$$评标价=\frac{3278+3320+3361+2726}{4}=3171.25(万元)$$

(1) 甲投标单位的综合得分计算

① 技术标得分

去掉最高分：13.0 分；去掉最低分：11.0 分。

$$技术标得分=\frac{11.5+12.0+12.3+12.5+12.5}{5}=12.16(分)$$

② 商务标得分

报价：3278 万元，与评标价的差 $= 3278 - 3171.25 = 106.75$(万元)

比评标价增(减) $= \dfrac{106.75}{3171.25} = +3.4\%$

报价得分 $= 50 - 6 \times 2 = 38$(分)

商务标得分＝报价得分＋质量得分＋项目经理得分＋社会信誉得分＋工期得分
$= 38 + 8.0 + 13.5 + 5 + 2 = 66.5$(分)

③ 综合得分

甲投标单位综合得分＝技术标得分＋商务标得分
$= 12.16 + 66.5 = 78.66$(分)

(2) 乙投标单位的综合得分计算

① 技术标得分

去掉最高分：14.5 分；去掉最低分：13.0 分。

$$技术标得分 = \frac{13.5 + 14.5 + 13.5 + 14.5 + 14.5}{5} = 14.1(分)$$

② 商务标得分

报价：3320 万元，与评标价的差 $= 3320 - 3171.25 = 148.75$(万元)

比评标增(减) $= \dfrac{148.75}{3171.25} = +4.7\%$

报价得分 $= 50 - 9 \times 2 = 32$(分)

商务标得分 $= 32 + 8.0 + 14.3 + 3 + 2 = 59.3$(分)

③ 综合得分

乙投标单位综合得分 $= 14.1 + 59.3 = 73.4$(分)

(3) 丙投标单位的综合得分计算

① 技术标得分

去掉最高分：14.5 分；去掉最低分：13.0 分。

$$技术标得分 = \frac{14.0 + 13.5 + 13.5 + 13.5 + 14.0}{5} = 13.7(分)$$

② 商务标得分

报价：3361 万元，与评标价的差 $= 3361 - 3171.25 = 189.75$(万元)

比评标增(减) $= \dfrac{189.75}{3171.25} = +6\%$

报价得分 $= 50 - 12 \times 2 = 26$(分)

商务标得分 $= 26 + 9.0 + 12.4 + 4 + 2 = 53.4$(分)

③ 综合得分

丙投标单位综合得分 $= 13.7 + 53.4 = 67.1$(分)

(4) 丁投标单位的综合得分计算

① 技术标得分

去掉最高分：13.5分；去掉最低分：11.0分。

$$技术标得分 = \frac{12.5 + 11.5 + 12.5 + 11.5 + 12.5}{5} = 12.1(分)$$

② 商务标得分

报价：2726万元，与评标价的差 = 2726 − 3171.25 = − 445.25(万元)

$$比评标增(减) = \frac{-445.25}{3171.25} = -14\%$$

报价得分 = 50 − 28 × 1 = 22(分)

商务标得分 = 22 + 8 + 12.6 + 4 + 2 = 48.6(分)

③ 综合得分

丁投标单位综合得分 = 12.1 + 48.6 = 60.7(分)

(5) 选择中标单位

因为甲单位综合得分为78.66分，最高，所以甲单位中标。

7.8 案例八

7.8.1 背景资料

某施工单位承包了一工程项目。合同规定，工程施工从2018年7月1日起至2018年11月30日止。在施工合同中，甲乙双方还约定：工程造价为660万元人民币，主要材料与构件费占工程造价的比重按60%考虑，预付备料款为工程造价的20%，工程实施后，预付备料款从未施工工程尚需的主要材料及构件的价值相当于预付备料款数额时起扣，从每次结算工程款中按材料比重扣回，竣工前全部扣清。工程进度款采取按月结算方式支付，工程保修金为工程造价的5%，在竣工结算月一次扣留，材料价差按规定上半年上调10%，在竣工结算时一次调增。

双方还约定，乙方必须严格按照施工图纸及相关的技术规定要求施工，工程量由造价工程师负责计量。根据该工程合同的特点，工程量计量与工程款支付的要点如下：

(1) 乙方对已完工的分项工程在7天内向监理工程师认证，取得质量认证后，向造价工程师提交计量申请报告。

(2) 造价工程师在收到报告后7天核实已完工程量，并在计量24小时前通知乙方，乙方为计量提供便利条件并派人参加。乙方不参加计量，造价工程师可按照规定的计量方法自行计量，计量结果有效。计量结束后造价工程师签发计量证书。

(3) 造价工程师在收到计量申请报告后7天内未进行计量，报告中的工程量从第8天起自动生效，直接作为工程价款支付的依据。

(4) 乙方凭计量认证与计量证书向造价工程师提出付款申请，造价工程师审核申请材料后确定支付款额,并向甲方提供付款证明。甲方根据造价工程师的付款证明进行工程款支付或结算。

该工程施工过程中出现的下面几项事件:在土方开挖时遇到了一些工程地质勘探没有探明的孤石,排除孤石拖延了一定的时间;在基础施工过程中遇到了数天的季节性大雨,使得基础施工耽误了部分工期;在基础施工中,乙方为了保证工程质量,在取得在场监理工程师认可的情况下,将垫层范围比施工图纸规定各向外扩大了 10cm;在整个工程施工过程中,乙方根据监理工程师的指示就部分工程进行了施工变更。

该工程在保修期间内发生屋面漏水,甲方多次催促乙方修理,但是乙方一再拖延,最后甲方只得另请其他单位修理,发生修理费 15 000 元。

工程各月实际完成的产值情况如表 7-13 所示。

表 7-13 工程各月实际完成的产值情况

月 份	7	8	9	10	11
完成产值(万元)	60	110	160	220	110

7.8.2 问题

(1) 若基础施工完成后,乙方将垫层扩大部分的工程量向造价工程师提出计量要求,造价工程师是否予以批准? 为什么?

(2) 若乙方就排除孤石和季节性大雨事件向造价工程师提出延长工期与补偿窝工损失的索赔要求,造价工程师是否应同意? 为什么?

(3) 对于施工过程中变更部分的合同价款应按什么原则确定?

(4) 工程价款结算的方式有哪几种? 竣工结算的前提是什么?

(5) 该工程的预付备料款为多少? 备料款起扣点为多少?

(6) 若不考虑工程变更与工程索赔,该工程 7 月至 10 月每月应拨付的工程款为多少? 11 月底办理竣工结算时甲方应支付的结算款为多少? 该工程结算造价为多少?

(7) 保修期间屋面漏水发生的 15 000 元修理费如何处理?

7.8.3 知识点

(1) 预付工程款的概念、计算与起扣。

(2) 工程价款的结算方法、竣工结算的原则与方法。

(3) 工程量计量的原则。

(4) 工程变更价款的处理原则。

(5) 工程索赔的处理原则。

7.8.4 分析思路与参考答案

问题 1 对于乙方在垫层施工中扩大部分的工程量,造价工程师应不予以计量。因为该部分的工程量超过了施工图纸的要求，也就是超过了施工合同约定的范围，不属于造价工程师计量的范围。

在工程施工中，监理工程师与造价工程师均是受雇于业主，为业主提供服务的，他们只能按照他们与业主所签合同的内容行使职权，无权处理合同以外的工程内容。对于“乙方为了保证工程质量，在取得在场监理工程师认可的情况下，将垫层范围比施工图纸规定各向外扩大了 10cm”这一事实，监理工程师认可的是承包商保证施工质量的技术措施，在业主没有批准追加相应费用的情况下，技术措施费用应由承包商自己承担。

问题 2　因工期延误产生的施工索赔处理原则是：如果导致工程延期的原因是因为业主造成的，承包商可以得到费用补偿与工期补偿；如果导致工程延期的原因是因为不可抗力造成的，承包商仅可以得到工期补偿而得不到费用补偿；如果导致工程延期的原因是因为承包商自己造成的，承包商将得不到费用与工期的补偿。

关于不可抗力产生后果的承担原则是：事件的发生是不是一个有经验的承包商能够事先估计到的。若事件的发生是一个有经验的承包商应该估计到的，则后果由承包商承担；若事件的发生是一个有经验的承包商无法估计到的，则后果由业主承担。

本案例中对孤石引起的索赔，一是因勘探资料不明导致；二是这是一个有经验的承包商事先无法估计到的情况，所以造价工程师应该同意。即承包商可以得到延长工期的补偿，并得到处理孤石发生的费用及由此产生窝工的补偿。

本案例中因季节性大雨引起的索赔，因为基础施工发生在 7 月份，而 7 月份阴雨天气属于正常季节性的，这是有经验的承包商预先应该估计到的因素，承包商应该在合同工期内考虑，因而索赔理由不成立，索赔应予以驳回。

问题 3　施工中变更价款的确定原则是：

(1) 合同中已有适用于变更工程的价格，按合同已有的价格计算变更合同的价款。

(2) 合同中有类似变更工程的价格，可参照类似价格变更合同价款。

(3) 合同中没有适用或类似于变更工程的价格，由承包商提出适当的变更价格，造价工程师批准执行，这一批准的变更价格应与承包商达成一致，否则按合同争议的处理方法解决。

问题 4　工程价款结算的方法主要有：

(1) 按月结算。即实行旬末或月中预支，月终结算，竣工后清算。

(2) 竣工后一次结算。即实行每月月中预支、竣工后一次结算。这种方法主要适用于工期短、造价低的小型工程项目。

(3) 分段结算。即按照形象工程进度，划分不同阶段进行结算。该方法用于当年不能竣工的单项或单位工程。

(4) 目标结款方式。即在工程合同中，将承包工程分解成不同的控制界面，以业主验收控制界面作为支付工程价款的前提条件。

(5) 结算双方约定的其他结算方式。

工程竣工结算的前提条件是：承包商按照合同规定内容全部完成所承包的工程，并符合合同要求，经验收质量合格。

问题 5

(1) 预付备料款

根据背景资料知：工程备料款为工程造价的 20%。由于备料款是在工程开始施工时甲方支付给乙方的周转资金，所以计算备料款采用的工程造价应该是合同规定的造价660万元，而非实际的工程造价。

$$预付备料款 = 660 \times 20\% = 132(万元)$$

(2) 备料款起扣点

按照合同规定，工程实施后，预付备料款从未施工工程尚需的主要材料及构件的价值相当于预付备料款数额时起扣。因此，备料款起扣点可以表述为

$$\begin{aligned}备料款起扣点 &= 承包工程价款总额 - \frac{预付备料款}{主要材料所占比重} \\ &= 660 - \frac{132}{60\%} = 440(万元)\end{aligned}$$

问题6

(1) 7—10月每月应拨付的工程款

若不考虑工程变更与工程索赔，则每月应拨付的工程款按实际完成的产值计算。7—10月各月拨付的工程款为：

7月应拨付工程款55万元，累计拨付工程款55万元。

8月应拨付工程款110万元，累计拨付工程款165万元。

9月应拨付工程款165万元，累计拨付工程款330万元。

10月的工程款为220万元，累计拨付工程款550万元。550万元已经大于备料款起扣点440万元，因此在10月应该开始扣回备料款。按照合同约定：备料款从每次结算工程款中按材料比重扣回，竣工前全部扣清。则10月应扣回的工程款为

$$\begin{aligned}&(本月应拨付的工程款 + 以前累计已拨付的工程款 - 备料款起扣点) \times 60\% \\ &= (220 + 330 - 440) \times 60\% = 66(万元)\end{aligned}$$

所以10月应拨付的工程款为

$$220 - 66 = 154(万元)$$

累计拨付工程款484万元。

(2) 11月底的工程结算总造价

根据合同约定：材料价差按规定上半年上调10%，在竣工结算时一次调增。因此：

$$材料价差 = 材料费 \times 10\% = 660 \times 60\% \times 10\% = 39.6(万元)$$

$$11月底的工程结算总造价 = 合同价 + 材料价差 = 660 + 39.6 = 699.6(万元)$$

(3) 11月甲方应支付的结算款

11月底办理竣工结算时，按合同约定：工程保修金为工程造价的5%，在竣工结算月一次扣留。因此11月甲方应支付的结算款为

$$\begin{aligned}&工程结算造价 - 已拨付的工程款 - 工程保修金 - 预付备料款 \\ &= 699.6 - 484 - 699.6 \times 5\% - 132 = 48.62(万元)\end{aligned}$$

问题7　保修期间出现的质量问题应由施工单位负责修理。在本案例中的屋面漏水属于工程质量问题，由乙方负责修理，但乙方没有履行保修义务，因此发生的15 000元维修费

应从乙方的保修金中扣除。

7.9 案　例　九

7.9.1 背景资料

某工业建设项目从 2017 年年初开始实施，到 2018 年年底的财务核算资料如下。

(1) 已经完成部分新建单项工程，经验收合格后交付使用的资产有：

① 固定资产 74 872 万元。

② 为生产准备的使用期限在一年以内的随机备件及工、器具 29 361 万元。期限在 1 年以上，单件价值 2000 元以上的工具 61 万元。

③ 建筑期内购置的专利权与非专利技术 1700 万元，摊销期为 5 年。

(2) 基本建设支出的项目有：

① 建筑工程与安装工程支出 15 800 万元。

② 设备及工、器具投资 43 800 万元。

③ 建设单位管理费、勘察设计费等待摊投资 2392 万元。

④ 通过出让方式购置的土地使用权形成的其他投资 108 万元。

(3) 非经营项目发生的待核销基本建设支出 40 万元。

(4) 应收生产单位投资借款 1500 万元。

(5) 购置需要安装的器材预付款 49 万元。

(6) 现金 436 万元。

(7) 预付工程款 20 万元。

(8) 建设单位自用的固定资产原价 60 220 万元，累计折旧 10 066 万元。

(9) 反映在资金平衡表上的各类资金来源的期末余额为：

① 中央财政一般公共预算拨款 48 000 万元。

② 自筹资金 60 508 万元。

③ 项目法人资本金 300 万元。

④ 建设单位向银行借入的资金 109 297 万元。

⑤ 建设单位当年完成的交付生产单位使用的资产价值中，有 160 万元属于利用投资借款形成的待冲基本建设支出。

⑥ 应付器材销售商 37 万元货款和应付工程款 1963 万元尚未支付。

⑦ 未交税金 28 万元。

7.9.2 问题

(1) 填写交付使用资产与在建工程数据表，见表 7-14。

表 7-14 交付使用资产与在建工程数据表

资 金 项 目	金额(万元)	资 金 项 目	金额(万元)
(一) 交付使用资产		(二) 在建工程	
1. 固定资产		1. 建筑安装工程投资	
2. 流动资产		2. 设备投资	
3. 无形资产		3. 待摊投资	
		4. 其他投资	

(2) 编制建设项目竣工财务决算表。

7.9.3 知识点

(1) 各种费用的归类。

(2) 基本建设竣工财务决算表的编制。

7.9.4 分析思路与参考答案

问题 1 填写交付使用资产与在建工程数据表中的有关数据,是为了了解建设期的在建工程的核算,主要在“建筑安装工程投资”“设备投资”“待摊投资”“其他投资”四个会计科目中反映。当年已经完工、交付生产使用资产的核算主要在“交付使用资产”科目中反映,并分为固定资产、流动资产、无形资产、其他资产等明细科目。

在填写交付使用资产与在建工程数据表的过程中,要注意各资金项目的归类,即哪些资金应归入到哪些项目中去。具体的资金项目归类与数据填写见表 7-15。

表 7-15 资金项目归类与数据

资 金 项 目	金额(万元)	资 金 项 目	金额(万元)
(一) 交付使用资产	105 994	(二) 在建工程	62 100
1. 固定资产	74 933	1. 建筑安装工程投资	15 800
2. 流动资产	29 361	2. 设备投资	43 800
3. 无形资产	1700	3. 待摊投资	2392
		4. 其他投资	108

(1) 固定资产是指使用期限超过一年,单位价值在规定标准以上(一般不超过 2000 元),并在使用过程中保持原有物质形态的资产。从背景资料中可知,满足这两个条件的有:固定资产 74 872 万元;期限在一年以上,单件价值 2000 元以上的工具 61 万元。因此资金平衡表中的固定资产为

$$74\ 872 + 61 = 74\ 933(\text{万元})$$

(2) 流动资产是指可以在一年内或超过一年的一个营业周期内变现或者运用的资产。对于不同时具备固定资产两个条件的低值易耗品也计入流动资产范围。所以,资金平衡表中的流动资产为:为生产准备的使用期限在一年以内的随机备件及工、器具 29 361 万元。

(3) 无形资产是指企业长期使用，但没有实物形态的资产，如专利权、著作权、非专利技术、商誉等。资金平衡表中的无形资产为：该项目建设期内购置的专利权与非专利技术1700万元。

(4) 建筑安装工程投资、设备投资、待摊投资、其他投资4项可直接在背景资料中找到，填入即可。

问题2 竣工决算是指建设项目或单项工程竣工后，建设单位编制的总结性文件。竣工决算由竣工决算报表、竣工财务决算说明书、工程竣工图和工程造价分析4部分组成。建设项目竣工财务决算表是竣工决算报表体系中的一份报表。通过编制建设项目竣工财务决算表，熟悉该表的整体结构及各组成部分的内容。建设项目竣工财务决算表的形式见表6-3，本项目竣工财务决算表中数据的填写见表7-16。

表7-16 竣工财务决算表

资金来源	金额(元)	资金占用	金额(元)
1. 基建拨款	48 000	1. 基建支出	168 134
1.1 中央财政资金		1.1 交付使用资产	105 994
其中：一般公共预算资金	48 000	1.1.1 固定资产	74 933
中央基建投资		1.1.2 流动资产	29 361
财政专项资金		1.1.3 无形资产	1700
政府性基金		1.2 在建工程	62 100
国有资本经营预算安排的基建资金		1.2.1 建筑安装工程投资	15 800
1.2 地方财政资金		1.2.2 设备投资	43 800
其中：一般公共预算资金		1.2.3 待摊投资	2392
地方基建投资		1.2.4 其他投资	108
财政专项资金		1.3 待核销基建支出	40
政府性基金		1.4 转出投资	
国有资本经营预算安排的基建资金		2. 货币资金合计	436
2. 部门自筹资金(非负债性资金)	60 508	其中：银行存款	
3. 项目资本金	300	财政应返还额度	
3.1 国家资本		其中：直接支付	
3.2 法人资本	300	授权支付	
3.3 个人资本		现金	436
3.4 外商资本		有价证券	
4. 项目资本公积		3. 预付及应收款合计	1569
5. 基建借款	109 297	3.1 预付备料款	
其中：企业债券资金		3.2 预付工程款	20
6. 待冲基建支出	160	3.3 预付设备款	49
7. 应付款合计	2000	3.4 应收票据	
7.1 应付工程款	1963	3.5 其他应收款	1500
7.2 应付设备款	37	4. 固定资产合计	50 154
7.3 应付票据		4.1 固定资产原价	60 220

续表

资 金 来 源	金额(元)	资金占用	金额(元)
7.4 应付工资及福利		减：累计折旧	10 066
7.5 其他应付款		4.2 固定资产净值	50 154
8. 未交款合计	28	4.3 固定资产清理	
8.1 未交税金	28	4.4 待处理固定资产损失	
8.2 未交结余财政资金			
8.3 未交基建收入			
8.4 其他未交税款			
合　计	220 293	合　计	220 293

习题参考答案

第1章 习　　题

一、单项选择题

1. B　2. A　3. B　4. C　5. A　6. B　7. B　8. D　9. D　10. C
11. A　12. B　13. A　14. B　15. D　16. D　17. C　18. C　19. D　20. A
21. D　22. C　23. C　24. B　25. A　26. D　27. A　28. B　29. B　30. A
31. D　32. A　33. A　34. B　35. A　36. C　37. A　38. C　39. C　40. C

二、多项选择题

1. ABDE　2. ABCE　3. ABE　4. AC　5. BD
6. ACE　7. CDE　8. BCD　9. ABD　10. AB
11. ABE　12. ACDE　13. ABD　14. ABD　15. DE
16. DE　17. ABC　18. AC　19. ADE　20. ABD
21. ACDE　22. ADE　23. BCD　24. DE　25. BDE

第2章 习　　题

一、单项选择题

1. B　2. C　3. B　4. C　5. A　6. B　7. A　8. C　9. D　10. B
11. D　12. C　13. A　14. B　15. A　16. B　17. C　18. B　19. A　20. A

二、多项选择题

1. CDE　2. ABD　3. CD　4. ABC　5. ACE
6. BCE　7. BD　8. BCE　9. CE　10. CE

第3章 习　　题

一、单项选择题

1. B　2. A　3. B　4. D　5. B　6. D　7. C　8. A　9. A　10. C
11. B　12. C　13. D　14. C　15. D　16. C　17. C　18. B　19. C　20. D

二、多项选择题

1. BDE　2. BCE　3. ABD　4. ADE　5. ADE
6. ABCD　7. BCE　8. BDE　9. ACE　10. ABD

第4章 习　　题

一、单项选择题

1. A　2. C　3. C　4. C　5. D　6. B　7. D　8. D　9. B　10. B

二、多项选择题

1. BE　　2. ACDE　　3. BCD　　4. ABDE　　5. ACE
6. BD　　7. BCD　　8. AE　　9. BDE　　10. ABE

第5章　习　　题

一、单项选择题

1. C　2. D　3. B　4. C　5. A　6. D　7. D　8. C　9. A　10. C
11. C　12. D　13. B　14. C　15. A　16. D　17. C　18. C　19. A　20. C

二、多项选择题

1. BCD　　2. ABE　　3. ABDE　　4. AE　　5. CE
6. ACE　　7. CDE　　8. CD　　9. ACE　　10. ABCD

第6章　习　　题

一、单项选择题

1. D　2. B　3. A　4. D　5. A　6. C　7. A　8. C　9. B　10. A
11. B　12. D　13. B　14. C　15. A　16. D　17. B　18. C　19. B　20. C

二、多项选择题

1. ABDE　　2. BD　　3. ABC　　4. AB　　5. ABD
6. ABD　　7. ABDE　　8. BCDE　　9. ABD　　10. CD

参考文献

[1] 夏清东，刘钦．工程造价管理[M]．北京：科学出版社，2004．

[2] 工程造价咨询企业管理办法：建设部令第149号[A]．

[3] 住房城乡建设部 交通运输部 水利部 人力资源社会保障部关于印发《造价工程师职业资格制度规定》《造价工程师职业资格考试实施办法》的通知：建人[2018]67号[A]．

[4] 中华人民共和国住房和城乡建设部，中华人民共和国财政部．建筑安装工程费用项目组成[A]．北京：建标[2013]44号，2013．

[5] 全国造价工程师执业资格考试培训教材编审委员会．建设工程计价[M]．北京：中国计划出版社，2017．

[6] 全国造价工程师执业资格考试培训教材编审委员会．建设工程造价案例分析[M]．北京：中国城市出版社，2017．

[7] 全国造价工程师执业资格考试培训教材编审委员会．全国注册造价工程师执业资格考试大纲[M]．北京：中国计划出版社，2016．